中国安装工程关键技术系列丛书

超高层建筑机电工程关键技术

中建安装集团有限公司　编写

中国建筑工业出版社

图书在版编目（CIP）数据

超高层建筑机电工程关键技术／中建安装集团有限
公司编写. —北京：中国建筑工业出版社，2021.3
（中国安装工程关键技术系列丛书）
ISBN 978-7-112-25871-0

Ⅰ. ①超⋯ Ⅱ. ①中⋯ Ⅲ. ①超高层建筑-机电工程
-设备安装 Ⅳ. ①TU97

中国版本图书馆 CIP 数据核字（2021）第 024862 号

本书基于工程实践，从超高层建筑机电工程专业技术、特色技术及绿色节能技
术三个方面对超高层建造机电关键技术进行总结，共分有 9 章。第 1 章为概述部
分，介绍了超高层建筑及其机电系统的发展、机电工程建造技术的发展及安装特
点；第 2 章为机电工程专业技术，介绍了超高层建筑机电采暖通风、给水排水和消
防水、电气及智能化各专业施工技术；第 3 章到第 6 章为特色技术，针对超高层建
筑机电工程垂直运输工作量大、设备间及管井空间狭小管线密集、消声减振要求
高、联合调试难度大等特点，分别介绍了垂直运输技术、竖井管线施工技术、减振
降噪技术和调试技术；第 7 章和第 8 章为绿色节能技术，分别从施工所采用的临永
结合技术和机电工程节能技术两个方面进行介绍；第 9 章为典型工程，介绍了近年
来公司完成的具有代表性的超高层建筑机电工程实例。

责任编辑：杨　杰　张　磊
责任校对：党　蕾

中国安装工程关键技术系列丛书
超高层建筑机电工程关键技术
中建安装集团有限公司　编写

＊

中国建筑工业出版社出版、发行（北京海淀三里河路 9 号）
各地新华书店、建筑书店经销
北京鸿文瀚海文化传媒有限公司制版
临西县阅读时光印刷有限公司印刷

＊

开本：880 毫米×1230 毫米　1/16　印张：18½　字数：567 千字
2021 年 6 月第一版　　2021 年 6 月第一次印刷
定价：**208.00** 元
ISBN 978-7-112-25871-0
（37014）

把专业做到极致

以创新增添动力

靠品牌赢得未来

——摘自 2019 年 11 月 25 日中建集团党组书记、董事长周乃翔在中建安装调研会上的讲话

丛书编写委员会

主　任：田　强

副主任：周世林

委　员：相咸高　陈德峰　尹秀萍　刘福建　赵喜顺　车玉敏
　　　　秦培红　孙庆军　吴承贵　刘文建　项兴元

主　编：刘福建

副主编：陈建定　陈洪兴　朱忆宁　徐义明　吴聚龙　贺启明
　　　　徐艳红　王宏杰　陈　静

编　委：（以下按姓氏笔画排序）
　　　　王少华　王运杰　王高照　刘　景　刘长沙　刘咏梅
　　　　严文荣　李　乐　李德鹏　宋志红　陈永昌　周宝贵
　　　　秦凤祥　夏　凡　倪琪昌　黄云国　黄益平　梁　刚
　　　　樊现超

本书编写委员会

主　　编：刘福建

副主编：徐艳红　樊现超　陈　静

编　　委：（以下按姓氏笔画排序）

于海滨　王少华　王昱博　王燕松　甘万县　冯　满

毕　林　朱　静　朱小强　任　珂　向天威　刘　景

刘长沙　刘咏梅　安瑞胆　孙玮晨　严　俊　李　超

李　磊　李诚益　吴金龙　宋　贺　宋志红　张云华

陈　博　卓　旬　周宝贵　郝冠男　钟华斌　姜田开

贺小军　夏　凡　倪琪昌　徐佳佳　高海龙　郭万宇

黄友明　董雪松　霍东东

序

改革开放以来，我国建筑业迅猛发展，建造能力不断增强，产业规模不断扩大，为推进我国经济发展和城乡建设，改善人民群众生产生活条件，做出了历史性贡献。随着我国经济由高速增长阶段转向高质量发展阶段，建筑业作为传统行业，对投资拉动、规模增长的依赖度还比较大，与供给侧结构性改革要求的差距还不小，对瞬息万变的国际国内形势的适应能力还不强。在新形势下，如何寻找自身的发展"蓝海"，谋划自己的未来之路，实现工程建设行业的高质量发展，是摆在全行业面前重要而紧迫的课题。

"十三五"以来，中建安装在长期历史积淀的基础上，与时俱进，坚持走专业化、差异化发展之路，着力推进企业的品质建设、创新驱动和转型升级，将专业做到极致，以创新增添动力，靠品牌赢得未来，致力成为"行业领先、国际一流"的最具竞争力的专业化集团公司、成为支撑中建集团全产业链发展的一体化运营服务商。

坚持品质建设。立足于企业自身，持续加强工程品质建设，以提高供给质量标准为主攻方向，强化和突出建筑的"产品"属性，大力发扬工匠精神，打造匠心产品；坚持安全第一、质量至上、效益优先，勤练内功、夯实基础，强化项目精细化管理，提高企业管理效率，实现降本增效，增强企业市场竞争能力。

坚持创新驱动。创新是企业永续经营的一大法宝，建筑企业作为完全竞争性的市场主体，必须锐意进取，不断进行技术创新、管理创新、模式创新和机制创新，才能立于不败之地。紧抓新一轮科技革命和产业变革这一重大历史机遇，积极推进 BIM、大数据、云计算、物联网、人工智能等新一代信息技术与建筑业的融合发展，推进建筑工业化、数字化和智能化升级，加快建造方式转变，推动企业高质量发展。

坚持转型升级。从传统的按图施工的承建商向综合建设服务商转变，不仅要提供产品，更要做好服务，将安全性、功能性、舒适性及美观性的客户需求和个性化的用户体验贯穿在项目建造的全过程，通过自身角色定位的转型升级，紧跟市场步伐，增强企业可持续发展能力。

中建安装组织编纂出版《中国安装工程关键技术系列丛书》，对企业长期积淀的关键技术进行系统梳理与总结，进一步凝练提升和固化成果，推动企业持续提升科技创新水平，支撑企业转型升级和高质量发展。同时，也期望能以书为媒，抛砖引玉，促进安装行业的技术交流与进步。

本系列丛书是中建安装广大工程技术人员的智慧结晶，也是中建安装专业化发展的见证。祝贺本系列丛书顺利出版发行。

中建安装党委书记、董事长

2020 年 12 月

丛书前言

《国民经济行业分类与代码》GB/T 4754—2017 将建筑业划分为房屋建筑业、土木工程建筑业、建筑安装业、建筑装饰装修业等四大类别。安装行业覆盖石油、化工、冶金、电力、核电、建筑、交通、农业、林业等众多领域，主要承担各类管道、机械设备和装置的安装任务，直接为生产及生活提供必要的条件，是建设与生产的重要纽带，是赋予产品、生产设施、建筑等生命和灵魂的活动。在我国工业化、城镇化建设的快速发展进程中，安装行业在国民经济建设的各个领域发挥着积极的重要作用。

中建安装集团有限公司（简称中建安装）在长期的专业化、差异化发展过程中，始终坚持科技创新驱动发展，坚守"品质保障、价值创造"核心价值观，相继承建了 400 余项国内外重点工程，在建筑机电、石油化工、油气储备、市政水务、城市轨道交通、电子信息、特色装备制造等领域，形成了一系列具有专业特色的优势建造技术，打造了一大批"高、大、精、尖"优质工程，有力支撑了企业经营发展，也为安装行业的发展做出了应有贡献。

在"十三五"收官、"十四五"起航之际，中建安装秉持"将专业做到极致"的理念，依托自身特色优势领域，系统梳理总结典型工程及关键技术成果，组织编纂出版《中国安装工程关键技术系列丛书》，旨在促进企业科技成果的推广应用，进一步培育企业专业特色技术优势，同时为广大安装同行提供借鉴与参考，为安装行业技术交流和进步尽绵薄之力。

本系列丛书共分八册，包含《超高层建筑机电工程关键技术》、《大型公共建筑机电工程关键技术》、《石化装置一体化建造关键技术》、《大型储运工程关键技术》、《特色装备制造关键技术》、《城市轨道交通站后工程关键技术》、《水务环保工程关键技术》、《机电工程数字化建造关键技术》。

《超高层建筑机电工程关键技术》：以广州新电视塔、深圳平安金融中心、北京中信大厦（中国尊）、上海环球金融中心、长沙国际金融中心、青岛海天中心等 18 个典型工程为依托，从机电工程专业技术、垂直运输技术、竖井管道施工技术、减震降噪施工技术、机电系统调试技术、临永结合施工技术、绿色节能技术等七个方面，共编纂收录 57 项关键施工技术。

《大型公共建筑机电工程关键技术》：以深圳国际会展中心、西安丝路会议中心、江苏大剧院、常州现代传媒中心、苏州湾文化中心、南京牛首山佛顶宫、上海迪士尼等 24 个典型工程为依托，从专业施工技术、特色施工技术、调试技术、绿色节能技术等四个方面，共编纂收录 48 项关键施工技术。

《石化装置一体化建造关键技术》：从石化工艺及设计、大型设备起重运输、石化设备安装、管道安装、电气仪表及系统调试、检测分析、石化工程智能建造等七个方面，共编纂收录 65 项关键技术和 24 个典型工程。

《大型储运工程关键技术》：从大型储罐施工技术、低温储罐施工技术、球形储罐施工技术、特殊类别储运工程施工技术、储罐工程施工非标设备制作安装技术、储罐焊接施工技术、油品储运管道施工技术、油品码头设备安装施工技术、检验检测及热处理技术、储罐工程电气仪表调试技术等十个方面，共编纂收录 63 项关键技术和 39 个典型工程。

《特色装备制造关键技术》：从压力容器制造、风电塔筒制作、特殊钢结构制作等三个方面，共编纂收录 25 项关键技术和 58 个典型工程。

《城市轨道交通站后工程关键技术》：从轨道工程、牵引供电工程、接触网工程、通信工程、信号工程、车站机电工程、综合监控系统调试、特殊设备以及信息化管理平台等九个方面，编纂收录城市轨道交通站后工程的 44 项关键技术和 10 个典型工程。

《水务环保工程关键技术》：按照净水、生活污水处理、工业废水处理、流域水环境综合治理、污泥处置、生活垃圾处理等六类水务环保工程，从水工构筑物关键施工技术、管线工程关键施工技术、设备安装与调试关键技术、流域水环境综合治理关键技术、生活垃圾焚烧发电工程关键施工技术等五个方面，共编纂收录 51 项关键技术和 27 个典型工程。

《机电工程数字化建造关键技术》：从建筑机电工程的标准化设计、模块化建造、智慧化管理、可视化运维等方面，结合典型工程应用案例，系统梳理机电工程数字化建造关键技术。

在系列丛书编纂过程中得到中建安装领导的大力支持和诸多专家的帮助与指导，在此一并致谢。本次编纂力求内容充实、实用、指导性强，但安装工程建设内容量大面广，丛书内容无法全面覆盖；同时由于水平和时间有限，丛书不足之处在所难免，还望广大读者批评指正。

前　言

随着我国经济的迅猛发展，城市化进程快速推进，土地资源日益紧张，超高层建筑凭借其集约化、垂直性、地标性等优势，逐渐受到重视并迅速发展。机电工程作为建筑工程项目中不可或缺的重要组成部分，在超高层建筑的不断实践中得到发展和丰富，机电工程的品质对建筑效用的发挥起着举足轻重的作用，与土建和装饰等相比，机电工程保障建筑的功能，赋予建筑"生命"，为超高层建筑"巨人"搭建血管经脉。

超高层建筑构筑了高密度的垂直城市，汇集了建筑、结构、机械设备、建筑材料和施工技术等科技领域的最高成就，并呈现出功能复合化、空间多样化、环境生态化和建筑智能化等新的发展趋势，建筑产品的使用功能不断扩大，机电系统越来越复杂，机电工程量所占的比重越来越大，对机电安装工程的技术要求越来越高，作为"大建筑"之中专业化程度较高的机电安装，已相应的发展到"大安装"的行业范畴。随着新一代信息化技术的发展与应用，传统的设备走向智能化、网络化、集群化，基于BIM技术的建筑机电安装工程正迈向数字化、智能化、绿色化进程。

作为专业化公司，中建安装集团有限公司秉承"品质保障、价值创造"的核心价值观，以科技攻关支撑品牌建设，将专业做到极致，打造独特核心能力和差异化竞争优势，在超高层建筑机电工程领域承建了一大批高、大、精、尖项目，610m的广州新电视塔、592m的深圳平安金融中心、528m的北京中信大厦、492m的上海环球金融中心、452m的长沙国际金融中心等这一系列地标性建筑的背后，是安装匠人们对细节和品质的不断坚持和追求。一路走来，中建安装集团一直是超高层建筑机电安装专业领域的实践者与探索者，积累了丰富的经验和领先的施工技术，造就了一批技术精悍的设计施工队伍，拥有雄厚的工程技术力量。

在新的历史时点，为了更好地把握行业发展要求，加快推动产业优化升级，切实提升超高层建筑机电工程建设水平，公司组织编写了《超高层建筑机电工程关键技术》，对公司多年来在超高层建筑机电安装工程中取得的一系列理论和科技创新成果进行全面总结、梳理和凝练。

本书基于工程实践，从超高层建筑机电工程专业技术、特色技术及绿色节能技术三个方面对超高层建造机电关键技术进行总结，共分为九章。第1章为概述部分，介绍了超高层建筑及其机电系统的发展、机电工程建造技术的发展及安装特点；第2章为专业技术，介绍了超高层建筑机电采暖通风、给水排水和消防水、电气及智能化各专业施工技术；第3章到第6章为特色技术，针对超高层建筑机电工程垂直运输工作量大、设备间及管井空间狭小管线密集、消声减振要求高、联合调试难度大等特点，分别介绍了垂直运输技术、竖井管线施工技术、减振降噪技术和调试技术；第7章和第8章为绿色节能技术，分别从施工所采用的临永结合技术和机电工程节能技术两个方面进行介绍；第9章为典型工程，介绍了近年来公司完成的具有代表性的超高层建筑机电工程实例。鉴于公司对关键技术系列丛书的整体规划，对于数字化及模块化建造技术本书中未作收录。

本书既有理论又强调应用，从深化设计、施工、调试等环节着手，介绍了超高层建筑机电工程关键技术多方面内容，为今后超高层建筑机电安装工作提供了全方位指导参考，可供建筑机电安装技术人员、管理人员及建筑院校师生参考使用。

全书汇聚了中建安装集团工程技术人员的智慧和汗水，是集团公司在超高层建筑机电工程领域持续创新的成果，期望与业界广大同仁携手同行、革故鼎新，不断推进关键技术的开发和创新，为超高层建筑机电技术的发展贡献绵薄之力。限于水平与时间，书中如有疏漏和不妥之处，恳请广大读者批评指正。

目　录

第 **1** 章

概述

超高层建筑的出现是人类现代科学技术的结晶，是现代工业化、商业化和城市化的必然结果。机电工程作为超高层建筑的重要组成部分，与超高层建筑的发展相得益彰，并随着社会的发展和科学技术的进步，不断丰富和完善。

本章从超高层建筑的概念出发，首先阐述了超高层建筑及其机电系统的发展，在此基础上对超高层建筑机电工程建造技术进行了分析，最后归纳了超高层建筑机电工程施工的特点，为机电工程关键技术的形成奠定基础。

1.1 超高层建筑概念

超高层建筑自登上历史舞台即以其显著的优势推动城市化进程的发展，并迅速成为城市发展的靓丽名片，代言着城市和国家的形象，同时也展现着其经济实力[1]，但超高层建筑高度的定义在各个国家、各个时期不尽相同。联合国1972年国际高层建筑会议将高层建筑按高度分为四类：9～16层（最高到50m）、17～25层（最高到75m）、26～40层（最高到100m）和40层以上。其中，40层以上、高度在100m以上的高层建筑被认为是超高层建筑；安波利斯标准委员会认为，超高层建筑是一个建筑高度至少100m或330ft的多层建筑；日本作为率先兴起超高层建筑的亚洲国家，政府对超高层建筑的定义并无明确规定，日本建筑大辞典将5～6层至14～15层的建筑定为高层建筑，15层以上为超高层建筑；中国《民用建筑设计通则》GB 50352-2005规定，建筑高度超过100m时，不论住宅及公共建筑均为超高层建筑[2]。根据理论和经验分析，超高层建筑在100m的高度，无论是结构还是设备及施工方面与高层建筑相比，均无明显质的变化。一般在40层高度约150m，是超高层建筑设计的敏感高度，在此高度以上，建筑物的超长尺度特性（绝对高度及巨大规模）将引起建筑设计概念的变化，这种变化促使建造师必须提出有效的设计对策，调整设计观念，应用适宜的建造技术。

在近代100多年的历史中，经济的发展、建筑结构体系的创新、高强轻质建材的应用、技术机械的进步、计算机的使用、电气化的普及，为高层建筑的发展提供了技术条件和物质基础，使建筑数量不断增加，建筑高度不断刷新。超高层建筑与一般建筑有所不同，表现在以下几个方面：

（1）超高层建筑能有效节约土地，开拓扩大生存空间，解决人口迅速增长，用地紧张等问题。

（2）超高层建筑面积大，功能复杂多变，能将多种功能如办公、旅馆、公寓和购物综合在一座建筑里，为城市居民提供更便捷的生活场所。

（3）超高层建筑高度高，体量大，建筑结构形式复杂多样，造成其施工规模巨大，技术难度高，造价成本高，需要投入大量的资金、人力、物力进行建造。

（4）超高层建筑汇集了城市在建筑、结构、机械设备、建筑材料和施工技术等所有科技的最高成就，表现了城市社会、经济文化程度和现代化步伐，是一个城市的最重要的标志，也成了许多城市的名片与象征。

超高层建筑作为一座竖向的建筑综合体，存在安全、内部交通、环境、能源消耗等诸多难以妥善解决的问题，随着高度增加，安全性、耐久性及适用舒适等问题愈加突出，对建筑、结构、机电等专业的要求越来越高。

1.2 超高层建筑的发展

自人类社会出现以来，对上方空间的探索就已开始，但建筑高度长期以来一直受科学技术发展的限制，直到19世纪后半叶，乘客电梯的发明提高了5层以上建筑的实用性，使高层建筑的技术发展进入了新阶段；钢铁工业的发展促成了钢框架结构体系的出现，有效减轻了结构自重，使建筑高度有了新的突破；19世纪60年代美国出现的给水排水系统、电气照明系统、蒸汽供热系统和蒸汽机通风系统，20世纪20年代出现空调系统，大大提高了高层建筑的舒适性，为超高层建筑提供了进一步发展的空间。

1.2.1 国外的发展历史

全球近现代第一幢高层建筑是始建于1885年的美国芝加哥家庭保险大楼，该幢大楼共10层高度

55m，至此，开启了现代高层建筑的建设篇章。高层建筑以其显著的经济和社会效益优势得到各方关注，并迅速进化到了超高层阶段。于是，超高层建筑开始在美国诞生、繁荣并逐渐普及到世界范围内，超高层建筑的发展主要经历了以下三个阶段[3-5]：

第一阶段（1894—1935 年）：1894 年位于美国纽约的曼哈顿人寿保险大厦是世界上第一幢高度超过100m 的大楼，也是超高层建筑的重要里程碑，自此超高层建筑登上了历史舞台。第一次世界大战后，1908 年，47 层 187m 的歌手大厦的落成，成为当时世界第一高楼。不到 1 年时间，位于纽约的 213m 的大都会人寿保险大厦轻松打破超高层建筑 200m 高度难关。1931 年，381m 的帝国大厦的成功建设标志着超高层建筑发展的第一个黄金时代达到顶峰，保持了世界最高建筑记录达 42 年之久。之后，伴随着美国经济大萧条和二战的爆发，超高层建筑的发展逐渐放缓。

第二阶段（1950—1975 年）：第二次世界大战之后经济复苏，超高层建筑迎来新的曙光，进入高速发展的新时代。1950 年建成的 166m 高的纽约联合国秘书处大厦是现代建筑形式的超高层建筑初期代表作。1974 年，443m 高的西尔斯大厦在长达 25 年的时间内占据着世界最高建筑物的宝座。这一时期的超高层建筑，无论建筑的高度，建筑的数量都是前所未有的，在结构技术和建筑设计方面也有了长足的进步。

第三阶段（1980—至今）：20 世纪 80 年代，由于世界经济高速发展，超高层建筑发展呈现新特点，建筑风格发生显著变化，发展重心开始转移，建筑形式更丰富多样、富于变化。建筑师们不断发掘技术和材料的表现力，大胆使用新的几何形态，谋求形式的地域适应性，并开始关注建筑的环境质量。同时，超高层建筑的中心也由发达国家转移到发展中国家，由美国转移到亚洲地区如上海金茂、吉隆坡石油大厦。

1.2.2　国内的发展历史

中国是世界第一人口大国，虽然疆域辽阔，但可供建设的土地面积有限。在城市化进程中，上亿农村人口涌入城市，加重了建设用地的紧缺性。因此，在我国适度发展高层与超高层建筑，是一种不可替代的选择。改革开放带来的经济高速发展，以及由此而形成的经济实力和技术积累，是高层建筑发展的基础。正是在这种条件下，出现了中国高层建筑飞跃发展[6]。

我国近代的高层建筑始于上海，1906 年在上海建造了和平饭店南楼、1929 年建造了和平饭店北楼，1934 年上海建造了亚洲第一高楼——国际饭店。1959 年在北京建成了 47.7m 的民族饭店、60.8m 的民航大楼，成为我国自行设计和建造高层建筑的开端。1976 年广州建成 114.05m 的白云宾馆的落成标志着我国进入了超高层建筑的发展阶段，同时使我国进入自行设计建造超高层建筑的新阶段。

20 世纪 80 年代我国高层建筑进入兴盛时期。1983 年 10 月开业的金陵饭店凭借 37 层 110m 的高度，成为南京乃至中国的地标建筑之一。1985 年建成的深圳国际贸易中心（50 层、160m）是 20 世纪 80 年代最高的建筑。1990 年建成的北京京广中心（57 层、208m）是我国内地首栋突破 200m 高度的超高层建筑。

1990 年国家宣布上海浦东开发，使浦东陆家嘴成为高层建筑建设的热土。东方明珠广播电视塔的建设是浦东新区第一个标志性项目，这个完全由中国工程技术人员设计建造的工程成为世界塔桅建筑中的一颗明珠。随后大量金融办公建筑同时开始建设，这些项目体量大、设计标准高、空间变化复杂、结构体系多样，吸引了大量国际知名设计事务所参与其设计。在短短的 10 年左右时间，建筑高度跨越了400m、500m 两个台阶，我国工程技术人员在参与建设的过程中设计水平得到了很大提高。1998 年 88层 420.5m 高的上海金茂大厦的建成使我国超高层建筑施工技术跨入世界先进行列。随后在 2008 年落成的上海国际金融中心以 492m 的高度成为当时世界第四高楼，也是中国大陆地区的第一高楼。上海中心大厦建筑主体为 119 层，总高为 632m，结构高度为 580m，是上海市的一座超高层地标式摩天大楼，与 420.5m 的金茂大厦、492m 的环球金融中心共同构成浦东陆家嘴金融城的新三角。

近 20 年的发展反映了我国在高层结构领域总体上已达到国际先进水平，CCTV 新台址、深圳平安金融中心、上海中心大厦等被 CTBUH 评为世界最佳高层建筑。当前，世界十大超高层建筑中我国有 7个，中国已经当之无愧地成为世界高层建筑第一大国。

1.2.3 发展趋势

超高层建筑作为城市空间的元素，必须在高层和城市的发展中取得平衡，保持城市空间的和谐，才能创造出更好的城市景观和适合人们生活的环境，才能沿着可持续发展的道理健康地发展下去[7]。同时，超高层建筑的发展得益于土木建筑工程、材料工程、机械工程、能源和动力工程、电子、通信、自动化、计算机科学和安全工程等一系列学科的进步，也为这些学科的发展提供了动力和展示舞台[8]，并且在信息化、工业化和绿色化的发展需求驱动下，超高层建筑在建筑高度不断增加的同时，向着更加生态化、集群化、功能化、多元化、人性化和智能化的方向发展[9]。

（1）建筑功能综合化

现在的超高层建筑主要是集办公、商贸、宾馆、观光、会议等设施于一体的综合型大厦，这种规划基本上以办公为主，虽有宾馆、商贸等与生活相关的项目，但未深入到人们的日常生活所需，如尚未覆盖医院、学校等。随着城市发展及对超高层建筑的舒适性反思，以及未来超高层建设发展的需要，超高层建筑与城市互动关系增强，将逐渐向空间与功能更加丰富的方向发展，容纳更多的城市职能设施。将城市与建筑置于综合的状态中，是城市职能与建筑发展的客观要求。在经济蓬勃发展和人们对超高层建筑需求提高的共同作用下，超高层建筑功能的城市化也成为发展的必然要求。

目前已有建筑师正在尝试发挥超高层建筑大空间容量的优点，将日常工作与生活结合在一起以节约时间。日本在这方面探索中走到了前列，将工作和生活场所规划在一座或一组超高层建筑中，建设超高层建筑"城市"。日本森大厦株式会社积极贯彻超高层建筑城市理念，建设东京六本木新城，取得良好效果。东京六本木新城历经年完成建设，由美国捷得等多家设计公司联合完成，由一栋超高层建筑办公楼和四栋住宅组成，是一座集办公、住宅、商业设施、文化设施、酒店、豪华影院和广播中心为一身的建筑综合体，具有居住、工作、游玩、休憩、学习和创造等多项功能。

（2）建筑造型多样化

超高层建筑由于其结构形式的限制以及使用功能的要求，造型上往往追随于建筑的结构形式而不能有太多的变化，存在造型比较单一和简单的缺陷。随着结构理论和技术的发展，超高层建筑在进一步向高空发展的同时，建筑结构的体形适应性大大增强，建筑造型更加多样化和异形化。例如西班牙马德里的欧洲之门双塔设计为人造斜塔，倾斜度达 16°。中国中央电视台新台址工程更是将这一设计理念推向极致，两座塔楼相向倾斜 6°，在 160m 高空通过 L 形悬臂相连，产生震撼人心的效果。广州新电视塔为椭圆形的渐变网格结构，其造型、空间和结构由两个向上旋转的椭圆形钢外壳变化生成，像少女纤细的腰一样，外观线条柔和且优美。

（3）环境发展生态化

随着经济快速发展，人类对于资源环境的消耗逐渐增加，对资源与环境的思考成了当前全球关注的重点，建筑创作的生态化势在必行，这是建筑学科发展的要求，同时也是人类实现自身可持续发展的必要手段。

近年来工程技术人员开始探索建设"生态节能型"超高层建筑。1994 年生态建筑师诺曼·福斯特将"生态型"建筑的概念融入超高层建筑设计中，在设计 56 层、高 300m 的德国法兰克福商业银行总部大厦时，采用了许多技术手段降低建筑能耗。英国工程师杨经文提出了生物气候摩天大楼的设计概念，这类超高层建筑与环境存在密切的互动关系，能适应四季气候的变化进行自我调节，运行所需能源少，建筑品质高。意大利米兰"垂直森林"住宅项目的实施，为环保、绿色建筑带来一个崭新的理念。

（4）建筑系统智能化

超高层建筑功能复杂，系统繁多，确保各系统高效、安全、协调运行是超高层建筑智能化最基本的任务。目前超高层建筑智能化技术研究开始从过去侧重于信息处理和设施管理的"高技术型"，转向更加重视环境生态和舒适程度的"高情感型"，通过智能化提高超高层建筑的舒适性，降低超高层建筑能耗。智能建筑同时也是一个发展中的概念，它利用系统集成方法，将现代科技技术如计算机、电子通信、系统控制、多媒体和现代的建筑艺术有机融合，通过对建筑内设备的监控，对信息的整理分析、使用人的个性服务以及周边环境的优化，所得到的具有合理投资，适合现代信息要求并拥有安全、舒适、高效、便捷和灵动特点的现代型建筑物，并随着科学技术的进步和人们对其功能要求的变化而不断更新。

1.3　超高层建筑机电系统的发展

超高层建筑经过百余年的发展，其建造技术已日趋成熟，机电系统作为超高层建筑最重要的组成部分直接影响建筑的舒适性、美观性和安全性。随着社会经济技术的快速发展，机电系统经历了设计理念、机械设备更新、新技术应用的发展历程，不断满足超高层建筑使用功能的要求，同时促进建筑行业更快的发展。一般来说，超高层建筑的机电工程包括供热通风系统、采暖系统、防排烟系统、给水排水系统、消防报警系统、强电系统、智能弱电系统等，在竖向分为高中低三个分区进行设计。

（1）暖通空调系统

伴随着工业革命和西方国家城市化进程诞生的超高层建筑，迄今不到 150 年历史，而现代空调技术的诞生也只有 100 年的历史。超高层建筑暖通空调技术的快速发展，第一阶段是在第二次世界大战前后的美国，第二阶段是在 20 世纪 70 年代的日本，第三阶段是在 20 世纪 80、90 年代后的中国。暖通空调技术从早期的全空气系统（发展到变风量系统），到全水系统、空气-水系统和冷剂式空调系统不断发展革新，近年来暖通空调技术更趋多元化，辐射供冷、供热，地板送风等空调方式不断涌现。

最早的空调系统是由空气承担室内湿热负荷的全空气系统。全空气系统最开始主要应用于普通楼房中，随着建筑高度的不断增加，特别是对于超高层建筑，由于普遍存在面积大、空间小、建筑密闭等问题，全空气系统显现出其应用的局限性，变风量（VAV）系统、风机盘管系统和多联机系统开始更为广泛的应用于超高层建筑中。

变风量（VAV）系统：变风量系统 20 世纪 60 年代起源于美国，自 20 世纪 80 年代在欧美、日本等国得到迅速发展，并在世界上越来越多的国家得到应用，目前超高层建筑普遍采用 VAV 系统，有效解决了超高层建筑内外区、各朝向负荷差异问题。VAV 系统是一种负荷追踪型的系统，正因为能够追踪负荷，并根据负荷变化调节风量，相对定风量全空气系统而言，VAV 系统能以较少的能耗来满足室内空气环境的要求。VAV 系统节能优势显著，但也存在缺少新风问题，为保证建筑最小新风量，将 VAV 系统与独立新风系统相结合，既可满足新风的需求又能发挥变风量系统的节能优势[10]。

风机盘管系统：为解决超高层建筑设备层空间狭小，而全空气系统风道截面积大，占用的建筑空间多的问题，全空气系统发展形成了风机盘管系统。风机盘管系统具有控制灵活，体型小，布置安装方便的特点，可以有效地解决建筑空间问题。但是单独的风机盘管系统无法满足建筑对新风的要求，因此超高层建筑中逐渐开始采用风机盘管加新风系统。

多联机系统：在解决超高层建筑对空调个别控制的需求及加班时部分负荷运转的需求方面，多联机的优势得到很好的体现。多联机系统是以制冷剂为输送介质，一台室外机通过管路能够向若干个室内机输送制冷剂液体，通过控制压缩机的制冷剂循环量和进入室内各换热器的制冷剂流量，可以适时的满足室内的冷/热负荷。由于其使用方便，布置灵活，具有出色的负荷调节能力，热泵多联机系统也逐渐在超高层建筑中得到应用。

空调水系统：在超高层建筑中，空调水系统管道设计与普通建筑有所区别[11]，建筑高度所产生的静水压力不但对管道、阀门与相关配件产生影响，还会干扰到建筑物中其他设备。通常情况下，需对空调水系统进行分区，对设备承压能力进行分析，在应用成本效益的同时，对多种承压力设备进行合理匹配。

新形势下暖通设计理念，更加重视节能、室内品质，重视与规划、建筑、管理和自控的协调。只有不断地总结经验、汲取教训、认真思考，才能推动暖通专业不断进步，从容面对新的挑战。

（2）给水排水系统

给水排水系统是超高层建筑中最基本、最重要的组成部分之一。由于超高层建筑功能的多样性，通常覆盖有办公、公寓、宾馆、商场和娱乐场所等多种功能，是一个超大型建筑综合体，因此超高层建筑内部给水排水系统亦相对复杂，除了常规的给水排水系统、热水系统、消火栓系统、自动喷淋系统以外，还会根据具体项目的建筑类型、功能特点或者地域特点等设置中水回用、雨水回用系统等。随着超高层建筑楼层高度的增加及建筑功能的复杂化，即便最普通的生活给水排水和消火栓系统，也面临新的问题，例如对卫生器具的标准和管道材料质量的要求；对水泵等设备可靠性要求；气体灭火系统的合理组合与分配；各种管道敷设与建筑、结构及其他设备专业的相互配合、协调的要求等[12]。因此，超高层建筑给水排水工程在技术的深度与广度方面，在设计和施工的难度方面，管理与安全的实施方面，都远远超过一般建筑的给水排水工程。

国外开展给水排水系统的研究相对较早，积累了大量的实验数据及工程实例的经验。自 20 世纪 60 年代开始，美、日和西欧地区等已经采用概率法替代传统的经验法进行给水排水系统流量计算，进入以定量和半定量为标志的给水排水工程"合理设计和管理"的阶段。20 世纪 70 年代起，随着计算机技术的发展，美、日、欧等国家逐渐采用计算程序软件应用于给水排水工程的计算机辅助设计和自动化运行管理上，显示出明显的效益。1984 年，美国建立全球第一座智能大厦，主要监控对象包含给水排水系统，标志着建筑给水排水进入智能化监测与控制的时代，智能仪器与仪表、电控阀门、变频泵、故障诊断技术等开始在给水排水系统中广泛应用。20 世纪 90 年代起，"绿色建筑"理念开始盛行，发达国家的学者们不仅追求给水排水的安全稳定，还倡导节水节能的给水排水工程新设计理念。

我国建筑给水排水工程的诞生可追溯至中华人民共和国成立后，在发展初期主要借鉴苏联模式。20 世纪 50～70 年代，在计划经济体制下，实行"先生产，后生活"的发展方针，给水排水被归入生活类，长期发展缓慢。该阶段以正常的给水与排水为实现目标，对给水排水设备与管道进行规范化设计。20 世纪 80 年代，随着改革开放政策的实施，人民经济生活水平的提高，促使对水的需求量与水质的要求亦日益提高，促进了给水排水工程的迅猛发展，使得给水排水专业由传统的水输送扩展到水处理，并发展成为一门完整独立的学科。20 世纪 90 年代，绿色建筑概念引入我国，建筑给水排水行业开始掀起绿色革命，学者们确立起建筑给水排水节水节能的四个发展方向：中水回用、雨水收集回用、可再生资源利用、发展节水技术，至今，国内节水技术稳步发展，主要有控制超压出流、控制管道漏损、充分利用市政管网余压、降低热水供应系统的无效冷水出流量等措施[13]。1976 年广州白云宾馆 117m 主楼建成，标志着我国进入超高层建筑时代，同时为给水排水工程带来新的机遇和挑战。经过 40 多年的发展，超高层建筑给水排水工程设计、施工与管理方面已经积累了一定的经验[14]。

对于设置避难层的超高层建筑，宜将避难层兼做设备层，设置转输水箱和转输水泵形成分阶段的垂直串联供水系统；而对于一般无设备层的超高层住宅，采用垂直分区并联供水方式，宜选择承压等级较高的给水管材及配件，升压设备的选型和系统的设计、运行维护管理等方面做好有效的防范和保障措施。分区转输高位水箱用于生活给水、消防给水或生活消防共用给水，向下通过管网重力供水，向上采用水泵向上一分区高位水箱加压供水。

超高层建筑消防给水系统也采用分区形式，分区方式有并联分区和串联分区。并联分区时各区独立，消防泵集中布置在地下室，但是高区消防泵的扬程较高，消防立管压力大。串联分区时消防泵分散于楼层不同区域，高区发生火灾时，需要联动下面各区的消防泵，逐区向上供水，安全可靠性较差。

超高层建筑排水系统设置专用的通气立管，保证排水管道的水流通畅。对于杂排水水质一般的超高层建筑，在地下室设置贮水池，对废水进行处理回收再利用。对于杂排水水质较好的超高层建筑，在裙房或者塔楼设置雨水收集系统，简单处理后用于地下车库冲洗和浇洒道路等。

虽然超高层建筑给水排水技术已经相当成熟，但是，适合我国国情的给水、排水设计秒流量计算公式还有待进一步完善，消防给水系统的改进、新能源的开发利用、设备材料的更新、计算软件的进一步开发等课题都有待于探索[15]。

（3）电气系统

电气工程是推动人类进步的重要学科，而建筑是人类生活和工作的主要场所，电气工程技术在建筑中的应用无处不在，照明、电梯、通信、空调技术的发展，使超高层建筑的安全性、舒适性得到了有效的保障，这些技术都离不开电气工程技术的支持，超高层建筑是高度依托电气工程技术发展起来的一种建筑形式。伴随着超高层建筑的发展，建筑电气的内容已由简单的建筑供配电发展细分为建筑照明系统、供配电系统、综合布线系统、火灾自动报警系统、接地防雷系统等保障建筑安全、舒适、智能、经济的一门建筑科学的重要分支[16]。电气技术的发展，使配合超高层建筑使用的专用电气设备越来越完善，配电导体已能满足超高层建筑大供电半径的供电要求；建筑智能化技术的发展，使超高层建筑内部设备保持高效低故障运行；照明技术的发展，使超高层建筑外立面俨然变成高科技表演的舞台。

过去，超高层建筑大多在 150m 内，在主楼地下室设高低压配电房、柴油发电机房基本可以满足供电线路电压降及供电可靠性的要求。如今，绝大多数超高层建筑高度均在 200m 以上，垂直供电距离大大增加，只在主楼地下室设置电气设备房为整栋大楼供电已不能满足供系统可靠性及电压降的要求。为此，设置一个配电中心，并在避难层设置多个变配电房成为经济有效的解决方案，分布式配电房及多种形式的应急电源使超高层建筑供电的可靠性得到了进一步提高。

近年来，随着智能化技术的发展，超高层建筑的智能化系统已经从自动化技术驱动的简单自动化发展成为智能化技术驱动的真正意义上的楼宇智能化系统[17]。建筑智能化是利用系统集成的方式，将计算机技术、通信技术、控制技术、多媒体技术与现代的建筑艺术相互结合，得到了一个适合信息技术需要并且具有安全、高效、舒适、便利和灵活特点的现代化建筑物。通过将更多科技成果转换为超高层建筑使用的工具，智能建筑可根据时间、空间、场景、人员多少对建筑照明及空调系统进行自动控制，最大限度地减少能源的消耗。利用智能化的最新技术对建筑能耗进行检测管理，在满足使用要求的情况下实现节能减排是智能建筑的重要发展方向。

在国家大力发展智慧城市建设的当下，超高层建筑的建筑能耗系统、立面照明系统、智慧消防系统、智能安保系统、物业管理系统、停车场管理系统等智能系统均与城市智慧城市指挥中心联网，随着智慧城市的进一步发展及建设，超高层建筑的智能化将会得到更深层次的发展。

未来的超高层建筑除了具有智能化的因素外，节能、环保、可持续等因素也将以各种形式呈现在超高层建筑的建设及运营中，以智能化为载体使超高层建筑向低能耗、低污染、可持续方向发展，是绿色建筑发展的必经之路[18]。

1.4　超高层建筑机电工程建造技术的发展

超高层建筑机电工程在我国经过几十年的快速发展已经形成了一个十分庞大的专业系统，工程中采用了大量的新技术、新材料、新设备，这些技术经过不断的发展不仅提高了建筑机电安装工程的生产效率，同时也增加了建筑产品的舒适性与安全性。在新一代信息技术驱动下，机电工程与信息化技术、工业化技术和绿色技术相结合，通过以工程全寿命期系统化集成设计、精益化生产施工为主要手段，整合工程全产业链、价值链和创新链，实现工程建设高效益、高质量、低消耗、低排放。

（1）数字化设计技术[19]

随着超高层建筑的建筑规模和功能需求不断变化，建筑工程机电系统设计的复杂性不断提高，传统的设计方法已不能较好的适应现阶段建筑需求，基于 BIM 的数字化设计技术成为新的发展趋势。

基于 BIM 的数字化设计技术以建筑工程项目的各项相关信息数据作为基础，通过数字信息仿真模拟建筑的真实信息，通过相关软件建立三维建筑模型实现工程设计功能。BIM 技术在建筑机电设计中体现出不可替代的优势，通过建立各专业 BIM 模型，实现参数化设计和建筑可视化；通过各专业协同设计，提高设计管理效率；通过碰撞检查提前发现各专业碰撞问题，进行设计优化解决空间碰撞冲突；通过模型输出二维施工图纸，提高出图效率和精度；通过自动生成工程量清单，提高算量效率和精度；同时通过将设计数据向下游延伸，为预制化加工、装配化施工和智慧化运维提供数字基础，数字化设计成为推动建筑产业现代化发展的基石。

（2）工业化装配式建造技术

传统的建筑施工是单个产品定制生产的方式，每个施工工地不一样，所生产的建筑产品也各不相同，这种方式在生产效率、资源利用和节能环保等方面都存在明显的瓶颈[20]。借鉴工业化发展路径重新组织建筑业的生产，提高建筑业劳动效率、提升建筑产品质量，同时在工业化大批量、规模化生产条件下，提供满足市场需求的个性化建筑产品，成为建筑业的发展方向[21]。

建筑工业化具有标准化设计、工厂化生产、装配式施工、专业化协调、自动化管理、产业化思维等特征。建筑工业化采用先进、适用的技术、工艺和装备科学合理地组织施工，发展施工专业化，提高机械化水平，减少繁重、复杂的手工劳动和湿作业；发展建筑构配件、制品、设备生产并形成适度的规模经营，为建筑市场提供各类建筑使用的系列化的通用建筑构配件和制品；制定统一的建筑模数和重要的基础标准，如模数协调、公差与配合、合理建筑参数、连接等，合理解决标准化和多样化的关系，建立和完善产品标准、工艺标准、企业管理标准、工法等，不断提高建筑标准化水平；采用现代管理方法和手段，优化资源配置，实行科学的组织和管理，培育和发展技术市场和信息管理系统，适应建筑市场快速发展的需求。

（3）绿色建造技术

在可持续发展背景下，绿色建造技术在建筑行业中的应用已经成为一种必然趋势。绿色建造技术是一个综合考虑资源、能源消耗的现代建造模式，旨在使工程项目在规划、设计、建造、使用、拆除的全寿命周期过程中，能有效提高生产效率或优化产品效果的同时，又能减少资源和能源消耗率，减轻污染负荷，改善环境质量，促进可持续发展。

绿色建造技术已从对建筑技术本身的研究发展到与概率论、运筹学、社会学、地理学、信息系统论和优选法理论等学科的融合；从关注单体建筑发展到关注区域布局优化和绿色设计技术创新；从主要考虑建筑产品的功能、质量、成本到更多地关注建筑与环境、社会和经济的平衡协调；从施工技术工艺创新改进、设备更新向绿色施工整体策划与实施发展等[22]。在超高层建筑中加强绿色建造技术的应用，使建筑工程与生态环境能和谐共处，给社会公众创建舒适健康的居住空间，有利于维护公众的身心健康，提高人们对居住环境的满意度，推动建筑工程朝着低碳环保的方向全面迈进。

（4）智能建造技术

智能建造是将数字技术与工程建造系统深度融合形成的工程建造创新发展模式，以适应建筑业转型升级的国家战略需求。围绕建筑业高质量发展总体目标，以大力发展建筑工业化为载体，以数字化、智能化升级为动力，形成涵盖科研、设计、生产加工、施工装配、运营等全产业链融合一体的智能建造产业体系[23]，智能建造技术成为发展趋势。

智能建造以建筑信息模型、物联网等先进技术为手段，通过应用智能化系统，提高建造过程的智能化水平，达到安全建造的目的，提高建筑的性价比和可靠性。智能建造的技术基础是数字化、网络化、智能化与工程建造的融合，业务特征是数字链驱动的工程建造全寿命周期一体化协同与智能决策，产业转型方向是规模化定制生产方式、服务导向的经营模式、平台化交易模式，功能目标是交付以人为本、绿色可持续的智能化工程产品与服务。智能建造基于工程全生命周期数据模型的信息集成与业务协同，不仅能够实现建造技术的进步，更重要的是变革了生产方式。

（5）智慧运维技术[24]

机电运维管理系统作为超高层建筑中至关重要的组成部分，不仅可以提高楼宇管理性能，机电设备运营维护管理的信息化水平，而且加强机电系统运维管理决策的科学性，提高运维管理的工作效率。智慧运维技术以强弱电一体化监控和大数据挖掘分析为基础，通过平台系统实现管理本地化和服务云端化，将分散的设备数据转换为系统的管理数据，变被动式运维为主动式运维，结合运维业务特征，在云端策略及经验库的指导下，实现对建筑机电设备的统一管理和优化控制。随着国家新型城镇化战略的实施，智慧城市成为新型城市化发展的必然选择，而智慧运维技术是楼宇集成管理的具体体现形式，是智慧城市实现的必由之路。

1.5 超高层建筑机电工程安装特点

超高层建筑机电工程所涉学科和专业知识众多，不同学科和专业均涵盖其中，具有规模大、标准高、功能全、系统复杂、自动化程度高及节能环保等特点。与其他建筑物相比，超高层建筑的机电设备安装难度更高[25-26]，表现在以下几个方面：

（1）机电系统复杂，施工难度大

超高层建筑功能综合化和建造智能化的发展趋势，使得与其配套的机电系统也越来越庞大和复杂。机电系统在竖向一般分区设计，每个分区基本设置有供热通风系统、采暖系统、消防报警、防排烟系统、给水排水系统、强电系统、智能弱电系统等。由于机电设计标准和功能要求高，各系统技术先进、智能化程度高，对系统设备安装施工精度要求高。而且，由于建造结构形式的多变以及建筑空间的限制，使众多的机电系统分布在同一区域，尤其是管线密集的公共区及设备层，从而机电系统安装所需的步骤及环节较多，所采取的技术措施的复杂程度比较高，施工难度大。

（2）机电管线密集，深化设计要求高

超高层建筑机电工程系统与设备种类繁多、管线密集复杂、布置空间狭窄，现场不可避免多专业、多系统同时施工，综合协调难度大，深化设计要求高。深化设计不仅要解决原设计图与实际相矛盾的问题、完成管线的碰撞检查、综合排布预留预埋定位、支吊架布置、预制加工详图等，达到施工对图纸的深度要求，同时要有利于施工单位对采购、二次运输、保管等各环节成本进行有效控制。还要对易出现问题、较重要的部位进行施工模拟以优化施工组织设计或施工方案。目前，深化设计已不仅仅是管线的综合布置，而是向系统校验、完善、优化的方向不断发展。通过对系统进行复核、优化，对原设计中类似噪声等指标性要求进行具体的工程设计；对设备选型、对管路管线的尺寸与材质进行重新选择；对机房布局以及其余建筑结构的相关处理进行协调等，为各专业顺利配合施工创造有利条件。

（3）运输通道有限，垂直运输任务艰巨

超高层建筑的设备多材料多，均需吊装至相应楼层进行施工作业，垂直运输的工作量大，运输通道有限，垂直运输成为机电工程施工的"生命线"。垂直运输应按照项目总体施工进度进行统一规划，统筹协调管理项目施工过程中的材料供应，以及项目机电材料设备在项目现场的运输工作，汇总分析吊装运输技术，合理安排运输路线，协调各专业设备材料的吊装次序，不同作业班组之间的运输工作务必要适时错开，提升最终运输质量和运输效率。对于大型设备的室外吊装，设备垂直运输高度高，在一定程度上会受到风力影响和能见度影响，设备吊装的风险控制难度大，需采取相应措施以保障吊装运输安全性和有效性。

（4）机电设备应用广泛，消声减振要求高

随着超高层建筑功能齐全和完善，各种类型的机电设备使用越来越广泛，由此产生的建筑物内振动源和噪声源也越来越多，极大地影响了对建筑物内环境舒适度的体验感受，同时也给人们的生活和工作带来了不良的影响，噪声问题因而越来越受到人们的关注，对工作和居住环境的噪声要求也越来越高，施工中需要采取各项措施，以满足超高层对消声减振的要求。

（5）交叉作业多、资源保障难，协调管理工作量大

机电工程通常与其他专业的施工同步进行，前期受主体结构施工的制约，后期受装饰装修施工的影响，造成机电工程施工组织、协调难度大，协调工作量大，工序安排要求高。而机电工程包括采暖通风、给水排水与消防水、强电和弱电等多个专业，涉及的专业分包队伍多，专业工序衔接及交叉作业存在于机电施工的各个阶段，平面空间立体交叉作业配合多，各专业工序衔接等协调难度大，对机电总承包单位管理协调要求高。

机电总承包单位不仅要建立完善的协调管理机制，同时还需对机电安装所需的资金和物力等资源提供保障。超高层机电工程中的材料及设备需求量大，整个项目建设周期长，机电安装材料及设备需要合理的采购、仓储及运输。超高层建筑施工中对半成品加工、场内运输、垂直运输、成品保护等方面要求高，因此需要统筹协调管理项目施工过程中的材料供应，以及项目机电材料设备在项目现场的运输工作。

（6）机电系统复杂多样、智能化程度高，联合调试复杂

超高层建筑规模大、功能齐全，使得机电工程具有多样化、智能化、复杂化的特点。机电工程既有常规的通风空调、电气、给水排水、消防系统，又有信息管理系统、电梯、视听音响、泛光照明等系统，同时，超高层建筑高度高，机电工程垂直分区多，造成机电系统的叠加性和庞大性，分区施工管理又把系统进行了分割施工，增加了水电风各系统的调试困难。机电系统调试作为一项综合检验性工作，是对机电各系统施工质量的最后把关，是保障建筑功能实现的重要环节。机电联合调试整体性强，各专业关联性大，协调配合要求高，组织联动调试实施难度大，需同时保证阶段调试和整体调试的效果，联合调试技术要求高。

随着经济的发展和城市化进程的加快，许多地区呈现出对超高层建筑的迫切需求，机电工程作为超高层建设中不可或缺的因素，在整个建筑工程的运行过程中发挥着举足轻重的作用，新技术的应用越来越广泛，机电工程的功能也将越来越完善、齐全。面对超高层建筑机电这一个庞大且新颖的课题，中建安装不断开拓创新，依托已完成的超高层建筑机电项目，总结超高层建筑机电工程的经验与成果，为超高层建筑机电工程的建造提供指导参考。

第 2 章

机电工程专业技术

超高层建筑机电工程主要由建筑电气、建筑给水排水及供暖、通风与空调、建筑智能化等专业组成。本章针对超高层建筑机电安装工程的特点及重难点，阐述了以下关键施工技术。

通风与空调分部工程介绍了不锈钢风管无法兰连接技术，降低不锈钢风管变形率，提高风管的严密性；大管道闭式循环冲洗技术，减少了需水量的同时又提高管道冲洗的效果；空调水管道清洗预膜技术，实现管道清洗的同时，废水直接排放无需处理的绿色节能技术。

建筑给水排水及供暖分部工程介绍了超高层给排水系统设备一体化及优化技术，减小给排水系统设备对机房面积的占用率；超高层建筑重力消防给水防溢流技术，降低消防水箱溢水的风险；超高层建筑管道系统水锤防护技术，缓解水锤现象对管道系统造成的危害。

建筑电气分部工程介绍了泛光照明安装技术，提高灯具安装效率；防雷接地施工技术，保证防雷接地系统施工质量；电视塔天线桅杆放射式避雷针施工技术，将天线桅杆分段制作安装，作业区之间设置外部操作及物料转运平台，降低施工难度，提高施工效率。

建筑智能化分部工程介绍了智能浪涌保护监控技术；供配电系统智能监控技术；楼宇自控系统应用技术；数据机房创新技术应用；超高层数字安防技术。

2.1 薄壁不锈钢风管无法兰连接技术

1. 技术简介

不锈钢风管主要适用于厨房排油烟系统、消防排烟系统、除尘系统等。传统工艺是采用法兰连接，此种工艺对法兰间的垫片密封性要求较高，并且随着不锈钢风管使用时长的增加，垫片逐渐老化，会出现漏风现象。

薄壁不锈钢风管无法兰连接技术，从施工工艺上尝试突破和优化。即每段风管连接处翻边后进行焊接组对，另外，利用不锈钢板裁剪后的剩余材料自制"三角形加固筋"进行框型焊接加固，代替不锈钢角钢框型加固。焊接均采用氩弧焊，既满足同等材质进行焊接的要求，又对边角料进行合理利用。

2. 技术内容

（1）工艺流程

本技术工艺流程见图 2.1-1。

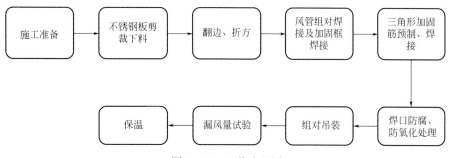

图 2.1-1 工艺流程图

（2）不锈钢板剪裁下料

不锈钢板在放样、划线时不得采用锋利的金属在板材表面划辅助线等，以免造成划痕。板材剪切必须进行下料的复核，以免有误，按划线形状用机械剪刀进行剪切。剪切过程中用力均匀适当，剪裁不锈钢板，为了使切断的边缘保持光洁，需要仔细调整好上下刀刃的间隙，刀刃间隙一般为板材厚度的 0.04 倍；下料时，根据风管规格，将钢板分成两段下料。保证各型号风管最多有两道焊缝，减少焊接工作量，提高施工效率。

（3）翻边、折方

由于不锈钢风管材质强度和刚度较大，若不一次压弯成型，会造成风管变形和翻边垂直度不足，对焊接造成困难。因此此道工序也是无法兰不锈钢风管质量控制的重中之重，是保证组对焊接质量、防止变形的前提条件之一。如图 2.1-2 所示，先将风管管段接合部翻边在液压折方机上折出，然后再按照风管边长折方。

（4）三角形加固筋预制

依照《通风与空调工程施工质量验收规范》GB 50243 相关要求，风管管段三角形加固筋选用不锈钢板裁剪后的适用剩余材料制作，强度经试验验证满足设计和使用要求。三角形加固筋预制尺寸表见表 2.1-1。

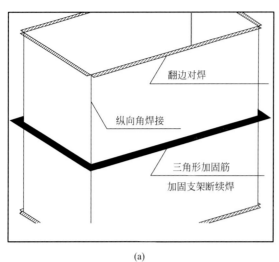 

(a)   (b)

图 2.1-2   翻边示意图

三角形加固筋预制尺寸表   表 2.1-1

序号	风管尺寸	加固要求	图示
1	2 000mm>b>1 250mm	加固板边长 20mm	
2	b≥2 000mm	加固板边长 30mm	
3	单边平面积>1m²	加固板边长 20mm	

注：b 为风管长边边长。

（5）风管组对焊接及加固框焊接

不锈钢风管采用氩弧焊全焊接方式。

风管管壁纵向连接处翻边 10mm，翻边与壁板搭接焊接，如图 2.1-3 所示。

风管管段接口部向外翻边 20mm，对接后焊接组对连接，如图 2.1-4 所示。

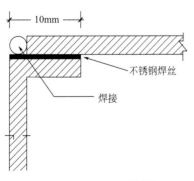 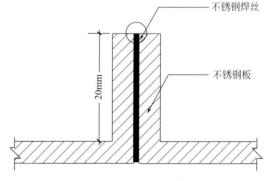

图 2.1-3   纵向翻边搭接焊   图 2.1-4   组对翻边搭接焊

依照规范要求，矩形风管长边边长大于 630mm，保温风管边长大于 800mm，中压风管单边平面积大于 1.0m² 均需采取加固措施，中压风管管段长度大于 1 250mm，需采用框型加固。无法兰连接不锈钢风管单边加固如图 2.1-5 所示，并根据需要按规范采用框型焊接加固。

（6）焊接要求

薄壁不锈钢风管无法兰连接采用氩弧焊接，氩弧焊接具有如下优点：

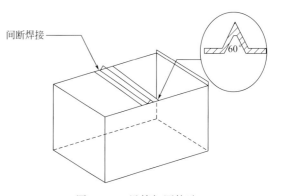

图 2.1-5　风管加固构造

1）使根部得到良好的熔透性，而且透度均匀，表面光滑、整齐。

2）效率高。在风管焊接中，手工氩弧焊为连弧焊。而焊条电弧焊为断弧焊，因此手工氩弧焊可提高效率 2～4 倍。由于不需清理熔渣和修理焊道，故速度更快。

3）变形小，氩弧焊打底时热影响区小，焊接接头变形量小，残余应力小。

在焊接过程中，为了避免焊缝烧穿、裂纹、气孔等焊缝质量问题，注意采用如下措施：

1）焊接时尽量使焊缝处于自由收缩状态，避免较大拘束，拼板应先焊错开的短焊缝，后焊直通长焊缝，并由中央向两端施焊，焊嘴与工件间的距离以 15～25mm 为宜。

2）先焊结构中焊接收缩量最大的焊缝。

3）组对时先将风管点焊，均匀布置间距，断续焊间距宜统一为 50～100mm。断续焊前，为使其间距均匀，先在风管上画好断续焊的位置，再行施焊。

4）焊接完，立刻用毛巾浸水冷却降温，防止 450～850℃ 内铬的敏化，使其在马氏体不锈钢阶段的时间缩短，有效控制焊缝开裂。

5）分段退焊法能减小焊接变形，但焊缝横向收缩受阻较大，所以焊接应力较大，减少焊接变形与降低焊接应力应权衡考虑。

6）电流适当。以 1.2mm 厚板材为例，宜采用 105～170A 以内的电流点焊，50～70A 的电流拉焊。如果焊接电流过大，板材就容易烧穿；电流过小，会出现焊接不上，或者烧溶太浅焊接不牢固等。

7）在焊接前须对不锈钢风管焊口处和焊丝上的氧化物进行清理，并在清除氧化物后 3h 内焊接完成，防止处理后再度氧化。在对口过程中，要使焊口达到最小间隙，以避免焊穿。

2.2　大管道闭式循环冲洗技术

1. 技术简介

超高层建筑空调水系统管道规格区间大、管路长度长，空间布置复杂，管道在储存、焊接及安装施工过程中，常常难以避免地在管内形成或累积氧化物、焊渣及其他杂质等，需要在管道系统投入运行前进行管道冲洗予以清除干净。空调水系统大管道冲洗需水量巨大，对冲洗水压力、流量要求相对更高，通过对整个管道系统进行细致分析、评价，在采取合理区隔分段、对重要设备与部件做出临时旁通隔离、部分管路进行短路连通以及适当增设过滤装置等措施的基础上，采用闭式循环冲洗技术，是清除管路内杂质异物、确保管道系统运行安全、保障系统运行效果最经济高效且环保节能的解决方案。

应用大管道闭式循环冲洗技术，先要对空调水系统进行区段划分，并在冷水机组等重要设备及部件供回（出）水两端加设旁通阀等，使管道形成闭合系统，再向各分区管内注满水，然后使用系统水泵（加以必要保护）将水在管道内强制循环，以达到必要的冲洗流速。对系统管道多次循环冲刷后，最后更换清水反复循环，最终达到冲洗的目的。闭式循环冲洗原理图如图 2.2-1 所示。

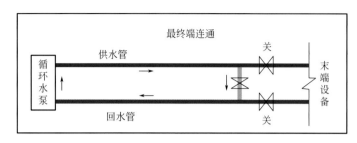

图 2.2-1　闭式循环冲洗原理图

2. 技术内容

（1）工艺流程

闭式循环冲洗工艺流程见图 2.2-2。

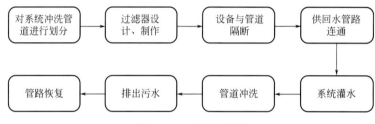

图 2.2-2　工艺流程图

（2）冲洗技术条件

杂质在流体中的运动状态随流体流速的变化而变化，流体流速愈大，质量愈大的杂质越容易被冲出。根据杂质在管内的运动状态及经验数值，要使杂质在管内随水流运动，水流速度应大于 1.0m/s。根据相关规范要求循环干管管径≤250mm，冲洗流速应不小于 1.0m/s，管径＞250mm，冲洗流速应大于 1.5m/s。空调水系统在正常运行状态下，支管设计流速一般为 1.0～1.2m/s，因此区域的划分必须确保冲洗管段（区域）最不利点的支管冲洗流速符合相关规范要求。

（3）冲洗区域的划分

循环冲洗区域划分一般以涵盖分水器、集水器出口各供回水干管在内并构成闭合管路，确定拟冲洗区域流速和开启水泵的数量，计算所冲洗区域在最小冲洗流速下所需冲洗流量。

确定开启冲洗水泵流量：设水泵流量分别为 Q_{p1}、Q_{p2}、Q_{p3}、Q_{p4}。

如待冲管段 ab＞Q_{p1}，且待冲管段 ab＜$Q_{p1}+Q_{p2}$，则需开启两台水泵，即可满足最不利点的最小冲洗流速；如 $Q_{p1}+Q_{p2}+Q_{p3}$＞待冲洗管道 Q_{ab}＞$Q_{p1}+Q_{p2}$，则需要开启三台水泵。本技术应用区域划分以图 2.2-3 为例。

（4）过滤器的设置

使用工程水泵作为冲洗水泵时，为防止大颗粒杂物损坏水泵叶轮；避免系统中的集（分）水器等设备易被冲洗杂物沉积于其中；此外为了去除隔离冲洗杂物，因此必须在水泵出入口、分水器出入口等部位安装过滤器。过滤器如图 2.2-4 所示形式，采用厚度 $\sigma=3\sim4$mm 钢板制作，确保过滤器过水断面不得小于加设过滤器管段内截面积的 85%。

（5）设备、管路的连通

为确保冲洗管路形成闭合回路及保证冲洗杂物不进入设备，在管道注水前须对系统中的重要设备及部件进行隔离或加装过滤器，对部分管路进行临时短路连通。

对于风机盘管、空调机组等连接在支干管上的末端设备，只需关闭出入口阀门，见图 2.2-5。

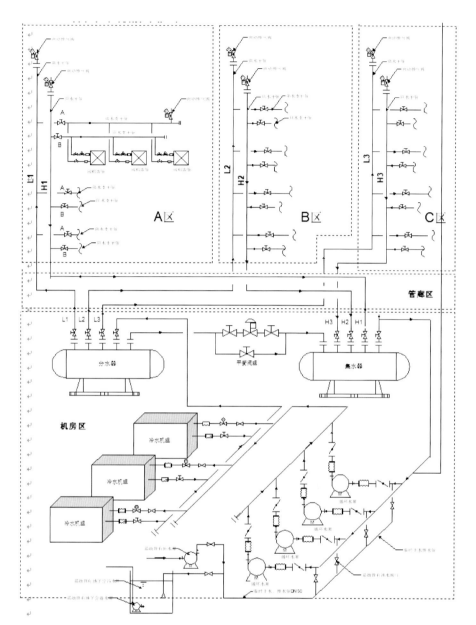

图 2.2-3　管道系统冲洗分区示意图

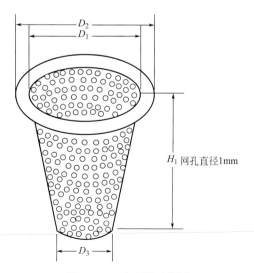

图 2.2-4　过滤器示意图

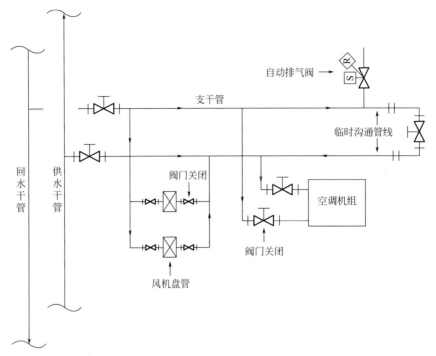

图 2.2-5　末端管路示意图

对于在供回水干管上，不允许连入冲洗系统的设备，如冷水机组、水泵、集（分）水器等则需采取安装旁通的方式进行处理，以确保冲洗过程中不损坏设备，见图 2.2-6。

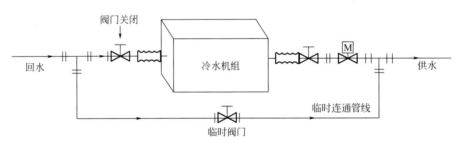

图 2.2-6　冷冻机组连通示意图

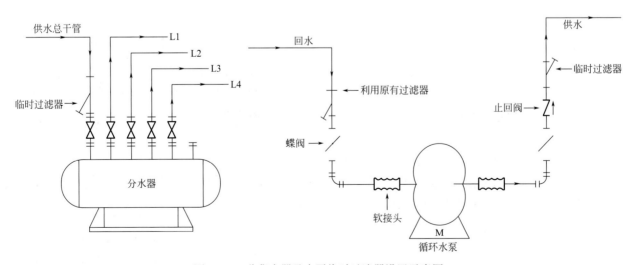

图 2.2-7　分集水器及水泵临时过滤器设置示意图

连通供回水干管，在干管最高处安装自动排气阀，见图 2.2-8。

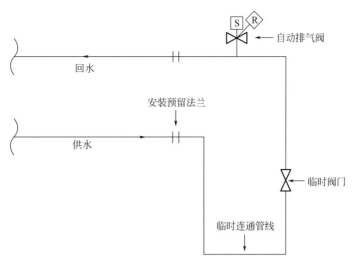

图 2.2-8　供回水干管排气阀设置示意图

（6）管道冲洗

系统设备隔离完毕、供回水管路连通、过滤器安装完毕后，向系统内灌水，见图 2.2-9。

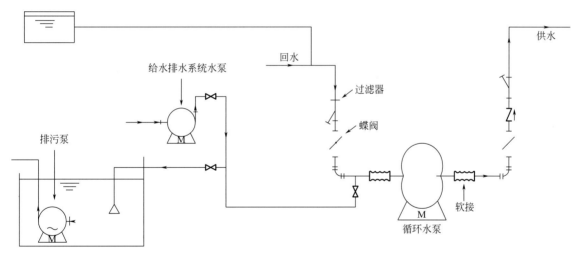

图 2.2-9　补水示意图

系统充满水后，此时水泵回水管处压力表应等于膨胀水箱静压。冲洗前先关闭供水干支管处阀门，打开供回水干管连接阀门，开启水泵先进行干管冲洗。冲洗约 30min 后，从排水点放水以避免干管内污物进入分支管路。再向系统灌水，打开各支管阀门同时对干管和分支管系统进行水冲洗，冲洗时间控制在半个小时，观察出水管处的出水颜色，如出水颜色深、携带脏物多，应放水进行第二次冲洗，直到出口水色和透明度与入口处目测一致。

1）冲洗速度的确定

根据相关规范要求，循环干管管径≤250mm，冲洗流速应不小于 1.0m/s，管径＞250mm，冲洗流速应大于 1.5m/s。确定管路最小冲洗速度为 V_{min}（m/s）。

2）冲洗流量的确定

$$Q = F \cdot V_{min} = \frac{\pi \cdot D^2}{4} \cdot V_{min} \tag{2.2-1}$$

式中　Q——最小冲洗流量，m³/s；

D——管道内径，m；

V_{min}——最小冲洗速度，m/s。

（7）排污及管道恢复

每个分区冲洗完毕后，将管道内冲洗用水排入临时水箱，经过沉淀后再将上层无杂质的清水运用到下一个分区的冲洗工作中。拆除系统的临时连通管路及过滤装置，将系统整个管路恢复到设计状态，同时关闭各个出入口处阀门。

2.3 空调水管道清洗预膜技术

1. 技术简介

对于已投入使用的超高层建筑空调水系统，随着时间的推移，换热器、水泵、管道内部易沉积碳酸盐、硅酸盐、硫酸盐、磷酸盐等硬垢以及金属氧化物，在系统运行过程中产生的锈渣脱落及油脂将会堵塞制冷机组、空调机组、风机盘管进水口过滤网，影响冷冻水与热水循环，从而降低制冷及制热效果。

空调水管道清洗预膜施工技术，采用大分子螯合物，通过强振动使水垢分解变成分散粉末状，溶于水中并排出系统，最后添加化学镀膜剂在设备及管道表面形成保护层，延长设备及管道使用寿命。

2. 技术内容

（1）工艺流程

空调水管道清洗预膜施工工艺流程图见图2.3-1。

图2.3-1 空调水管道清洗预膜施工工艺流程

（2）管道清洗预膜技术的优点

本技术化学清洗剂采用的是中性镀膜清洗剂，适合多种材质，对碳钢、不锈钢、铜及铜合金、铝及铝合金、各种垫片垫圈均不会发生化学腐蚀。由于各种化学垢层被溶解，不会造成末端阻塞，同时系统上已安装的各种传感器、探头、自控仪表均不会受到化学清洗剂的影响，全部可在线进行清洗。

1）常规化学清洗药剂酸洗后的废液排到水中会对水生动植物、微生物具有极大的威胁，对混凝土等建筑材料和金属材料有很强的腐蚀作用；碱洗后的废液具有较强的碱性（pH＞10），直接排入水中会使土地盐碱化，影响水中植物和鱼类正常生活，还会使水中产生大量泡沫。

本技术采用的化学清洗剂为中性产品，产生的废液可直接排入市政，减少了常规处理废液经过特殊处理的费用，很大程度地节约了施工成本。

2）化学清洗剂作为循环水系统配管线及设备的专用清洗剂及良好的防腐剂，适合多种材质，对碳钢、不锈钢、铜及铜合金、铝及铝合金、各种垫片垫圈均不会发生化学腐蚀。由于各种化学垢层被溶解，不会造成末端阻塞，同时系统上已安装的各种传感器、探头、自控仪表均不会受到化学清洗剂的影响，全部可在线进行清洗。

3）采用专有的高分子镀膜剂及镀膜催化剂，在金属表面上能很快地形成一层保护膜，以提高缓蚀剂抑制腐蚀的效果。对水处理系统化学清洗之后迅即进行镀膜处理，有效地保证了系统及设备的使用寿命和安全。

（3）施工技术要点

1）水力冲洗

用物理方法将系统中的污物及颗粒状杂质冲洗干净。将冷冻机和热交换器进、出口阀门关闭，接通旁路，开启系统中的排空阀，通过补水箱注满清水后，关闭排空阀，开足水泵维持最大冲洗流量和流速。同时，在冲洗过程中，分析监测循环水，直到冲洗结束后关闭旁通管、管网。水力冲洗结果见图 2.3-2。

2）化学清洗

化学清洗工序包括：粘泥剥离→水置换（漂洗）→化学清洗（化学清洗过程中要求水流速 1.5m/s以上，支管流速 1.0m/s 以上），化学清洗剂见图 2.3-3。

图 2.3-2　空调水管道不同阶段冲洗水样

图 2.3-3　化学清洗剂

3）化学镀膜

在正常热负荷情况下进行。为使膜层完整、致密，镀膜时间不少于 8h。

① 控制系统水位，循环水浊度＜20NTU，系统管道通水运转，检查各处无漏水点。

② 连通所有末端设备，系统管道通水运转。

③ 投加镀膜剂及镀膜助剂连续运转至少 8h。

④ 管道系统水质酸碱度检测，用玻璃棒蘸一点空调水系统溶液滴在 pH 试纸上，观察试纸颜色变化。

⑤ 挂片测试。采用碳钢挂片挂在空调水系统机组 Y 形过滤器中，系统连续运转 24h 后取出碳钢挂片，在挂片上滴硫酸铜溶液，观察硫酸铜溶液颜色变化，大于 10s 后碳钢挂片由蓝色变成红色表示镀膜成功。

4）日常保养

每个月定期安排专业工程师对空调水系统添加保养剂，同时对各系统水质进行采样测试水质。根据水质化验结果及时调整，使设备及控制系统处于最佳运行状态。

2.4　给水排水系统设备一体化及优化技术

1. 技术简介

超高层给水排水系统设备一体化及优化技术旨在满足机房功能设计、使用需求的前提下，减小给水排水系统设备对机房面积的占用率，并大量减少设备、管道、阀部件及仪器仪表在施工现场的安装工序，有效提高施工效率，节约成本及工期。

给水排水系统设备一体化及优化技术主要应用在以下几个方面：

（1）给水及中水一体化泵组

一体化泵组的设备本体、连接管路及控制箱体等在工厂一体化安装完成，最大程度发挥设备集成优势，节约安装空间。水泵的设备选型根据额定流量和额定扬程选择高效泵型，使其额定工作点处于高效区域。

（2）餐饮废水处理机房新鲜油脂分离装置

采用全封闭式结构，油脂、清水及沉泥层分别位于仓内上中下部。通过自动粗细分离过滤、切割粉碎液压处理装置，实现自动撇油脂、自动排放污泥、自动仓内清洗、清油自动排放，排油阀及排泥阀可自动排油、排泥。

（3）废水机房一体化密闭式污水提升装置

一体化密闭式污水提升装置由污水泵、集水箱、进出水管道、阀部件及控制柜等组成，其中集水箱代替了传统方式中的集水坑。

（4）标准层卫生间一体化钢架成套设备

卫生间一体化钢架主要是将卫生间的洁具、相应管线与固定钢架进行集成，在保证正常使用功能的前提下，提高安装效率，保证施工质量。

2. 技术内容

设备一体化是指将各个独立的设备通过在工厂预制整合，形成成套的设备集合，减少施工现场安装工作量，加快施工进度及提高质量。实施设备一体化及优化技术，在施工准备阶段，应用BIM（建筑信息模型）技术对机房内设备布局、管线路由、一体化设备与现场管线连接的位置、高程、连接方式等进行深化设计，最大程度发挥设备一体化的优势。

（1）给水及中水一体化泵组

一体化泵组见图2.4-1～图2.4-4所示，给水及中水系统的转输泵组及变频泵组均采用设备本体及控制箱体工厂一体化安装，最大程度发挥设备集成优势，节约安装空间。水泵的设备选型根据额定流量和额定扬程选择高效泵型，使其额定工作点处于高效区域。

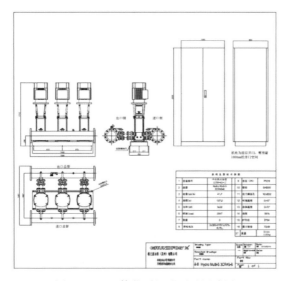

图2.4-1 一体化泵组选型及尺寸图

图2.4-2 一体化泵组样式

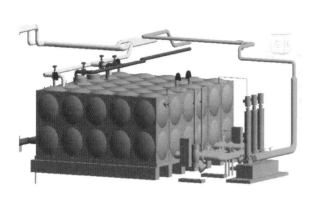

图 2.4-3 中水机房安装模型

图 2.4-4 中水机房安装示意图

（2）新鲜油脂分离装置

新鲜油脂分离装置（图 2.4-5～图 2.4-7）由除渣系统、油水分离系统和排水系统三部分组成，可处理乳化脂肪、油和油脂的污水，分离效果良好，出水油含量＜100ppm，且全过程封闭密封处理，油、泥可自动收集于容器内，无需人工对废油、废渣进行清理，使用过程安全环保。

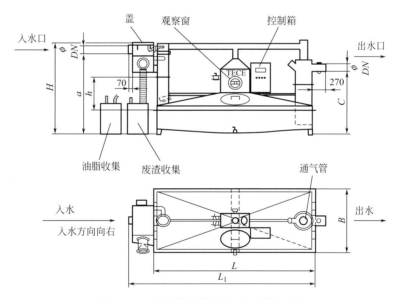

图 2.4-5 成套化新鲜油脂分离器尺寸图

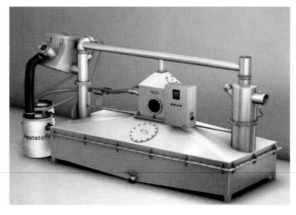

图 2.4-6 成套化新鲜油脂分离器

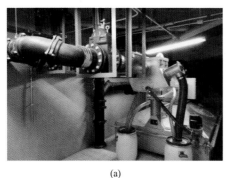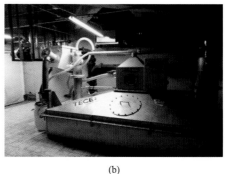

(a)   (b)

图 2.4-7 成套化新鲜油脂分离器安装图

新鲜油脂分离器具有以下特点：

1）壳体采用 316L 不锈钢材质（厚度不小于 2mm），坚固耐用、耐油、超强防腐蚀，并配有可以清晰地看到设备内油脂分离状态的装置，以便了解舱内油脂分离情况进而确定何时排油。油和污泥有独立的排放口并设有自动清洗装置防止堵塞，有专用通气管且新鲜油脂分离器的油水分离仓内设自动加热装置和搅拌装置。

2）厨房内排水口设置网罩以清除杂物（此为对厨房工艺的要求，以配合隔油器的正常工作，减少事故），隔油器装置的入口处设置预过滤器（栅距 10mm，栅条材质为不锈钢，设有手/自动运行方式），保证后续工艺的正常工作。

3）考虑事故的发生，新鲜油脂分离器配置应急装置。当隔油设备发生故障时，反馈信号给管理控制室，并通过事故超越装置排水，或通过设定的应急程序处理相关故障，确保隔油运行过程中的排渣、废油的正常排放、收集。

4）配备隔油器、油桶、渣桶等液位监控装置，并及时反馈换桶信号给管理控制室。配置水质取样装置及便携式检测装置，定期检测出水水质。

5）提供上述设备所需的控制屏，包括电动机开关、断电器、选择开关、指示灯、继电器、接线端、电压计、电流表、低电压接点等。控制箱及电气装置保护等级不低于 IP55。

6）90%的总容量（废水）无需处置排放，减少相当一部分清除排放成本和清水的消耗量，不易堵塞。

7）油脂可以很快地从分离器中被排出，设备本体中无油脂积聚，高压自动清洗。

8）清除排放过程中，无需关闭设备本身运作（不需关闭进出水口），油、水、渣、泥自动运行处理。

9）分离过滤出来的油脂可二次再生利用。

10）设备采用全触摸屏控制系统，控制系统操作简单。系统采用管理人模式，非管理人无法操作使用，保证设备的正常运行和管理维护。控制系统与设备一体化，减少电线电缆接驳。并设有通风防潮措施，保护系统运行安全和使用寿命。

（3）一体化密闭式污水提升装置

传统的解决方案是采用集水坑配置污水泵的方式，废污水经排水管道进入集水坑，集水坑内污水达到一定水位后，通过排污泵提升输送至市政管网。这种传统的排放方式存在着很多问题：

1）污染自然环境

污水渗透、腐蚀土层，污染附近土地及水层，污染周边环境。

2）影响生活环境

集水坑很难做到良好密封，会有异味溢出，影响周围环境；集水坑内会有卫生死角，造成污物积淀，雨季与夏季容易招引蚊虫，传播疾病。

3）威胁人身安全

排污泵长期处于集水坑中会产生腐蚀、生锈，集水坑内也会产生有害气体，危害维护维修人员的安全与健康。

4）占用空间大，土建成本高

相关规范规定"安装污水泵的集水坑有效容积不宜小于最大一台污水泵 5min 出水量"，所以集水坑更多是用来蓄水的，它的容积就会比较大，占用了大量的空间，耗费了高昂的土建费用。排污泵需要检修时，需要将排污泵从集水坑中取出，给检修维护工作带来一定的困难。

5）排污泵及其维护成本高

相关规范规定"污水泵每小时启动不宜超过 6 次"，排污泵必须选择较大的流量范围，以减少启动次数，额外增加了初期设备的投资。同时，调配安装与维护使用的专用工具及吊装设备等长期运行维护费用也比较高。

一体化密闭式污水提升装置（图 2.4-8、图 2.4-9）排放废污水通过整套设备的入口自流进入集水箱，到达设备的启动水位后，设备自动启动，将污水提升排放到市政管网。在污水提升装置中，集水箱代替了传统方式中的集水坑。

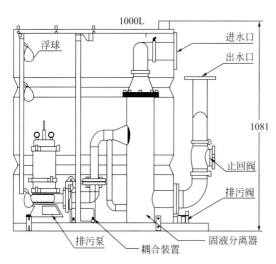

图 2.4-8　一体化密闭式污水提升装置剖面图

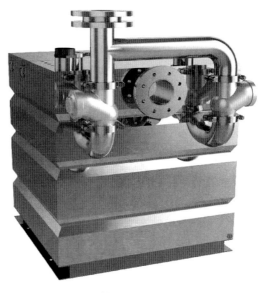

图 2.4-9　一体化密闭式污水提升装置

一体化密闭式污水提升装置优点：

1）集水水箱体积远比传统集水坑占地空间小。污水提升装置中，集水箱的作用不再是蓄水，而是"过流"；污水提升装置配套的水泵，可以频繁起停，性能稳定。

2）集水箱过流污水，一旦到达设定液位高度水泵即会启动，将污水提升排放出去，污水不在集水箱内积存，减少了异味的产生，同时，污水提升装置采用全密闭结构，不会有异味泄漏，正常排气通过通气管排出室外，对人们的生活和居住环境不会造成影响。

3）污水提升装置的集水箱材料，具有抗腐蚀、抗老化能力，使用寿命长，降低客户支付额外的维护费用及重复采购的风险。

4）由于集水箱体积大幅减小，而且水泵多采用外置式安装，污水提升装置的维护修理变得简单易于使用环境及场所。

5）广泛适用于地下室厕所排水、地铁厕所排水、人防地下室厕所排水、其他地下厕所排水以及其他产生污水需要提升的所有场所。

6）本装置由可拆卸的两部分组成，贮水囊和进、出水管，与卫生器具的排水管相连接为固定结构，维修时一般不需要拆卸。切割泵与压力控制系统，可以很方便拆卸，在出现机械故障的情况下，迅速分离开来进行维护。

（4）标准层卫生间一体化钢架成套安装

卫生间一体化钢架成套系统（图2.4-10、图2.4-11）主要是将卫生间的洁具（坐便器、小便器）、洁具相应的管线（给水管、中水管、排水管以及强弱电配管）以及固定管线和洁具的钢架集中在一起，保证正常使用功能的前提下，合理排布钢架，保证整体的稳定可靠。

图2.4-10　卫生间一体化钢架实体样式　　　　　　图2.4-11　卫生间一体化钢架安装示意图

卫生间一体化钢架成套系统是对一种新型工业化生产的卫浴间产品类别统称，具有独立的框架结构及配套功能性，一套成型的产品即是一个独立的功能单元，可以根据使用需要装配在任何环境中。根据精装卫生间平面排布图，进行深化，按照不同的隔断划分成不同的单元组。现场依据深化设计的分组深化图，再将工厂内组装完成的一体化钢架运输至现场行整体钢架的连接组装。

2.5　消防重力连通供水技术

1. 技术简介

在超高层建筑群中，通过对消防水系统进行优化，将低区高压重力供水系统进行连通，共用一套重力供水系统。即超高层建筑群消防重力连通供水系统，代替每栋建筑单独的消防供水系统，可以减少消防供水设施的投入，节约造价，使用维护方便。

通过分区供水的方式将给水系统相结合实现超高层建筑供水，包括消防水泵直接串联临时高压供水；消防水泵、转输水箱串联临时高压供水；顶部临时高压＋其余分区高压重力供水及顶部临时高压＋其余分区临时高压重力供水四种形式，如图2.5-1～图2.5-4所示。

2. 技术内容

（1）重力连通供水消防系统设计思路

某项目超高层共计10栋，建筑高度195.3m，地下2层，裙房3层，按照建筑总规模，同一时间内的火灾次数为2次，结合建筑条件，确定设置3个完全独立的室内区域消防给水系统，即1号、2号楼及其地下区域，3号、4号、8号、9号、10号楼及其地下室，5号、6号、7号楼及其地下室。

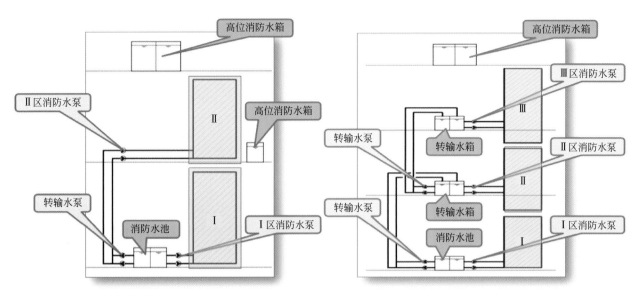

图 2.5-1 消防水泵直接串联临时高压供水　　　　图 2.5-2 消防水泵、转输水箱串联临时高压供水

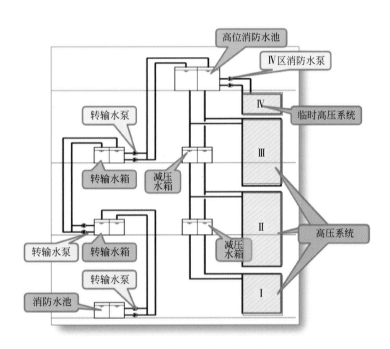

图 2.5-3 顶部临时高压＋其余分区高压重力供水

以 1 号、2 号楼及其地下区域为例，在顶部临时高压＋其余分区高压重力供水系统的基础上，合并使用地下室消防水池，低区消防水系统共用一套重力供水系统。中危险级及轻危险级火灾发生时，依靠重力流即可保证消防管道压力，及时供水，替代了以往采用临时高压消防给水系统，如图 2.5-5 所示。

设计思路如下：

1）在一栋建筑屋顶设置消防水箱，水箱容量按火灾发生时建筑群同时开启的灭火系统用水量计算，包括室内消火栓用水量、自动喷水灭火系统、大空间智能灭火系统用水量之和。

2）两栋超高层建筑高度不同时，重力连通供水消防系统屋顶消防水箱设在较高的一栋建筑之上。室内消防给水系统除相对高度较低建筑楼层的高区采用临时高压系统外，其余均采用重力自流常高压系统。临时高压供水与重力自流常压供水系统相结合即可满足所有室内区域灭火需求，达到单个独立的室

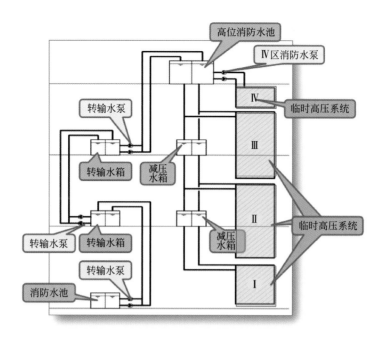

图 2.5-4　顶部临时高压＋其余分区临时高压重力供水

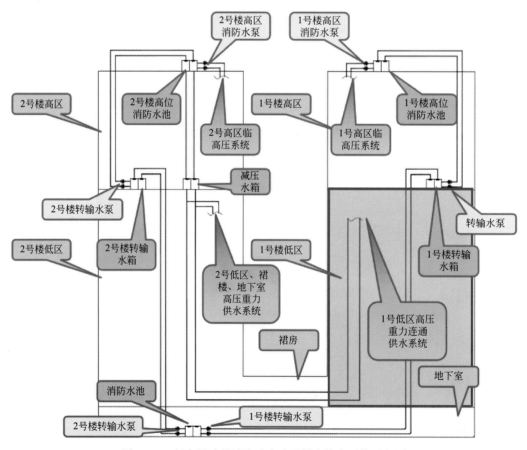

图 2.5-5　超高层建筑消防重力连通供水技术系统示意图

内区域消防高度联控的要求。

　　3）超高层建筑消防重力连通供水技术关键在于在适当地增加减压装置或者设置减压水箱，对管道进行分段或分级，通过设计计算，精确控制管网压力，防止水锤作用对管网造成损害。

　　（2）重力连通供水消防系统供水流程

本项目中，建筑高区楼层采用临时高压消防给水系统，低区采用常高压系统，供水流程如下：

1）地下室设 300m³ 消防水池，消防用水经地下消防转输泵增压供水至各栋避难层中间转输水箱，再经消防转输泵二次增压至屋顶消防水池，当高区发生火灾时，由屋顶临时高压系统给水并满足消防用水需要。

2）2 号楼屋顶消防水池出水经重力自流至避难层减压水箱供至 1 号、2 号楼低区、裙房及地下室，以常高压重力供水系统供消防用水使用。

3）当屋顶消防水池水位降低至补水液位时，避难层转输泵启动，当避难层转输水箱水位降低至补水液位时，地下室转输泵启动，当地下消防水池水位下降至补水液位时，市政供水浮球阀开启，对水池补水。

（3）重力连通供水系统安装及试压

1）消防水系统采用镀锌无缝钢管，法兰连接，现场放样、预制完成后进行镀锌，再进行安装及试压。

2）消防水立管应分区分段施工，减少管道连接处的应力。

3）消防水系统管网压力较大，应采用金属垫片，安装过程中管道吊装采用卷扬机与手动葫芦相结合的方式缓慢对接，以避免对垫片造成损害。

4）立管支架 U 形卡的螺栓孔应采用椭圆孔，便于立管进行精确调整，确保法兰处管道无渗漏。

5）在管道试压过程中，应重点对法兰接口处进行检查，防止因金属垫片柔性小造成管道渗漏。

2.6　消防给水防溢流技术

1. 技术简介

超高层建筑设备层内水箱发生溢流现象较为普遍，传统补水装置若液位控制系统失效，无法及时中断供水，则会造成溢流事故的发生。溢流事故不但会影响系统的运行、损坏楼层内设备及管线，还会威胁到下层的运行安全。为了保证重力消防给水系统在建筑运营和管理过程中的稳定性，本文从浮球阀选型、水箱液面波动控制、水箱溢流管设置、浮球阀控制方式四个方面论述防溢流技术，并重点介绍电动阀和磁翻板液位计联动控制技术，有效防止水箱溢流情况的发生。

2. 技术内容

（1）防溢流技术关键因素

1）浮球阀的选型

浮球阀的质量直接决定水箱补水的安全性，DN50 以下的供水管，一般采用普通浮球阀；DN50 以上的管道，一般采用液压浮球阀。同时要保证浮球阀所受的浮力大于供水压力，确保浮球阀有效运行。

2）水箱液面波动控制

在水箱补水时，带压力的水流会导致水箱液面波动，导致浮球阀随着液面上下浮动，阀门反复开启闭合，影响补水的同时降低浮球阀寿命。

在进水管管口正下方加一根喇叭口状开口的导流管（管径为进水管的 2～3 倍，导流管距水箱底部距离根据水箱尺寸合理确定），将水流引至水箱下方，有效降低水面波动现象，见图 2.6-1。

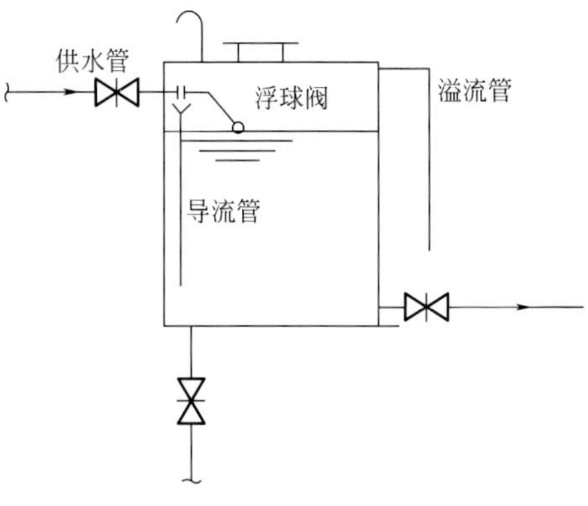

3）水箱溢流管

确保水箱溢流管与供水管之间有合适的高度差。

4）浮球阀控制方式

图 2.6-1　水箱示意图

常用的浮球阀控制方式有：浮球液位开关、超声波液位计、电极式液位计、磁翻板液位计，根据水箱容积、介质、进水管管径、水压力等合理选择控制方式。

（2）补水控制流程

重力消防给水防溢流控制系统主要由磁翻板液位计、电磁感应磁头、电动阀、电动阀控制箱等主要设备组成。通过磁翻板液位计的感应磁头将水箱/水池液位转换为电磁脉冲触发信号，即瞬时闭合、瞬时打开，连锁控制电动阀、水泵以实现平时维护管理和火灾时启停系统的需要。

电动阀、水箱液位、与水泵连锁控制原理见图 2.6-2 和图 2.6-3。

1）缺水、开阀、启泵顺序：

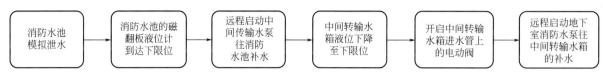

图 2.6-2 开启补水控制流程图

2）水满、停泵、关阀顺序：

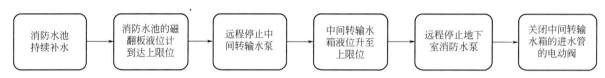

图 2.6-3 关闭补水控制流程图

（3）电动阀

电动阀的主要功能是负责水箱在即将发生水箱溢流事故之前，将进水管关断；在水箱水位到达下限水位时，阀门打开对水箱进行补水。电动阀驱动器要与进水管与水箱连接处的阀门配套采购、配套使用。

阀门驱动器电源采用 220V、50Hz 的交流电，当磁翻板液位计上限位感应磁头提供信号后，电压输入到驱动器的"C"和"N"两端并执行关阀动作，阀门关到位后反馈信号给电动阀控制箱，并显示阀关指示（红灯）；当磁翻板液位计下限位感应磁头提供信号后，电压输入到驱动器的"O"和"N"两端并执行开阀动作，阀门开到位后反馈信号给电动阀控制箱，并显示阀开指示（绿灯）。

（4）磁翻板液位计

水箱上的磁翻板液位计利用浮力原理和磁性耦合作用直观显示水箱内的液位，用于控制水箱进水管上电动阀开闭和控制消防水泵的启停。当水箱/水池中的液位升降时，液位计本体管中的磁性浮子也随之升降，浮子内的永久磁钢通过磁耦合传递到磁翻柱指示器，驱动红、白翻柱翻转180°。当液位上升时翻柱由白色转变为红色，液位下降时翻柱由红色转变为白色，从而实现水箱/水池内的水位清晰的显示，见图 2.6-4 和图 2.6-5。

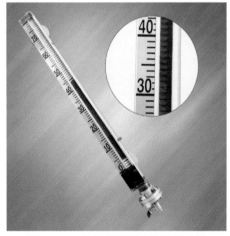

图 2.6-4 水箱磁翻板液位计示意图

图 2.6-5 水箱磁翻板液位计安装图

（5）电磁感应磁头

电磁感应磁头（图 2.6-6）安装在每个磁翻板液位计上，通过电磁感应原理将液位指示转变为电磁信号传输给电动阀控制箱，进而通过控制箱实现电动阀门的启闭动作。

（6）电动阀控制箱

电动阀控制箱见图 2.6-7 所示。

图 2.6-6　水箱感应磁头安装图

图 2.6-7　电动阀控制箱示意图

在电动阀调到"自动"状态下，无论是执行开阀动作，还是执行关阀动作，220V、50Hz 的交流电压始终加在驱动器的"C/O"和"N"两端，直到关/开阀动作执行完成后，断开继电器的电压输入，以执行新的指令动作。

重力给水防溢流系统全自动控制具体解决方案见图 2.6-8。

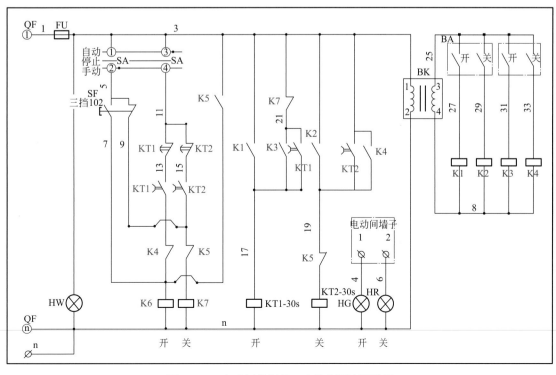

图 2.6-8　电动阀控制箱二次控制原理深化图

（7）测试调试

手动测试电动阀从阀全开到阀全关、阀全关到阀全开动作的持续时间，选用瞬时闭合、延时断开两只时间继电器以实现自动控制功能，控制逻辑程序见表 2.6-1。

控制逻辑程序表

表 2.6-1

序号	控制模式	动作指令	接受液位信号	电动阀控制箱元器件动作顺序			
				1	2	3	4
1	自动	开阀	K3 线圈	K3 常开触点闭合	K3 常闭触点瞬时闭合	KT1 线圈得电并自锁回路执行开阀指令	延时 30s 待开阀动作完成后，KT1 线圈失电，自锁回路断电并中止开阀指令
2		关阀	K4 线圈	K4 常开触点闭合	K4 常闭触点瞬时闭合	KT2 线圈得电并自锁回路执行关阀指令	延时 23s 待关阀动作完成后，KT2 线圈失电，自锁回路断电并中止关阀指令
3	手动	开阀	K6 线圈	KT6 线圈得电执行开阀指令	阀开到位后，手动断电中止开阀指令（主要在日常维护过程中）		
4		关阀	K7 线圈	KT7 线圈得电执行关阀指令	阀关到位后，手动断电中止关阀指令（主要在日常维护过程中）		

时间继电器瞬时闭合功能使驱动器在执行开/关阀门过程中控制二次回路的自锁，持续给电动阀输出电压，使阀门按要求动作。时间继电器延时断开功能使驱动器在执行开/关阀门动作指令之后，切断控制回路以保证系统在接收到新动作指令之后，能够按要求动作，同时避免电压长时间加在"C/O"和"N"两端烧坏驱动器内部线圈。

在平时运行维护中，只需观察电动阀控制箱的开/关阀的指示灯即可判断阀门状态；在水质维护或火灾状态下，完全实现全自动控制水箱/水池水位、电动阀、水泵的运行情况，杜绝溢流事故隐患，为重力消防给水系统的运行上了一个"双保险"。

2.7 泛光照明安装技术

1. 技术简介

建筑的泛光照明为建筑物装扮了靓丽的外表，点缀了城市的夜空，展现了城市的风景，已越来越受到人们的关注。在超高层泛光照明工程中灯具数量巨大，灯具的安装效率、安全稳定性成为施工技术难点。如果能减少单套灯具的安装时长就可以缩短高空作业的时间和灯具安装的工期，结合我公司在以往工程的施工经验，通过深化设计、优化灯具安装工艺及创新施工方法，形成了相关技术，对同类工程具有较好的推广意义。

创新点及关键技术：

1）优化选取控制系统，让泛光照明系统性能稳定并具有灵活性，同时具备更丰富的功能性。

2）灯具控光设计，利用透镜聚光和灯体截光两种方法，在灯具厂家的配合下，设计出角度极窄的偏配光灯具，从而控制炫光的产生和提高灯具效率。

3）采用 BIM 技术进行深化设计，合理布置管线走向、灯具布置、支架设置等，达到灯具与建筑物的融合，充分表现建筑的层次感。

4）免螺钉安装工艺，提高了灯具的安装效率。

5）采用了无配重悬挂定制吊篮及可拆卸擦窗机高空安装技术，缩短了灯具安装周期。

2. 技术内容

(1) 泛光照明系统

照明灯具全部采用节能的 LED 灯具，整个灯控系统架设在标准以太网络上，利用 TCP/IP 组网技术，采用灯光控制引擎做场景模式管理，将 DMX 信号长距传输到百米的各个功能空间，灯光控制系统网络拓扑见图 2.7-1。全彩灯具能够实现 1670 万种颜色，以 250mm 为单位进行点对点逐帧控制指令，采用 30 帧/s 的信号刷新率，保证了画面的平滑流畅。LED 灯具和控制系统支持 RDM 协议，能够实时反馈电流、电压信息，实现过温报警、故障定位，动画视频及灯具的故障反馈均能够实时显示，真正实现了建筑媒体的智能控制技术。

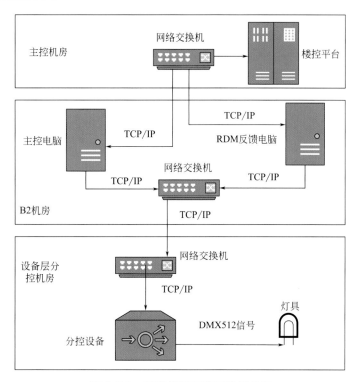

图 2.7-1　灯光控制系统网络拓扑图

(2) 泛光照明安装关键技术

1) 照明控制系统原理结构见图 2.7-2，是用于构建动态、高效和可靠的灯光系统的优质平台。其不仅性能稳定、可长期使用、具有灵活性，且具有丰富的功能特性，具有扩展性和开放的接口协议，可与第三方控制系统以及管理平台进行无缝对接。

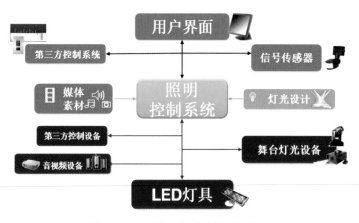

图 2.7-2　照明控制系统原理及接口

2）项目选用的暖白光洗墙灯，安装在小竖挺两侧对大竖挺进行照射，该灯具需要特殊设计发光角度，不会对室内室外造成严重的炫光，产生光污染。

通过透镜聚光和灯体截光两种方法，设计出角度极窄的偏配光灯具，有效地控制了室内外炫光并提高了灯具的效率，经过反复的软件模拟和视觉样板测试，最终灯具达到了设计要求，工程实景灯光效果见图 2.7-3。

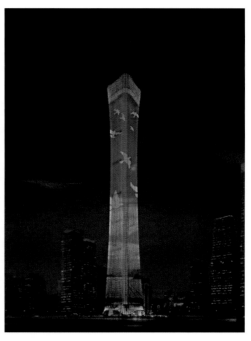

图 2.7-3　工程灯光效果图

3）灯具现场免螺钉安装技术

因工程线型灯具数量大、规格复杂，安装空间仅有 36～40mm 宽度，灯具放入后仅有 2mm 的空隙，见图 2.7-4，安装现场高空作业难度巨大，为此我们首次提出了 LED 灯具免螺钉安装技术，不仅解决了泛光照明灯具安装和维修空间狭小的问题，而且有效提高了安装速度，最大限度减少了高空坠物的风险，极大地缩短了高空安装工期。

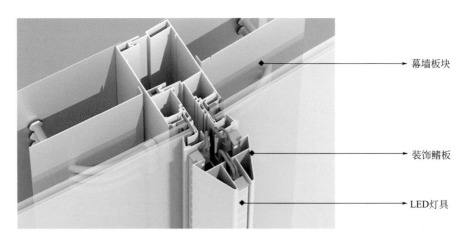

图 2.7-4　幕墙装饰鳍板灯具安装三维效果图

LED 灯具免螺钉安装技术是采用插挂锁的方案实现了施工现场的无螺钉快速安装；研发了剪式单侧紧固螺栓、对穿紧固螺栓，一侧为挂接灯具的蘑菇头，另一侧为幕墙固定螺栓，可以预先在幕墙生产车间进行插入安装。在灯具背面设计钥匙孔安装支架，即可在安装现场实现蘑菇头挂接，并形成了LED灯具现场免螺钉安装技术，支架详图挂接示意图见图 2.7-5。

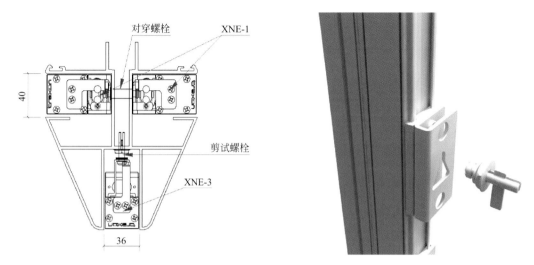

图 2.7-5　钥匙孔安装支架与蘑菇头挂接示意图

4）泛光照明高空安装技术

通常泛光照明工程灯具的安装根据幕墙的结构类型分为很多形式，就单元板块式幕墙而言，灯具安装主要分为装配式和散装式两种方式。装配式是指在幕墙生产工厂的单元板块装配流水线上，同时把照明灯具安装上去。散装式是指在施工现场将幕墙单元板块和照明灯具分开独立安装。根据工程项目的本身情况我们选择了第二种散装式灯具安装方案，这样不受幕墙工程进度的限制，可以连续安装灯具，从而缩短了灯具的安装周期。

为实现高效施工满足工期的需要，首次使用了专为超高层建筑立面灯具安装而设计的无配重悬挂定制吊篮及可拆卸擦窗机，两项高空作业措施配合永久性擦窗机使用，将灯具安装工期缩短到 60d。配合定制吊篮使用的无配重悬挂机构，适用于狭窄的安装现场和复杂多变的建筑结构空间，采用竖直梁固定在两层楼中间或安装在建筑已有的钢结构处，可自由调节伸长梁的长度和高度，额定载重量达到630kg。可拆卸擦窗机采用固定外伸梁结构，中间顶节臂和组合臂采用固定支撑连接，第二支撑臂为拉索机构，主承重臂采用可拆卸式的法兰盘连接结构，最大限度地减轻了整体重量，同时可承载 350kg 的吊船重量。配套的吊船设计有导向机构，滚轮嵌入幕墙大竖挺的导轨内，可上下滚动，又能进行水平调整，可实现吊船沿幕墙上下行走时与幕墙距离保持不变，提高了高空作业的安全性，见图 2.7-6。

图 2.7-6　吊篮停靠平台和吊篮施工

5）照明系统深化设计

采用 BIM 技术进行照明系统深化，充分考量照明环境，合理设置灯具的相对位置，避免出现扇形亮区及眩光现象，减少不必要的光线。通过将专业图纸进行建模，检查桥架、线管路由及灯具位置与建筑、结构、幕墙的融合程度，保证照明系统符合设计要求。同时，对照明系统进行布局规划，根据泛光概念和主题，模拟灯光效果，局部调整，满足设计照明效果要求。

2.8　防雷接地施工技术

1. 技术简介

超高层建筑遭雷击的风险巨大，严重威胁着建筑物的安全，防雷接地系统稳定可靠的运行对保护超高层建筑的安全至关重要。在建筑防雷设计中，一方面要因势利导，利用避雷设施将雷电引向接地装置泄入大地，以消除其造成的破坏。另一方面，各种电气设备要具有一定的绝缘能力并有可靠的接地保护，以防止发生线路传导电击。

防雷接地装置对于超高层建筑抗雷电破坏起到十分重要的作用。防雷接地装置包括：避雷接收装置（避雷针、避雷带、避雷网格等）、防雷引下线、接地装置。

严格控制施工质量，是确保防雷接地系统安全可靠的保障。施工过程中应重点关注接地装置焊接、均压环焊接、引下线焊接及避雷带固定方式、安装高度等容易出现质量问题的工序，加强焊接质量的控制。尤其针对基础圈梁焊接或桩基础钢筋与基础钢筋焊接、引下线跨接都要严格按图纸逐一检查，在建筑伸缩缝处的跨接应重点检查标注。当整个接地网焊接完成后，下道工序施工前，要用接地电阻测试仪对接地电阻值测试，合格后方可进行下道工序施工。

2. 技术内容

（1）防雷接地安装工艺流程，见图 2.8-1。

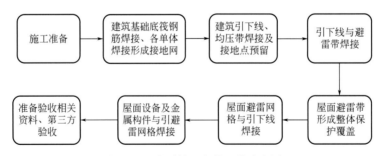

图 2.8-1　防雷接地安装工艺流程图

（2）关键技术介绍

1）避雷接收装置（避雷针、避雷带、避雷网格）安装

① 建筑物屋面安装避雷带通常采用 $\phi12$ 的热镀锌圆钢，支架高度 100mm，支架安装在建筑边缘女儿墙最高点上。避雷带支架应固定牢固，热镀锌圆钢搭接双面施焊，搭接焊长度不小于圆钢直径的 6 倍，各焊点要敲掉焊渣并做防腐处理。支架间距为 1m，避雷带圆钢与支架需卡件连接紧固。在结构拐弯处，避雷带不应做成直角，需为半圆弧，圆弧中间不立支架。屋面避雷带按照设计图纸与防雷引下线多点连接，焊接可靠牢固，见图 2.8-2。

② 避雷网分为暗装和明装两种形式，建筑物屋面各种金属突出物如旗杆、透气管、钢爬梯、烟筒等必须与避雷网焊接一体做接闪装置。按设计要求二类防雷建筑物的避雷带在整个屋面组成不大于 10m×10m 或 12m×8m 的网格，并且需多点与防雷引下线可靠焊接。各焊点要敲掉焊渣并做防腐处理，

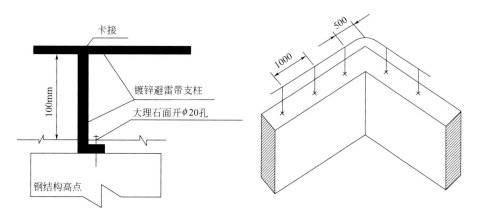

图 2.8-2　避雷带支架安装示意图

与引线下连接处要做标记，防止破坏。

③ 一类防雷建筑接闪带（均压带）楼层高超 30m 的，从 30m 起每两层做一个防侧雷击的接闪带；二类防雷建筑按设计要求做接闪带。通常把结构圈梁各连接点做跨接，并且与引下线多点连接。

2）引下线

① 高层建筑多用其框架柱主筋作为防雷引下线，引下线为接闪器承受的瞬间大电流提供良好的接地通路。根据设计规范要求，二类防雷建筑两条引下线的水平间距≤18m，引下线要严格按照图纸施工。

② 利用结构柱内两根 $\phi16$ 以上的对角钢筋或钢结构柱作为引下线，要求双面焊接长度不小于大号钢筋直径的 6 倍，引下线和筏板接地网连接处应可靠焊接，引下线与所有均压带均可靠焊接，并且预留与外幕墙的接地点。施工过程中，必须严格控制每个引下线与接地网钢筋交接处的焊接质量，焊缝应饱满、无夹渣、虚焊、咬肉、气孔及未焊透等现象。

③ 防止侧雷击，建筑物外侧窗、金属百叶等金属物要和均压带不少于两处可靠连接，形成严密的法拉第笼对建筑物起到防雷击保护，防止或减少雷击造成的损失。

④ 利用接地电阻测试仪对防雷系统进行测试，确保满足设计及规范要求。

3）接地装置

① 接地装置主要是利用基础、桩基结构内钢筋作为接地极，以基础筏板底层和上层对角钢筋连接为接地网，并将桩基接地极引出线分别与筏板底层和上层接地网钢筋进行可靠焊接，电气连通良好，使其形成一个完整的等电位接地体。

② 筏板底面的上层和顶面的上层钢筋分别敷设后，应对筏板底面的上层和顶面的上层钢筋进行跨接焊接，详见图 2.8-3。

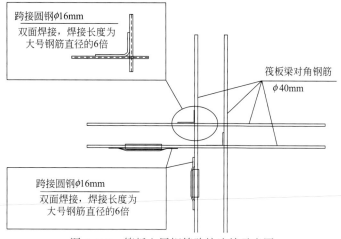

图 2.8-3　筏板上层钢筋跨接连接示意图

③ 在筏板底面钢筋跨接完成后，柱子的对角钢筋作为建筑防雷引下线要进行涂颜色标识，并且将连接处进行跨接，并与筏板钢筋焊接连接。

④ 接地干线经过伸缩（沉降）缝时，采用焊接固定，将接地干线在伸缩（沉降）缝的一段做成弧形，采用 φ16mm 以上圆钢弯成弧形与热镀锌扁钢焊接，具体做法如下，见图 2.8-4。

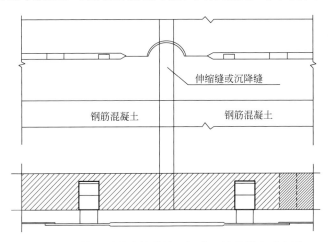

图 2.8-4　接地干线跨越伸缩（沉降）缝处做法示意图

⑤ 做好基础接地后预留防雷测试点，并及时检查测试。通常通过手摇或电子接地摇表采用三点式电压落差法进行测试，并结合季节系数计算出测试结果。具体做法如下，见图 2.8-5。

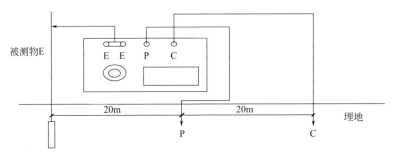

图 2.8-5　测试示意图

⑥ 在低压配电系统中通常选择浪涌保护器，浪涌保护器对保护电子设备免受过电压的损害起到了非常大的作用，当电力线、信号传输线出现瞬时过电压时，浪涌保护器就会通过电压泄流来将电压限制在设备所能承受的电压范围内，从而保护设备不受电压冲击，见图 2.8-6。

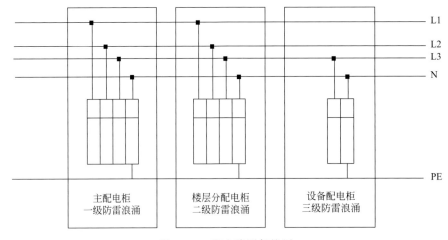

图 2.8-6　配电浪涌保护图

2.9　电视塔天线桅杆放射式避雷针施工技术

1. 技术简介

电视塔主体结构高，天线桅杆安装在主体结构顶部，其高度一般占到主体高度的 1/3 左右，大型电视塔的天线桅杆甚至高达 100m 以上。天线桅杆放射式避雷针工程工作量大，工程质量要求高，施工有效空间狭小，吊装和作业难度非常大。

天线桅杆常采用分段安装的方式，其中格构段采用组装方式安装，上段实腹段采用整体提升方式安装，上段在下段内部制作，上下段交替施工，结构互为支撑；在桅杆中部搭设外侧临时操作平台和物料转运层，设置垂直提升装置，桅杆上段吊装采用垂直提升牵引技术。利用液压可调导轮导轨系统做导向及抗风纠偏装置，以钢绞线穿心式液压千斤顶为提升设备，采用计算机自动控制，实现腹段天线连续提升，一次安装到位。解决了空间狭小、吊装受限、超高层作业安装难度大等问题，并总结形成了本项技术。

创新点及关键技术：

1）避雷针吊装及超短时悬空安装、检测技术；

2）天线桅杆作区联合作业施工技术；

3）设置临时外部操作平台搭建及主要设备布置施工技术。

2. 技术内容

（1）工艺流程

天线桅杆避雷针安装工艺流程见图 2.9-1。

图 2.9-1　天线桅杆避雷针安装工艺流程图

（2）关键技术介绍

1）天线桅杆放射式避雷针，制作尺寸详见表 2.9-1。

避雷针制作尺寸表　　　　　　　　　　　　　　　　　　　　　　表 2.9-1

平台层	平台预留法兰直径尺寸	预留法兰与平台连接钢管规格、材质	避雷针材质、规格、数量	高强镀锌螺栓
第一平台 488.4m	242mm	内孔 $\phi102\times8$、Q345B	不锈钢管 304/102×8 与不锈钢法兰 304/16 厚内孔 $\phi102\times8$ 配套焊接，8 根，每根为 2.0m	$6\times M16$、8.8S
第二平台 502.15m	242mm	内孔 $\phi102\times8$、Q345B	不锈钢管 304/102×8 与不锈钢法兰 304/16 厚内孔 $\phi102\times8$ 配套焊接，8 根，每根为 2.0m	$6\times M16$、8.8S
第三平台 529m	242mm	内孔 $\phi102\times8$、Q345B	不锈钢管 304/102×8 与不锈钢法兰 304/16 厚内孔 $\phi102\times8$ 配套焊接，8 根，每根为 2.4m	$6\times M16$、8.8S
第四平台 550.5m	242mm	内孔 $\phi102\times8$、Q345B	不锈钢管 304/102×8 与不锈钢法兰 304/16 厚内孔 $\phi102\times8$ 配套焊接，8 根，每根为 2.0m	$6\times M16$、8.8S
第五平台 578.2m	242mm	内孔 $\phi102\times8$、Q345B	不锈钢管 304/102×8 与不锈钢法兰 304/16 厚内孔 $\phi102\times8$ 配套焊接，8 根，每根为 2.4m	$6\times M16$、8.8S
第六平台 594m	242mm	内孔 $\phi102\times8$、Q345B	不锈钢管 304/102×8 与不锈钢法兰 304/16 厚内孔 $\phi102\times8$ 配套焊接，8 根，每根为 2.0m	$6\times M16$、8.8S

平台层	平台预留法兰直径尺寸	预留法兰与平台连接钢管规格、材质	避雷针材质、规格、数量	高强镀锌螺栓
第七平台603.9m	242mm	内孔 $\phi102\times8$、Q345B	不锈钢管304/102×8与不锈钢法兰304/16厚内孔 $\phi102\times8$ 配套焊接,8根,每根为2.4m	6×M16、8.8S
塔顶部612.2m	242mm	内孔 $\phi102\times8$、Q345B	不锈钢管304/102×8与不锈钢法兰304/16厚内孔 $\phi102\times8$ 配套焊接,每根为2.0m	6×M16、8.8S

在外平台结构上预留法兰,钢管与平台外侧焊接。每个平台安装水平放射避雷针8根,避雷针采用不锈钢管及法兰配套焊接。具体做法:避雷针外端口切成45°,采用6mm厚不锈钢板封板焊接,结构外平台预留法兰与避雷针法兰采用高强镀锌螺栓连接。详见图2.9-2~图2.9-4。

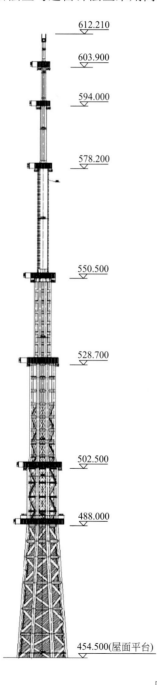

图2.9-2 平台放射式避雷针安装效果图

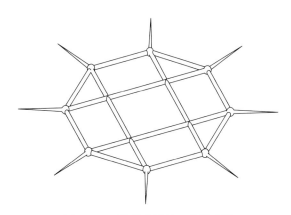

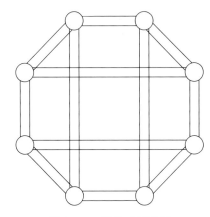

图 2.9-3　塔顶避雷针三维示意图　　　　　图 2.9-4　格构式示意图

2）关键技术施工工艺步骤

天线桅杆在塔体 454m 层至第四平台层外宽筒设置临时电梯，在第四平台 550.5m 层设置提升装置（外宽筒内安装第五平台为 578.2m 层、第六平台为 594m 层、第七平台为 606m 层及塔顶部位）。避雷针在工厂制作完成后，吊运到塔体 454m 层储存，待后期安装使用。

① 天线桅杆下段避雷针自下而上随结构进度安装

a. 第一平台 488.4m 层为结构外框筒，当结构平台施工完成后，将避雷针吊运至 488.4m 层外宽筒作业平台，并开始组装水平放射式避雷针（共计 8 根），每根为 2.0m。避雷针组装完成后必须检验合格。

b. 第二平台 502.15m 层为结构外框筒，当结构平台施工完成后，将避雷针吊装至 502.15m 层外宽筒作业平台，并开始组装水平放射式避雷针（共计 8 根），每根为 2.0m。避雷针组装完成后必须检验合格。

c. 第三平台 529m 层为结构外框筒，当结构平台施工完成后，将避雷针吊装至 529m 层外宽筒作业平台，并开始组装水平放射式避雷针（共计 8 根），每根为 2.4m。避雷针组装完成后必须检验合格。

d. 第四平台 550.5m 层施工完成后，将避雷针吊装至 550.5m 层外框筒作业平台，提升设备装置至第四平台时，开始组装水平放射式避雷针（共计 8 根），每根为 2.0m。避雷针组装完成后检验合格。

② 天线桅杆上段避雷针自上而下安装

a. 将桅杆顶使用的避雷针吊运至 550.5m 层外框筒作业平台，并开始组装顶部位两根竖向上避雷针（长度 2.0m）。组装完成并检验合格后，提升设备装置开始工作。

b. 将第七平台使用的避雷针吊装至 550.5m 层外框筒作业平台，提升设备装置至第七平台 606m 层时，开始组装水平放射式避雷针（共计 8 根），每根为 2.4m。避雷针组装完成并检验合格后，提升设备装置开始工作。

c. 将第六平台使用的避雷针吊装至 550.5m 层外框筒作业平台，提升设备装置至第六平台为 594m 层时，开始组装水平放射式避雷针（共计 8 根），每根为 2.0m。避雷针组装完成后检验合格，提升设备装置开始工作。

d. 将第五平台使用的避雷针吊装至 550.5m 层外框筒作业平台，提升设备装置至第五平台 578.2m 层时，开始组装水平放射式避雷针（共计 8 根），每根为 2.4m。避雷针组装完成后检验合格，提升设备装置开始工作，提升设备装置到位，天线桅杆提升完成结束。

3）避雷针系统测试

① 本工程是超高建筑，防雷接地测试、接地引下线连接连续性测试十分重要，施工中由专业的测试组完成。

② 接地电阻测试，本工程在零米层设接地电位测试点，接地电阻不大于 1Ω。

③ 防侧击雷措施，高层建筑物侧面有遭到雷击的危险，为确保建筑物安全，防侧击雷措施是必须的，本建筑物的防侧击雷是通过钢外筒接地实现的。

④ 施工过程中必须在组装段与提升段采用临时措施做好防雷接地系统，确保施工过程中作业人员的安全，施工方法在安装进场部分实施，做到上下施工方法一致。

4) 安全施工要求

① 天线桅杆避雷针施工时需要结构施工单位配合，作业平台隔断钢管固定牢固后，在其立面上必须架设安全网，有效防止外界人物进入，影响下部人员施工安全。

② 天线桅杆与提升段安装的防护，同时在其底部地面 454m 层处采用隔断，隔板高度为 2 000mm，严防 454m 层地面以上物体因为人为原因进入造成事故。

③ 隔板及钢管加固完毕后，在外表面也必须安装安全网，对周边进行封闭管理。

④ 贯彻"安全第一、预防为主、综合治理"的方针，建立以项目经理为第一责任人、专业技术员、专业安全员为主要责任人，施工班组长为直接责任人的安全组织体系，制定相应安全管理制度，并采取相应贯彻落实措施。

2.10 智能浪涌保护监控技术

1. 技术简介

SPD（浪涌保护器）因其能有效地抑制线路上的浪涌和瞬时过电压、泄放线路上的过电流而成为现代防雷技术的重要环节之一。但随着雷击计数的增加，SPD 会逐渐老化甚至失效，如不能及时预防或排除失效的 SPD，将对智能化设备带来严重影响。

在智能化建筑概念不断推广的背景下，智能浪涌保护监控系统能自动监测每个 SPD 遭受雷击浪涌的时间、冲击电流大小及 SPD 的剩余寿命，并最终汇总传输到人机交互终端，方便储存、查询数据，并为 SPD 的良好运行提供可靠数据，保证建筑物的配电系统及电子信息系统安全运行。智能 SPD 寿命监测系统，通过现代组网及通信技术，实现了 SPD 的寿命评估和智能管理化，SPD 智能化是未来的电涌保护器发展方向，与建筑物的其他智能系统相连，最终实现更好的保护及维护效果。

创新点及关键技术：

1) 接线与后备保护状态；

2) SPD 漏电流监测；

3) SPD 热脱扣状态监测；

4) SPD 雷击计数及雷击强度检测；

5) SPD 劣化指示。

2. 技术内容

（1）系统组成

智能 SPD 监控系统组成包括：SPD 终端采集设备、组网通信设备、监控中心设备和 SPD 寿命智能监控管理软件等。

终端采集设备与 SPD 串联安装，使其泄放电流通过采集设备的感应线圈收集数据。采集设备带有光耦遥信接口，用于连接 SPD 的失效状态输出；带有通信接口用于组网及数据传输；面板上集成 LED 显示器件，可直接观察 SPD 的评估剩余寿命。

　　组网通信。终端采集设备带有 RS485 总线接口，在节点不多的情况下可直接通过星形结构组网。若节点较多，结构较复杂，则可通过 RS485 总线集线器合理布局连接。最终利用串口服务器连接至局域网内，监控主机通过局域网收集数据。

　　监控管理中心设备通过监测软件对整个系统进行全面智能监控，并以图形化界面显示。在 SPD 出现失效或其他状况时，可方便定位查询，监控系统结构以某项目为例，见图 2.10-1。

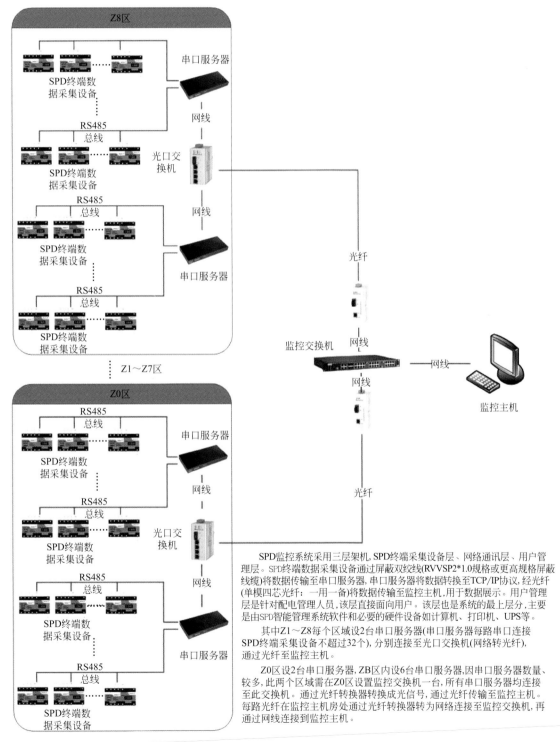

　　SPD监控系统采用三层架构，SPD终端采集设备层、网络通讯层、用户管理层。SPD终端数据采集设备通过屏蔽双绞线(RVVSP2*1.0规格或更高规格屏蔽线缆)将数据传输至串口服务器，串口服务器将数据转换至TCP/IP协议，经光纤(单模四芯光纤：一用一备)将数据传输至监控主机,用于数据展示。用户管理层是针对配电管理人员，该层直接面向用户。该层也是系统的最上层分，主要是由SPD智能管理系统软件和必要的硬件设备如计算机、打印机、UPS等。

　　其中Z1~Z8每个区域设2台串口服务器(串口服务器每路串口连接SPD终端采集设备不超过32个)，分别连接至光口交换机(网络转光纤)，通过光纤至监控主机。

　　Z0区设2台串口服务器，ZB区内设6台串口服务器，因串口服务器数量较多，此两个区域需在Z0区设置监控交换机一台，所有串口服务器均连接至此交换机。通过光纤转换器转换成光信号，通过光纤传输至监控主机。每路光纤在监控主机房处通过光纤转换器转为网络连接至监控交换机，再通过网线连接到监控主机。

图 2.10-1　智能浪涌保护监控系统架构

（2）系统功能

高性能智能型 SPD 本身具有正常工作指示、防雷模块及短路保护损坏报警、热熔和过流保护、保护装置动作告警、运行状态实时监控、雷击事件记录、实时通信等功能。

SPD 寿命检测系统是集雷电浪涌监测、寿命预测、远程监控、故障报警和事件记录等功能于一体的图形化管理监测系统，利用全新微处理器结合通信协议，收集并汇总整个系统中运行的 SPD 状况，使 SPD 的管理和维护具有更高的实时性和便捷性，见图 2.10-2。

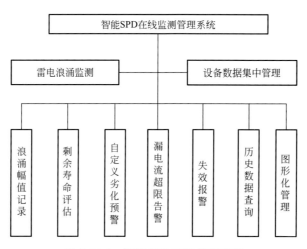

图 2.10-2　智能 SPD 监测管理系统

（3）关键技术介绍

1）接线与后备保护状态

系统可实时监测浪涌保护器接线状况以及后备保护状态，一旦出现接线脱落、后备保护跳闸等现象时，将发出报警信息，系统自动切换到相应的监控界面，且发生报警的开关会变成断开状态且变红显示，同时产生报警事件进行记录存储并有相应的处理提示，并第一时间发出多媒体语音、电话语音拨号、手机短信对外报警。

2）SPD 漏电流监测

系统实时监测 SPD 遭受雷击后的漏电流变化情况，从而判断 SPD 的劣化程度。系统可对监测到的漏电流值以及变化率设定越限阀值（包括上下限），一旦发生越限报警或故障，系统将自动切换到相应的监控界面，且发生报警的该 SPD 状态或参数会变红色并闪烁显示，同时产生报警事件进行记录存储并有相应的处理提示。监控软件提供曲线记录，直观显示 SPD 寿命及历史曲线，可查询年、月为时段相应参数的历史曲线及具体时间的参数值（包括最大值、最小值），并可将历史曲线导出为 EXCEL 格式，方便管理员全面了解 SPD 的运行状况。

3）SPD 热脱扣状态监测

系统实时监测 SPD 失效状态，一旦出现热脱扣现象，输出遥感信号，发出报警，系统将自动切换到相应的监控界面并且发出报警，SPD 失效状态指示由绿变红显示，同时产生报警事件进行记录存储并有相应的处理提示。

4）SPD 雷击计数及雷击强度检测

系统实时监测 SPD 累计被雷击的次数和雷击强度，随着雷击次数和强度的增加，其寿命逐渐减短，系统可对其进行预警，当达到一定的雷击次数后，即使没有发生热脱扣指示，系统也认为该 SPD 已经处于失效临界状态，需及时更换，避免事故发生。当雷击计数达到告警值时，系统发出报警，并自动切换到相应的监控界面，同时产生报警事件进行记录存储并有相应的处理提示。

5）SPD 劣化指示

一旦出现 SPD 超过劣化告警界限，系统将自动切换到相应的监控界面，显示 SPD 老化状态，同时产生报警事件进行记录存储并有相应的处理提示。

2.11　供配电系统智能监控技术

1. 技术简介

随着现代化建筑供配电系统设备的规模逐渐增大，复杂程度不断提高，对供配电系统精细化、透明化、智能化管理的需求也逐渐显现。因此在低压配电领域对供电的连续性、安全性和可靠性要求更高，用户对设备的精细化管理、实时响应需求也日益凸显，使得配电系统的智能化已然成为未来发展的必然趋势。智能配电监控技术融入了建筑智能化电力监控系统技术更高层次的要求，在供电可用性、可靠性、安全性的基础上，实现能效的提升和运营成本的降低。

2. 技术内容

（1）智能监控系统架构

智能配电监控系统方案包含了采集测量、智能互联和高效管理三方面。

1）采集测量。主要通过嵌入式测量控制单元、多功能仪表以及智能终端配电模块，实现配电系统及终端配电系统的测量、通信和控制等功能。

2）智能互联。依靠智能通信组件实现断路器的 ULP 及 Modbus RTU 协议到以太网 TCP/IP 协议的转换，设备集成了即插即用的通信接口，转换后的协议可供多个系统或平台使用。

3）高效管理。系统将通过多种便捷、可靠、友好的方式为用户提供专业的信息，帮助运维人员制定可靠的运维计划，让他们能及时了解设备的运行状态；让用户业主轻松掌握企业能耗状况，以制定下一步可行的节能举措，系统架构见图 2.11-1。

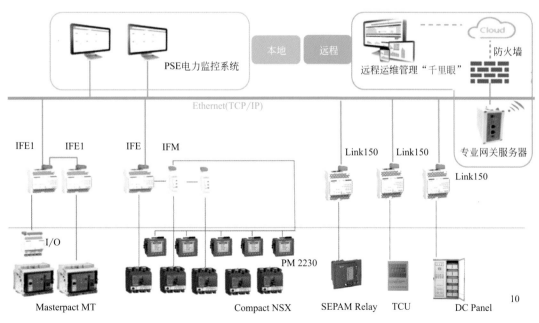

图 2.11-1　智能配电监控系统架构图（一）

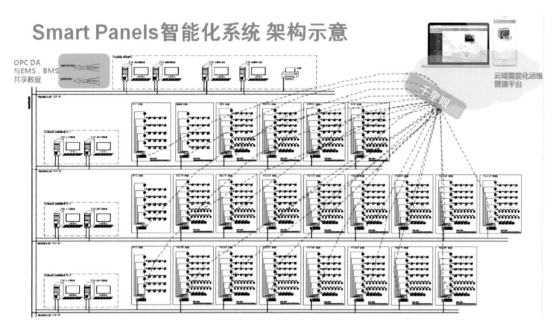

图 2.11-1　智能配电监控系统架构图（二）

（2）系统监控信息

1）10kV 电力系统监控管理

10kV 断路器回路设备监测信息：断路器事故信号，手车位置，弹簧储能状态，远方/就地信号，断路器跳闸，过流、速断、零序等保护动作信号，通信故障、电压、电流、频率、功率因数、有功、无功、有功电度、无功电度等信号采集。

用途：保护 10kV 断路器，在电气故障情况下快速分断断路器，避免设备损坏；提供基本监测功能。

2）变压器监测管理，

变压器温控器设备监测信息：变压器温度信息、风机运行监测、变压器高温报警信号、变压器的超温跳闸信号、风机报警信号。

用途：监测变压器运行温度、报警信息。

3）400V 变配电系统监控管理

通讯模块设备监测信息：安全的用户界面，包括用于登录的用户名和密码；先进的安全功能，允许用户指定 Modbus TCP/IP 主设备可访问所连接的串行从属控制器；Modbus TCP/IP 过滤功能；允许用户设定主设备的访问级别，确定只读还是全权访问；通过网页模式提供简便的配置。

通讯模块设备用途：将现场电表的数据，通过 Modbus RTU 协议转换成 Modbus TCP 协议进行上传。

框架断路器及塑壳断路器设备监测信息：断路器分合闸信号、断路器故障信号，通讯故障报警信号，SD 跳闸、SDE 跳闸信号、断路器触头磨损情况、断路器分合闸次数统计、跳闸次数、电压、电流、频率、功率因数、有功功率、无功功率、有功电度、无功电度等信号采集。

用途：监测断路器运行状态，在电气故障情况下快速分断开关触头，避免设备损坏。

4）10kV 高压配电控制电源（直流屏监控）

直流屏设备监测信息：开关状态、交流电源投/退状态、交流电压异常、充电装置异常、母线电压异常、蓄电池异常、绝缘异常、馈线回路异常、设备内部故障、直流母线过/欠压、蓄电池电压过低、各受电回路短路故障、交流进线电压、各充电模块输出电压、电流，直流母线电压、电流，浮充电压，蓄电池充/放电电压，蓄电池充/放电电流，绝缘电压。

用途：监测电力监测设备的电源。

5）飞轮系统监控管理

飞轮 UPS 机组监测系统监测信息：开关状态、主路/旁路运行模式、正常/紧急模式状态、过载报警、控制盘电池低电压报警、发动机低温/高温/过热报警、低油压报警、冷却液低位报警、蓄能器故障报警、燃油低/高位/泄漏报警、发动机超速、维护请求、上/下发电机的电压、电流、有功/无功/视在功率、功率因数、频率、盘柜电池电压、发动机转速、轴承温度等。

用途：监测飞轮系统运行状态，保障数据机房应急供电。

6）柴发系统监控管理

柴发系统设备监测信息：机组运行状态、机组过流报警、机组过流跳闸、机组过压跳闸、机组欠压跳闸、机组过频跳闸、机组欠频停机、机组过载跳闸、发动机高水温报警、发动机高水温停机、发动机低油压报警、发动机低油压停机、发动机超速、1号、2号供油/泄油泵运行/故障信息、1号、4号送风机/排风机运行/故障信息、EG1-EG6 及 DUPS 水泵运行/故障信息、EG1-EG6 及 DUPS 液位高高/低低位报警、发电机电压、发电机频率、发电机电流、发电机有功/无功/视在功率、有功电能、无功电能、电池电压、电动机转速、发动机水温、发动机油压、运行时间、启动次数、液位当前值。

用途：监测柴油发电机组运行状态。

7）光伏发电系统

光伏发电系统监测系统监测信息：电网过压/欠压/过频/欠频报警、直流过压、直流母线过压/不均压/欠压报警、直流 A 路/B 路过流报警、电网扰动、过温保护、PV 绝缘故障、漏电流保护、电弧自检保护/故障报警、电池过压/欠压/未连接报警、旁路过压/过载、系统正常、系统故障、发电功率、当日/昨日/上月/当月/去年/今年发电量、总发电量、环境温度、环境湿度、总辐射瞬时值、风速、减排二氧化碳、减排二氧化硫、电流、电压、逆变器温度等。用途：监测光伏发电系统运行状态。

2.12　楼宇自控系统应用技术

1. 技术简介

楼宇自控系统是由中央级控制站、现场控制设备（DDC）、传感器、执行器等设备经网络连接组成的系统。现场设备的运行状态及温湿度信息通过现场控制器 DDC 经系统总线上传至中央操作站，中央操作站采集各现场控制器信息后，根据采集的信息和能量计测数据完成节能控制和调节。利用楼宇自控系统可以发挥机电设备功能，保障机电设备稳定运行，全面提高设备管理水平，节约机电设备的能源消耗，降低机械设备的运行成本。

2. 技术内容

（1）系统架构

1）中央监控站

通过中央监控站内的操作界面，操作人员可实时监控各分散子系统。可通过图形化界面软件，了解系统中程序任一步骤，并可按需要进行修改；有多级密码限制；对各级人员有不同使用权限；并能实现报警定时打印报表。

2）现场控制网络

由各子系统的现场控制器（DDC）组成，对控制设备进行自动监控。现场控制器 DDC 上传现场设备信息和接收中央操作站下达的控制命令。

3）现场执行机构

由各传感器和执行机构组成，执行 DDC 控制程序，按程序计算结果，对控制对象进行参数调节，保证设计参数的及时正确实现，如图 2.12-1 所示。

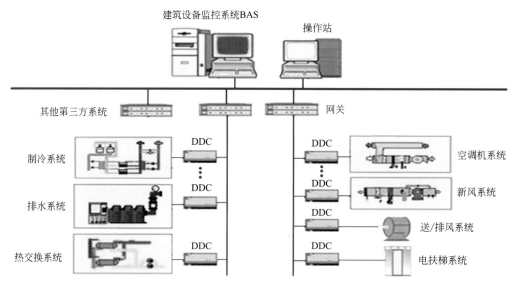

图 2.12-1　楼宇控制示意图

（2）系统功能

1）冷源系统

① 冷负荷需求计算：根据冷冻水供、回水温度和供水流量测量值，自动计算建筑空调实际所需冷负荷量。

② 机组台数控制：根据建筑所需冷负荷及差压旁通阀开度，自动调整冷水机组运行台数，达到最佳节能目的。

③ 机组联锁控制

a. 启动：冷却塔蝶阀开启，冷却水蝶阀开启，开冷却水泵，冷冻水蝶阀开启，开冷冻水泵，开冷水机组。

b. 停止：停冷水机组，关冷冻泵，关冷冻水蝶阀，关冷却水泵，关冷却水蝶阀，关冷却塔风机、蝶阀。

④ 冷冻水差压控制：根据冷冻水供回水压差，自动调节旁通调节阀，维持供水压差恒定。

⑤ 冷却水温度控制：根据冷却水温度，自动控制冷却塔风机的启停台数。

⑥ 水泵保护控制：水泵启动后，水流开关检测水流状态，如发生故障则自动停机；水泵运行时若发生故障，则备用泵自动投入运行。

⑦ 机组定时启停控制：根据事先排定的工作及节假日作息时间表，定时启停机组。自动统计机组各水泵、风机的累计工作时间，提示定时维修。

⑧ 机组运行参数：监测系统内各检测点的温度、压力、流量等参数，自动显示，定时打印及故障报警。

⑨ 水箱补水控制：自动控制进水电磁阀的开启与闭合，使膨胀水箱水位维持在允许范围内，水位超限进行故障报警。

2）锅炉系统（空调热水）

① 循环水泵控制：BA 系统可检测现场设备的手自动、运行状态、故障状态，并且可实现对该设备进行远程启停的功能。

② 锅炉启动顺序：人工开启锅炉进出水阀门；开启热水循环泵；BA 提示开启锅炉信号由人工选择

来开启锅炉。

③ 锅炉停止顺序：人工关闭锅炉并在 BA 上给出关闭信号；延时 20min 关闭热水循环泵；人工关闭锅炉进出水阀门。

④ 锅炉的运行数量控制：根据接口通信读取锅炉的负荷信号，当信号大于加载设定值，并且此状态维持 30min 后 BA 给出加载信号由人工去开启另一台锅炉。当 2 台锅炉负荷小于减载设定值，并且此状态维持 30min 后 BA 发出减载信号，由人工去关闭一台锅炉。

3）生活热水

① 生活热水回水主管设置温度传感器，当回水温度低于 50℃时，启动生活热水循环泵对生活热水进行置换；回水温度高于 60℃时停机。

② 水泵运行数量控制：水泵采用交替运行方式，根据每台水泵的累计运行时间，每次优先启动累计运行时间短的水泵。

4）空调机组控制

① 启停控制：空调可以通过 BAS 系统自动控制启动停止，也可以在现场手动控制；具有定时启停功能，可以根据预定的时间表启停设备；具有联锁功能，送风机启动前，风阀全开，送风机启动后，温度、流量控制回路使能，送风机停止后，风阀关闭，水阀关闭；支持消防联动，接受消防强制信号控制送风机以及风阀。

② 温度监控：监测新风、送风、回风的温度，并根据预定的高低限值判断，超限则输出报警信息。

③ 风管压力控制：监测风管静压值，并根据预定的高低限值判断，超限则输出报警信息；通过变频器控制送风机的速度，保证风管的静压值在设定范围。

④ 风阀控制：风阀执行器为模拟量控制，通过 BAS 可控制风阀执行器的任意开度。

⑤ 风量检测：检测送风流量，并根据预定的高低限值判断，超限则输出报警信息。

⑥ 压差状态监控：在中段过滤器前后设置压差开关，监测过滤器的堵塞情况，输出报警信号；在送风机前后设置压差开关，风机启动后，压差开关无信号输出则报警，联动停机，进入故障处理程序。

⑦ 报警故障处理：监测送风机的故障报警状态、风机压差状态和过滤器的压差报警状态，一旦检测报警状态，空调机停机，按关机步骤执行。

5）新风机组控制

① 启停控制：新风机组可以通过 BAS 系统自动控制启动停止，也可以在现场手动控制；具有定时启停功能，可以根据预定的时间表启停设备；具有联锁功能，送风机启动前，风阀全开，送风机启动后，温度控制回路使能，送风机停止后，风阀关闭，水阀关闭；支持消防联动，接受消防强制信号控制送风机以及风阀。

② 温度监控：监测送风的温度，并根据预定的高低限值判断，超限则输出报警信息；控制回路对送风温度进行控制。

③ 风阀控制：风阀执行器为模拟量控制，通过 BAS 可控制风阀执行器的任意开度。

④ 报警故障处理：监测送风机的故障报警状态和过滤器的压差报警状态，一旦检测报警状态，空调机停机，按关机步骤执行。

6）排风机系统（普通排风/双速排风）

① 普通排风系统

通过时间表的方式对风机进行启停控制；系统对排风系统实现：手自动状态、运行状态、故障状态监视，以及风机的启停控制；锅炉房、储油间、发电机房等设置故障排风机，当在检测到故障信号时，自动开启排风。

② 车库排烟（低速排风）系统及送风系统

通过车库风机区域的 CO 传感器平均值与设定值进行比较来对风机实现自动控制；当区域 CO 传感

器的平均值大于设定值（可调），风机低速运行排风并开启对应区域送风机，进入排风模式，否则关闭；系统对排烟系统及送风系统实现：低速手自动状态、运行状态、故障状态监视，以及风机的启停控制；低速排风启停优先级低于高速排烟启停优先级。

7）联网温控

① 普通联网风机盘管：联网风机盘管组网后可以读取现场房间的温度、开关状态，并可以设定温度、开启速度及锁定功能。

② VRV 空调通讯：VRV 自带集中控制器，VRV 空调系统自组网后与 BA 系统通讯连接，实现对其监控。可以读取现场房间的温度、开关状态，并可以设定温度、速度调节、开关。

③ VAV 末端：办公区域采用 VAV 变风量末端形式进行温度控制。对应空调机组设置风管静压传感器，根据定静压控制策略，保证最不利点送风压力。

8）给水排水系统

① 状态监视：生活恒压供水泵及潜水泵通过 BAS 系统监视状态，可以在现场手动控制；具有运行时间统计功能，可以根据统计的运行时间对设备进行检修保养。

② 液位监视：集水坑安装超高液位开关，BAS 系统监视其状态并做报警处理。

③ 报警故障处理：检测生活水箱及软水水箱的液位及超高、超低点，输出报警信号。

2.13 数据机房创新技术应用

1. 技术简介

智能化系统综合机房工程，是以物业办公网和智能化物联网为依托，构建智能化系统显示、操作、监控、管理一体化的机房工程。

2. 技术内容

（1）基础环境

机房地板宜采用 600mm×600mm 的抗静电活动地板。活动地板下空间作为静压箱进行送风，通过带气流分布风口的活动地板将机房空调送出的冷风送入室内及发热设备的机柜内。活动地板下的地表面需进行防潮处理和保温处理，保证在送冷风的过程中地表面不会因地面和冷风的温差而结露。

数据中心机柜宜采用 42U（净高 2m）机柜，依据新规范要求，地板下空间作为空调静压箱，此时地板高度不宜小于 500mm；

机房专用精密空调室外机工作环境 45℃；

室外机应优先安放在通风良好、空气相对洁净的地面或平台上；

室外机周围及上部不应该有遮挡物。

（2）机房配电及防雷接地

UPS 电源配电系统：采用飞轮 UPS 系统供电，直接输入机房；

动力配电系统：主要负载为机房专用精密空调系统；其他负载包括墙面的辅助动力插座。

照明配电系统：采用 LED 灯盘照明；由应急照明组成。

电源防雷系统：UPS 及动力输出配电柜内，均配置 C 级防雷模块；服务器机柜内配置防雷 PDU。

市电动力设备负载分析：动力总柜、UPS 进线总柜、强电列头柜柜面设置电量智能仪表。

每台强电列头柜包括：输入总开关、输出分支断路器、本地显示面板、总输入及支路输出智能监控模块及远程网络接口等。具有配电、接地、防雷、防浪涌、防过载及供电电力监视等功能。低压开关柜采用固定结构，精密配电柜采用插入式开关。

中心机房工程的接地系统采用综合接地系统,综合接地电阻要求小于 1Ω。

在机房内采用紫铜排做等电位网;所有设备的交流供电地、安全保护地、直流地、防雷地分别采用铜芯线与等电位网作等电位连接。

用铜芯线通过等电位连接器与大楼弱电井里面的弱电接地桩相接。凡是进入机房的金属屏蔽电缆的屏蔽层、金属线槽等需与等电位网作可靠地等电位连接。

(3)空调新风及冷通道

1)机房专用精密空调

精密空调系统是运行环境的保障。由于机房里存放着大量并且密度非常高的各种 IT 设备,因此必然产生大量的热量,这就对空调系统提出了更高的要求。

2)新风系统

新风系统是运行环境的保障。要保证设备的可靠运行,需要机房保持一定的温度和湿度。同时机房密闭后仅有空调是不行的,还必须补充新风,形成内部循环。此外,它还必须控制整个机房里尘埃的数量,使之达到一定的净化要求。

根据规范要求,在静态条件下测试,每升空气中大于或等于 $0.5\mu m$ 的尘粒数应少于 18 000 粒。

机房内必须维持一定的正压,该区域与走廊和其他房间的压差不应小于 5Pa,与室外静压差不应小于 10Pa。

3)机柜冷通道(图 2.13-1)

将机柜采用"背靠背、面对面"摆放,这样在两排机柜的正面面对通道中间布置冷风出口,形成一个冷空气区"冷通道",令空气流经设备后形成的热空气,排放到两排机柜背面中的"热通道"中,通过热通道上方布置的回风口回到空调系统,使整个机房气流、能量流流动通畅,提高了机房精密空调的利用率,进一步提高制冷效果。

图 2.13-1 数据机房气流组织图

4)防静电地板下做封闭冷池

机柜之间按照冷热通道布置,通道两端入口用推拉门封闭,通道上方用顶板封闭,顶部窗口与消防进行联动。

(4)机房照明

照明系统:主机房和辅助区一般照明的照度标准值宜符合《数据中心设计规范》GB 50174 的规定,照度标准值的参考平面为 0.75m 水平面。

主机房内，在距地面 0.8m 处不低于 5001ux，且无眩光，其他区在距地面 0.8m 处不低于 3001ux；应急照明照度在距地面 0.8m 处不低于 30lux。

照明灯具采用 LED 组合式灯具。

（5）KVM 系统

使用数字 KVM 管理器对数据机房中的被管理设备进行汇集，在本地配置液晶套件对本地端进行管理，远程可以集中管控多台服务器，使用网线从被管理设备的 I/O 口连接到服务器端口上，采用 Over IP 技术将模拟信号转换成 IP 数据包并连接到 IP 网络，可从远程对设备进行管理。

KVM 管理端整合了 LED 显示屏、超薄键盘、鼠标触摸板，集成在 1U 高度单元内，采用抽屉式安装方式，占用空间小。与标准键盘、显示器、鼠标相比，可节省 85% 的空间。支持多种硬件平台和多种操作系统。

（6）机房环境控制

1）机房环境监控系统

机房环境监控系统对飞轮储能设备、机房的精密配电柜、输出配电柜、精密空调系统、环境温湿度、漏水等进行集中监测和管理。

监控系统 24h 运行，自动故障报警监测，系统设计具有控制功能，但以监测为主。通过 RS485 或 TCP/IP 协议对机房专用设备进行实时地监测。

2）监控范围（表 2.13-1）

动力设施：配电质量；

环境设备：精密空调、新风机组、温湿度、漏水检测、空气质量等；

安防设施：门禁、视频、技术防范等。

机房环境指标 表 2.13-1

区域	指标	开机时标准
主机房区	温度	23℃±1℃
配电室	相对湿度	40%～55%
	温度变化率	<5℃/h,不结露

（7）机房消防

智能化系统数据机房的机房区宜采用气体消防；气体灭火系统采用七氟丙烷自动灭火系统；系统具有自动、手动及机械应急启动三种控制方式。并与配电柜、新风和排风系统联动。

（8）机房资产管理

1）机房资产管理系统作用

① 查看资产信息：图形、列表方式展示信息；

② 自动统计核对资产信息：自动盘点及信息上报；

③ 设备状态管理：在线/离线/报警/维护等；

④ 设备定位及管理：U 位级定位，全自动化管理；

⑤ 资产变更管理：资产跟踪及相关人员信息核准；

⑥ 图形可视化资产展示：通过地图直接查看资产信息；

⑦ 优秀的交互：可视化上下架界面，操作快捷、方便。

2）机房资产管理解决方案

① 通过七色 U 位指示灯，可以在现场指示指定 U 位设备的运维状态。支持设备不同状态灯光显示设置，实现资产空闲、维修、报警、待上架、下架、生命周期等灯光状态显示；

② 采用磁吸附式设计，信息准确率 100%，资产信息采集相应时间应<2s；

③ 采用物联网方案对资产进行管理，不依托于服务器即可对资产信息进行全方面管理。

3）机房资产管理

① 信息列表

通过界面直接管理资产信息，资产信息一目了然；

② 信息变更

实时记录资产变更信息，生成变更记录，做到有据可查；

③ 信息清除

对已处理的资产进行信息记录，并及时将信息清除，同时保证历史记录有据可查。

2.14　数字安防技术

1. 技术简介

超高层建筑具有规模大、客流量大、管理体量大等特点，超高层数字安防建设的意义与目的，就是利用人工智能技术、物联网技术、云计算技术、移动互联技术等各种新兴技术，形成跨平台多系统的融合服务，大幅提升工作效率，优化管理结构，实现安防的优化与升级，构建数字安防发展的新形态。数字安防平台集成了人脸识别、无感门禁、访客系统、考勤系统、梯控系统、迎宾系统等。

2. 技术内容

（1）系统架构

系统基于人脸识别、云计算、物联网等先进技术，搭建运营管理支撑和应用服务支撑两大平台，具有智能人员管理、智能访客管理、智能大屏显示管理等几大模块，为管理者提供便利，降低管理人员的人力成本投入，提高管理效率，提升整体形象，展现在人工智能等领域的智慧化形象。

系统架构分为感知层、网络层、应用层和平台层。感知层支持各种传感器的接入，包括人脸识别相机、人脸识别门禁、访客终端、抓拍机以及视频监控摄像机等。前端采集来的数据进行统一管理，根据数据类型进行分类存储并对数据进行冗余备份，保障数据安全。应用层包括人员通行管理、视频监控等系统应用。平台层将应用层子系统数据汇总，通过统一平台展示给用户，见图 2.14-1。

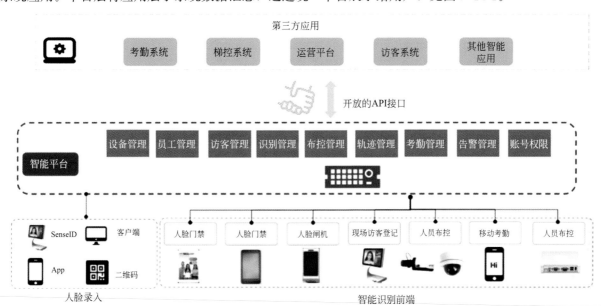

图 2.14-1　系统架构图

（2）核心技术

1）视频结构化技术

视频所能拍摄到的资讯有很多，在没被分析的情况下，它只是记录了一个动态场景。要智能化，就必须要把动态场景内的内容分析出来，我们把一个视频内所蕴藏的资讯分析并提取出来，再重新系统地整理、索引及储存，这个动作我们称之为"视频结构化"，见图2.14-2。

图 2.14-2　视频结构化图

系统支持行人结构化解析，将行人的性别、年龄段、上下半身颜色、姿态、是否背包、戴眼镜、拎包、打伞等属性的解析提取。

2）150°大角度人脸识别技术

人脸信息作为重要的身份识别标识，在社会公共安全领域中起着举足轻重的作用。在日常巡逻、人员管控、出入管理等业务中，安保人员都会通过辨识人脸来核实相关人员的身份。

人脸识别，是基于人的脸部特征信息进行身份识别的一种生物识别技术。用摄像机或摄像头采集含有人脸的图像或视频流，并自动在图像中检测和跟踪人脸，进而对检测到的人脸进行脸部的一系列相关技术动作，通常也叫做人像识别、面部识别。人脸与人体的其他生物特征（指纹、虹膜等）一样与生俱来，它的唯一性和不易被复制的良好特性为身份鉴别提供了必要的前提。动态人脸识别流程图如图2.14-3所示。

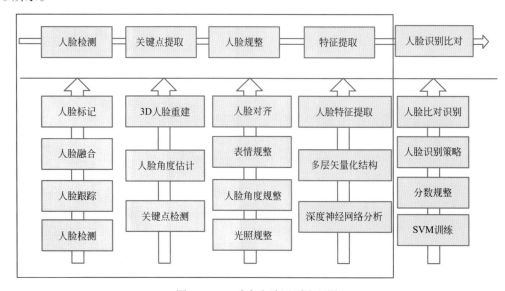

图 2.14-3　动态人脸识别流程图

将动态人脸识别分析技术与公共安全实战技战法相结合,可以提供人脸布控及动态比对预警、人员身份鉴别查询、人脸轨迹智能检索等实战应用功能,为人员管控、治安防控、刑侦破案、反恐防暴等工作提供有力支持。

在实际应用场景中发现,无感通行在落地项目中最大的问题是人脸抓拍问题,被测人员在低头或者侧脸通过抓拍机时,将会造成无法检测或无法识别的现象发生,根据这种现象对人脸识别算法进行了改进,提供一种 150°大角度的人脸识别算法,使其具备更强的容错性和更低的误识率,见图 2.14-4、图 2.14-5。

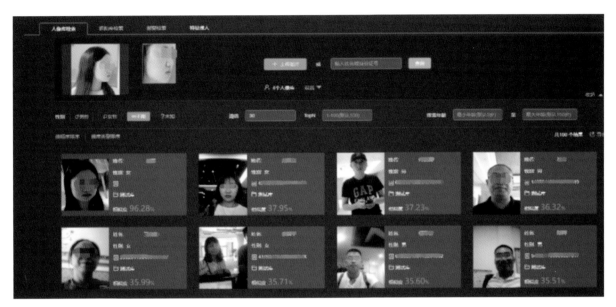

图 2.14-4　侧脸识别

图 2.14-5　低头识别

3)跨镜追踪技术

REID 技术又叫视频跨镜追踪技术,在学术圈以至于业界,都是极之渴求的技术,见图 2.14-6。此技术分为 2 个层面,一个层面是在算法主体上,另一个在综合应用上。

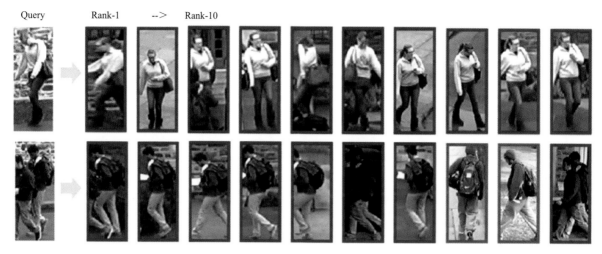

图 2.14-6　视频跨镜追踪

Re-ID 主要包含 2 个部分，一是目标特征的提取，二是目标特征的配对，整个技术主要用作把不同视频或图片内的同一个物体关联起来。实际操作上，先把视频/图片内的目标物体（例如行人）先检测出来，并把相应的综合特征提取出来，之后透过对比函数来估算出该些物体在别的视频/图片内最相似的目标物，一般以相似度来表示。这样，就能把同一个物体在不同视频内联系上。

在看不清人脸的情况下，可利用视频结构化技术在普通监控场景下，以人形目标图片为输入，通过视频接力追踪的方式获取其人形目标轨迹，同时在某个合适的场景下提取该目标的人形身份信息和人脸身份信息。将多个场景下的人形身份信息进行比对关联，可以得到完整的人物目标轨迹和身份信息，见图 2.14-7。

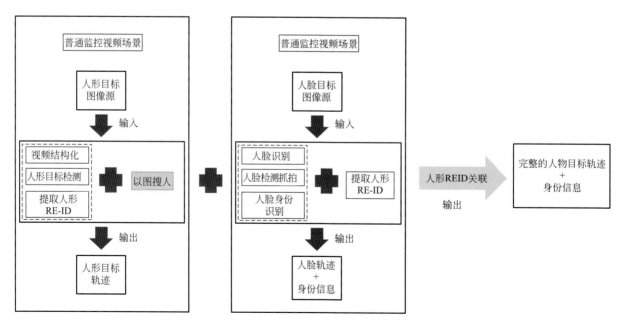

图 2.14-7　人物目标轨迹和身份信息提取

将动态人脸识别分析技术、视频结构化技术与公共安全实战技战法相结合，可以提供人脸布控及动态比对预警、人员身份鉴别查询、人员轨迹智能检索等实战应用功能，为访客管理、员工管理，行为管理提供有力支持。

（3）系统功能

1）门禁管理

门禁系统主要由前端人脸识别门禁设备、中间传输网络与管理平台组成。

人脸识别门禁设备根据使用场景和方式的不同包含了不用的硬件设备形态，在大厅中使用的人脸识别闸机、各楼层中使用门禁机、重要办公室再结合使用人脸抓拍机等。根据出入口门禁人员权限的管理需求，所有进出人员通道控制区域的人员均需人脸识别认证后方可通行，系统可以有效防止未授权人员随意进入受控区域，解决传统刷卡方式中一卡多刷、人卡不一的弊病。

2）考勤管理

考勤系统的建立可以使工作人员的工作效率更高，杜绝不上班、别人代班等现象。员工上下班时，通过人脸识别确认员工身份，便可完成考勤操作。管理部门根据需要随时在线查询系统，查询本部门员工的考勤情况，并可随时导出考勤报表。

系统可实现考勤数据采集、数据统计和信息查询过程自动化，能统计出勤、迟到、早退等状况，进而实现人事、行政等管理的自动化。

3）访客管理

访客子系统主要用于访客的信息登记、权限管理与到访信息记录。访客来访，需要对访客信息做登记处理，为访客指定接待人员、授予访客门禁、闸机、出入口的通行权限、对访客在来访时效和来访期间的情况进行记录，并提供访客预约、访客自助服务等功能。主要是为了对来访访客的信息做统一的管理，以便后期做统计或查询操作。

访客子系统基于人脸识别技术，将传统访客系统的人工管理模式转变为自动管理模式，降低人工成本，真正做到智能化、人性化。

4）梯控管理

梯控子系统根据前端识别设备可以选择不同的硬件设备形态，如抓拍机或者门禁机，进行人员的识别，进而进行派梯等实际应用。

大厦固定上班人员，直接对接所在楼层，对电梯进行人脸识别直接派梯，对派梯结果可在闸机显示屏展示。

可以和访客系统关联，根据访客的实际权限，进行访客派梯。无需再进行访客的电梯卡分配等。

5）迎宾管理

系统人脸采集摄像机部署在大厦门口，对大厦进入人员进行识别，并在显著位置进行迎宾大屏展示。在体现个性化服务的角度上，迎宾技术能够很好地发挥其特长，极大程度地增强仪式感。迎宾子系统除了独立的迎宾展示之外，可与门禁、访客、考勤等子系统联动，实现多系统识别结果的展示提醒。

第 **3** 章

垂直运输技术

　　超高层建筑施工体量大、高度高，机电设备分布楼层多，需要垂直运输的设备与材料数量极其庞大，垂直运输需求量大，运输过程存在一定安全风险。本章节通过对不同部位设备和材料垂直运输技术进行总结，实现超高层建筑机电设备的高效有序运输。

　　垂直运输统筹管理技术通过对机电设备垂直运输进行总体部署安排，有效提升了设备材料垂直运输的效率及安全性，确保项目工期及安全质量要求；吊装转运平台施工技术采用独特的加固方式和在转运平台固定接收部位设置轨道和接料车，在保证结构稳定的前提下，有效提高了平台的可靠性与二次转移的效率，便于搬运单件重量较重的设备，依靠平台高效的周转，可直接将所需材料运送至施工楼层；塔楼冷冻机组吊装施工技术，通过设置吊装平台，利用塔吊将设备提升至安装楼层，安全高效；受限空间大型设备转运技术巧妙采用多个滑轮组接力的方法解决了受限空间大型设备就位难题；塔楼阻尼电机底座吊装施工技术采用专用吊具及吊装方法，解决了大体积超重阻尼器底座吊装难题；塔楼风力发电机组吊装施工技术采用擦窗机组合吊装工艺，高效完成发电机组吊装；屋面台灵式人字桅杆吊装施工技术采用动静结合的人字桅杆进行设备垂直运输，安全可靠、性价比高。

3.1 垂直运输统筹管理技术

1. 技术简介

常用垂直运输机械如塔吊、施工电梯等使用频繁，运载能力有限，超高层设备材料垂直运输的策划与组织，是超高层施工的重要管理环节，是保证施工进度、安全、质量、成本的关键因素。本技术通过对机电设备材料进行合理分类，统筹部署垂直运输措施，有效提升设备材料垂直运输的效率及安全性。

2. 技术内容

（1）主要垂直运输机电设备

电气专业主要有：配电箱、电力电缆、母线槽、桥架、线管、灯具等；

暖通专业主要有：风管、空调机组、风机、风机盘管、冷水机组、集分水缸、板式换热器、冷冻水泵、冷却水泵、冷却塔、组合式风柜等；

给水排水专业主要有：管道、阀件等。

（2）机电设备垂直运输总体部署安排

1）地下部分机电设备垂直运输选择

地下部分设备材料垂直运输采用叉车坡道运输、吊装孔垂直吊运等方法，运输方式选择见表3.1-1。

地下室机电设备垂直运输方式选择表   表 3.1-1

序号	运输对象	运输方式	示意图
1	外形尺寸小及重量轻的材料设备	外形尺寸小及重量轻的材料设备采用小型运输车通过坡道分散至安装区域	
2	中型设备（水泵、配电柜、电缆盘等等）	采用叉车从车道直接运至安装位置	

续表

序号	运输对象	运输方式	示意图
3	大型设备（冷水机组、发电机、变压器等）	垂直运输：利用汽车吊从吊装孔垂直吊至地下室安装楼层	
		水平运输：卷扬机结合滑轮组牵引，利用运输小坦克进行水平运输	
		就位安装：采用错位抬高法将设备移至基础上，使用起道机及液压千斤顶将进行设备就位安装	

2）地上部分机电设备垂直运输方法选择

地上部分设备材料垂直运输采用塔吊、卸料平台、吊笼及吊篮等配合吊运、施工电梯运输、卷扬机或手动葫芦吊运等方法，运输方式选择见表 3.1-2。

（3）垂直运输机械管理

1）塔吊、施工电梯等共享垂直运输机械设备，必须统一管理，召开专题会详细讨论、安排垂直运输工作。

2）垂直运输矛盾的解决需开源节流，增加垂直运输能力，提高塔吊每一吊、电梯每一笼的运输效率。

3）大宗材料运输必须提前申报，集中吊运，并固定运输日期，有利于塔吊和电梯的合理安排及整体垂直运输管理。

4）永久电梯的货梯运行速度快、效率高，应尽早投入使用。

5）制定塔吊、电梯管理制度，高效有序地使用塔吊、施工电梯，充分发挥塔吊、施工电梯效能，平衡各专业需求，既确保关键线路的正常进行，又将总体效益最大化。

地上部分机电设备垂直运输方式选择表 表 3.1-2

序号	运输对象	运输方式	示意图
1	外形尺寸小及重量轻的材料设备	利用施工电梯或提前使用的正式电梯垂直运输至各安装楼层	
		桥架、半成品风管、阀门、管件等外形尺寸小及重量轻的材料设备,在地面集中装入吊笼,利用塔吊垂直吊运至设备层,使用施工电梯分散至各安装楼层	
2	中型设备(水泵、风机、配电柜、VAV-BOX箱等)	1. 利用施工电梯垂直运输至各安装楼层; 2. 设备集中放置在卸料平台上,利用塔吊吊至安装楼层	
3	大型设备(变压器、阻尼器、空调机组、板式换热器等)	变压器、空调机组、板式换热器等设备,利用塔吊垂直运输至设备层卸料平台,然后移至楼层内进行就位安装;卸料平台增设内卸平台,通过内卸平台及轨道,将设备拉至楼层内部,提升运输效率	

序号	运输对象	运输方式	示意图
3	大型设备（变压器、阻尼器、空调机组、板式换热器等）	阻尼器、冷水机组等设备，在钢结构施工阶段，利用塔吊垂直吊至安装楼层后，架空放置，待具备安装条件时，落下就位安装	
4	管道、铁皮、型钢等大宗材料	1. 采用塔吊将大宗材料垂直运输至设备层卸料平台，平移至楼层内； 2. 采用竖井管道垂直吊运专用工具，在竖井内进行管道、铁皮、桥架等大宗材料的吊运	 管道竖井内垂直运输示意图
		将大宗材料集中放置在卸料平台上，利用塔吊将卸料平台吊至各安装楼层	

续表

序号	运输对象	运输方式	示意图
5	冷却塔等散件进场设备	利用塔吊、施工电梯等设备垂直吊至安装位置,进行组装就位	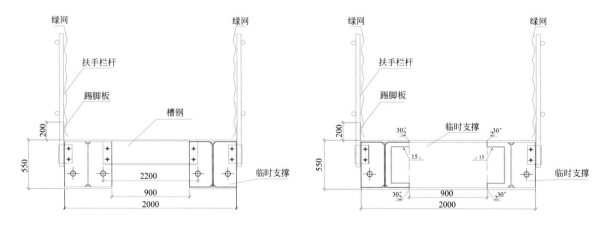

3.2 吊装转运平台施工技术

1. 技术简介

超高层建筑机电安装工程量大,设备材料依赖于垂直运输系统自下而上进行运输,吊装转运平台是楼层与垂直运输系统的连接部位,可实现设备材料快速转运至楼层内部。本技术研制出吊装转运平台,转运平台分为固定式转运平台和伸缩式转运平台。固定式转运平台采用钢板将楼层钢梁与平台底部主结构梁焊接,设置轨道及接料车,配套使用转运车,安装方法简单、省时、拆卸方便,提升材料输离平台效率。伸缩式转运平台通过设置平台活动框架,实现伸缩功能,减少现场空间占用,提升平台使用周转效率。

2. 技术内容

(1) 固定式吊装转运平台

1) 平台选型和功能定位

为满足钢筋转运和大批量管材、设备吊装需要,吊装转运平台选用双条 H 形钢梁及型钢焊接而成。平台上边缘设置护栏等安全防护措施,提升平台安全性能。平台末端设置转运车,可将材料快捷输离平台,方便进行下一次材料运输。吊装转运平台的具体结构如图 3.2-1 所示。

图 3.2-1 吊装转运平台加工剖面图(一)

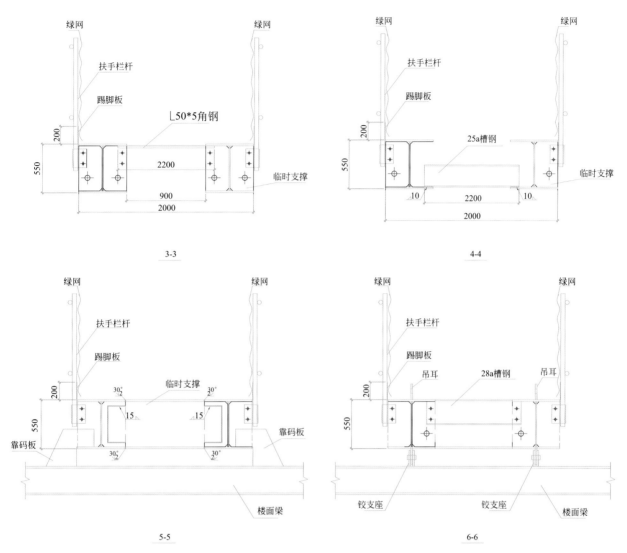

图 3.2-1　吊装转运平台加工剖面图（二）

2）平台安装要求

① 转运平台的安装位置，应根据楼层或钢结构形状尺寸、楼层环梁、外框筒斜撑情况合理设置，安装位置必须在楼面混凝土浇筑之前确认。

② 根据转运设备荷载、风荷载、平台自重及楼面强度情况，转运平台 H 形钢底部上表面，应与楼面的钢结构主梁上表面焊接。焊接连接节点处，采用 Q235B 钢板与转运平台的底面主梁连接，见图 3.2-2。

③ 为保证转运平台结构稳定，楼层混凝土浇筑前，必须在钢梁顶部焊接预留加固钢板，便于平台安装固定。

3）平台安装主要程序

为满足不同楼层设备材料的转运需要，平台 H 形钢梁底部与主梁焊接加固点位置，必须结合现场实际情况综合考虑，具体安装步骤如下：

① 根据不同楼层的大小及外部钢结构的状况，确定每层吊装转运平台的最佳安装位置。

② 楼层混凝土浇筑前，在钢梁上焊接加固钢板，避免后期安装平台时，重新开凿混凝土楼面。

③ 安装转运平台时，采用核心筒外爬塔吊，将转运平台提升至楼面预留钢板处，调整平台底部与各预埋钢板的间隙，快速固定各连接节点。安装过程中，底部焊接固定点强度未稳定时，吊机应始终处

图 3.2-2　固定式转运平台安装图

于工作状态。

④ 平台拆除前，先利用吊机将平台悬吊，待底部加固点割除后起吊，完成拆除工作。

4）平台的转运功能

为提高塔吊使用效率，在转运平台的上表面加设轨道和接料车，增强平台的运输能力，平台上部轨道及接料车的具体设置如图 3.2-3 所示。

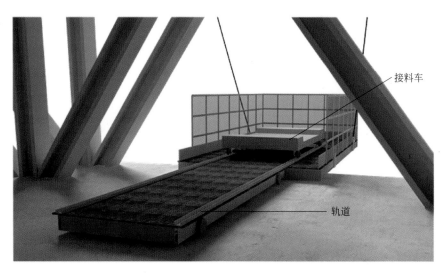

接料车

轨道

图 3.2-3　平台上部轨道及接料车设置

平台上部轨道由槽钢和无缝钢管组成，接料车行走轨道为无缝钢管，无缝钢管和接料车由槽钢固定限位。槽钢底面与平台底板焊接固定，无缝钢管底面与槽钢焊接固定。

5）平台的末端配套设施

由于楼面场地、转运平台的安装尺寸以及与核心筒转运空间的限制，转运平台的末端必须设置转运车才能快速地将材料输离平台。转运车主要功能：接收平台上接料车及为液压叉车提供操作平台。转运车的底部设置 4 只旋转万向轮，表面加设 2 根同种规格的轨道供接料车行走。轨道末端加设限位装置，以免接料车发生脱轨现象。转运车与吊装平台之间设置临时固定装置，防止转运车因接料车的冲击而发生偏移，造成事故。

转运车示意见图 3.2-4。

转运车具体操作流程如下：

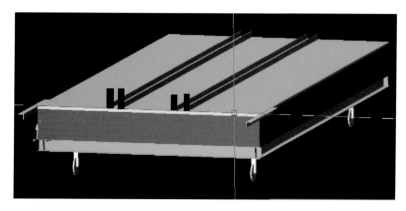

图 3.2-4　转运车示意图

① 在转运平台末端的转运车顶部钢梁上，安装电动葫芦，方便接料车与货物的分离。

② 塔吊将吊笼平稳地放置在接料车上后，人工将其运至转运车的尾端。

③ 将转运车的轨道与吊装转运平台轨道对接，并锁好轨道间的固定插销（防止轨道受外力滑移）。

④ 移动货物至转运车上部，拔出轨道间固定插销，固定好电动葫芦吊钩并开启葫芦，当货物吊离平台约 200mm 时停止。将接料车与货物脱离，并将转运车调整至液压小拖车对口方向处。

⑤ 开启电动葫芦，将货物下降至转运车的上部。

⑥ 使用液压小拖车，将转运车上的货物移至放置点。

⑦ 转运车复位并处于待命状态。

6）平台底部的防护

平台底部设置钢板网和踏脚板，防止物件掉落。

（2）伸缩式转运平台

1）平台的功能和原理

在固定式平台的基础上，优化平台的固定方式。平台主体采用螺栓组合连接，无需设置钢丝绳牵引，减少对楼板的破坏，螺栓也便于拆卸，施工方便。同时设置活动框架，实现平台伸缩功能，当需要转运时，平台伸出墙外，不需要时缩回，可以在同一垂直面上安装多个转运平台，有效提高平台的可靠性与二次转移效率。

2）伸缩式转运平台特点

① 平台采用伸缩式的设计，减少对建筑物外部施工的阻碍，可成列垂直安装在各楼层，避免与垂直运输的冲突，见图 3.2-5。

② 平台采用厂外预制加工，现场整体吊装，减少施工空间占用。平台使用螺栓连接，取消钢丝绳牵引，减少对楼板的破坏，同时螺栓便于拆卸，施工方便，整个拆装过程快速，减少塔吊使用时间，见图 3.2-6。

3）额定载荷

平台活动框架在不同部位的额定载荷不同，具体见图 3.2-7。

4）平台安装流程见图 3.2-8。

图 3.2-5　伸缩式卸料平台垂直安装图

图 3.2-6　伸缩式卸料平台安装过程

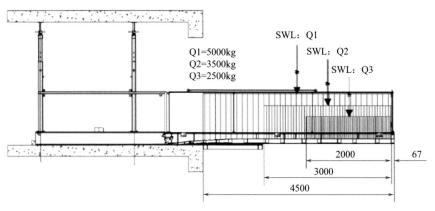

图 3.2-7　额定载荷图

图 3.2-8　平台安装流程图

5）伸缩式转运平台伸缩示意见图 3.2-9。

6）平台验收与管理

安装完成的卸料平台必须经过监理单位、施工员、质量员、安全员共同验收后，方可使用，验收后认真填写卸料平台安全验收表，对各个卸料平台进行编号，并张贴该编号卸料平台的验收牌。

卸料平台使用时，各部位构件，未经允许，任何人员不得私自进行修改。在吊装周转时，需谨慎缓慢操作，避免由于碰撞、剐蹭造成损坏。注意每隔半个月对钢丝绳进行涂油养护，并检查是否存在损坏现象。尽量将材料平均分配在平台上，避免单侧偏重或应力集中，严禁超载。

（3）转运平台受力分析

为保证转运平台使用过程的安全性，根据平台的设计，采用有限元分析的方法对其整体的安全性、稳定性以及细部结构的受力进行模拟计算，确保平台强度、刚度、稳定性满足设计要求图 3.2-10 为平台有限元模型分析图。平台紧固完毕后，进行承载能力试验，试验载荷下，一定时间内平台不变形、螺栓不松动为合格。

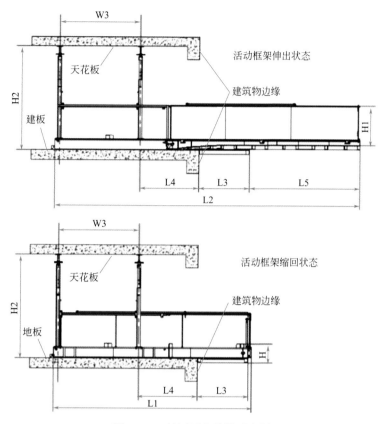

图 3.2-9　转运平台伸缩示意图

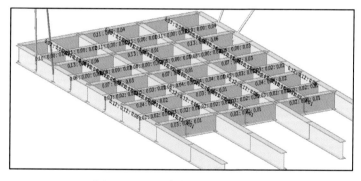

图 3.2-10　平台有限元模型分析图

3.3　塔楼冷冻机组吊装施工技术

1. 技术简介

在塔楼设备层中安装冷冻机组,由于冷冻机组外形尺寸较大、重量较重、设备就位楼层较高,吊装稳定性不足,安全隐患高。鉴于此提出塔楼冷冻机组吊装施工技术,通过设置吊装平台,利用塔吊将设备连带平台整体提升至安装楼层,并利用卷扬机、地坦克将设备牵引至楼层内设备基础就位。

2. 技术内容

（1）基本原理

根据冷冻机组的尺寸大小、重量,设置吊装平台,平台经过严谨的力学计算,保证在吊装过程中其结构的强度、刚度、稳定性满足规范要求，同时对吊装用钢丝绳进行校核，保证吊装过程安全可靠。利用塔吊将设备连带平台缓慢提升至设备安装楼层窗口，利用倒链将平台与楼层相连接且稳定牢固，采用卷扬机将设备牵引至楼层内，随后通过地坦克水平运输至设备基础就位。

（2）施工工艺

1）施工工艺流程

施工工艺流程见图 3.3-1。

图 3.3-1 施工工艺流程图

2）施工技术要点

① 吊装平台设置及受力分析

根据冷冻机组的体积和重量进行吊装平台的设计，平台应具有结构安全可靠、加工简单、操作方便、造价经济等优点。吊装平台采用 H 形钢焊接而成，面铺 10mm 厚钢板，为了保证人员操作过程中安全防护的需要在吊装平台周边焊接钢管及角钢，制作安全防护栏杆，防护栏杆之间间隙加装活动扣件，平台具体结构形式详见图 3.3-2。

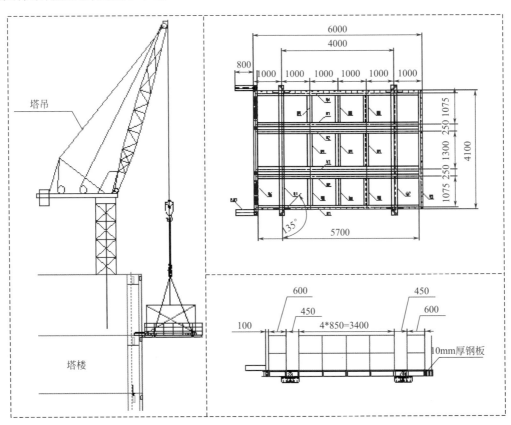

图 3.3-2 平台设置图

为保证在吊装过程中钢平台结构的强度、刚度、稳定性满足规范要求，对吊装平台进行受力分析，考虑 1.1 的动荷载系数及 1.2 的不均匀系数，制冷机下方设置四个地坦克，计算时考虑冷冻机组重量及地坦克荷载。按两种工况进行计算，如图 3.3-3 所示。

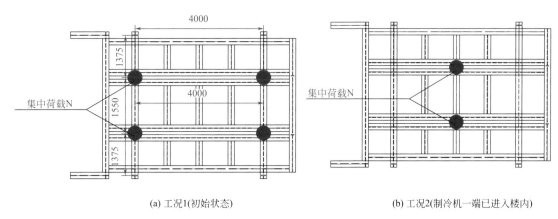

(a) 工况1(初始状态)　　　　　　　　(b) 工况2(制冷机一端已进入楼内)

图 3.3-3　典型工况

② 吊装钢丝绳选型计算

根据《建筑施工起重吊装工程安全技术规范》JGJ276 当起吊重、大或精密的重物时，钢丝绳吊索的安全系数应取 10，对吊装用钢丝绳进行选型计算。

③ 试吊及吊装

冷冻机组正式吊装前必须先进行试吊，将冷冻机组吊离地面 200mm 时停止提升，检查捆绑钢丝绳受力情况，如发现异常情况将设备放下，查明原因，重新整改后再行吊装。经试吊全面检查确认无异常后，可进行正式起吊，将设备连同平台吊装至安装楼层，如图 3.3-4 所示。

图 3.3-4　冷冻机组吊装至安装楼层

④ 平台稳定设置

设备吊装起升前采用捯链使吊车钩头与设备连接，保证设备与平台之间无相对移动。待设备吊装至楼层入口后，采用两个捯链分别收紧活动平台的两个挑梁，消除设备进入楼层内部时的晃动，捯链通过膨胀螺栓与混凝土结构相连。平台稳定措施如图 3.3-5 所示，设备稳定措施如图 3.3-6 所示：

⑤ 设备水平运输

设备运送至安装楼层后，采用卷扬机将设备缓慢拉入楼层内，通过地坦克完成设备的水平移动，在移动过程中，根据实际施工情况，在楼层上设置导向定滑轮（图 3.3-7），用以根据需要改变设备行走方向。设备移至安装基础附近后，利用 4 个 10t 千斤顶，将设备顶起后，设备下方用枕木做支垫，枕木高度略高于设备基础即可。在枕木上铺设滚杠，利用枕木作为行走路面，将设备移至基础上方。调整好位置后，利用千斤顶将设备顶起，将设备下方滚杠等东西清除后，将设备缓慢放下就位（图 3.3-8）。

图 3.3-5　平台稳定措施

图 3.3-6　平台稳定措施

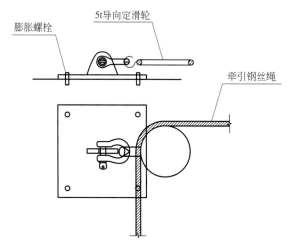

图 3.3-7　导向定滑轮示意图

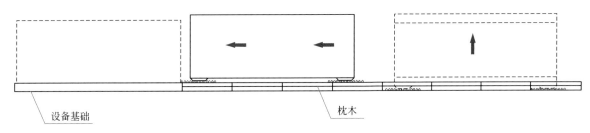

设备基础　　　　　　　　枕木

图 3.3-8　设备上基础示意图

3.4　受限空间大型设备转运技术

1. 技术简介

超高层建筑占地面积小，设备机房大都设置在地下室，吊装孔洞位于室内。受层高及操作空间的限制，汽车吊等大型吊装设备无法使用，导致吊装难度较大。在受限空间内，汽车吊车不能进入建筑内部施吊的情况下，本技术巧妙采用多个滑轮组接力的方法进行有效安全、经济可靠的移位吊装，克服了空间的限制，安全稳定性上有显著的优势，大大节约了施工费用和工期。本技术以某超高层建筑为例进行介绍。

2. 技术内容

（1）基本原理

设备在预留吊装口外卸车，平移至吊装孔洞侧边待吊。设备需要从首层移位并吊装至地下室机房，钢索捆绑在柱子根部，每个滑轮组由两根钢索承重形成 V 字形，利用柱子受力，减少楼板受力。布置四个滑轮组，每个滑轮组由一台卷扬机牵引，两个为一组共同承担设备的重量，一组设于临近吊装孔边缘，一组设于吊装孔正上方，经过受力分析计算，吊装机具及建筑结构强度满足吊装受力要求。首先吊装孔边缘的两个滑轮组起吊受力，然后过渡到吊装孔正上方的两个滑轮组受力，完成在空中接力平移的过程。

现场需专人观察设备移动情况，指挥操作人员牵引四个滑轮组的四台卷扬机，滑轮组过渡接力的过程中，应保持设备的稳定性，防止损坏和倾倒，并在平稳状态下进行移位，下放至地下室机房。

（2）技术指标

1）施工工艺流程

施工工艺流程见图 3.4-1。

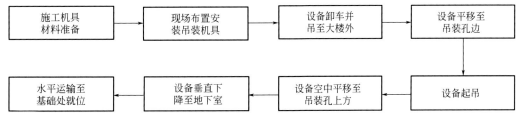

图 3.4-1　施工工艺流程图

2）操作要点

① 吊装条件分析

建筑首层底板预留吊装孔，吊装孔位于室内，首层梁下净空 5m，最大设备高度超过 3.5m，受操作空间限制，吊装难度大。

图 3.4-2　设备吊装现场图

② 运输路线与吊具布置平面图

设备到达现场后，沿搬运路线运至吊装点，卸车后平移至吊装口待吊，搬运路线见图 3.4-3。

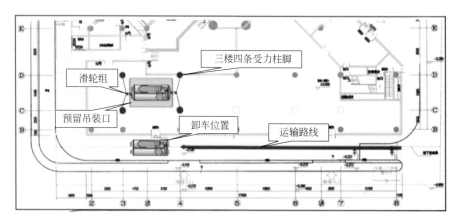

图 3.4-3　设备首层运输路线及吊装示意图

③ 吊装方法

选用 4 根分别位于预留吊装口上的立柱作受力吊点，进行吊装。选用 4 套滑轮组作为吊装机具，起吊时 4 根立柱受力，设备由临近孔洞边的一组滑轮组提升，受力点缓慢平移至吊装孔洞中央的另一组滑轮组，最后由孔洞中央的滑轮组受力，下放至机房地面，见图 3.4-4。

④ 吊装过程

设备和钢丝绳捆绑位置见图 3.4-5、图 3.4-6，利用预留吊装口对应的 4 根立柱脚，距地面约 300mm 高处固定钢索。

设备起吊过渡至吊装口工况见图 3.4-7、图 3.4-8，每边吊点用 2 条钢索，形成 2 个 V 形，并连接滑轮组。

设备平移至吊装口上方后，解开吊装孔边缘滑轮组，将设备下吊至机房，工况见图 3.4-9、图 3.4-10，设备吊至机房地面垫上专用滑板车后，前端挂上滑轮组，用卷扬机进行牵引，拖至基础就位。

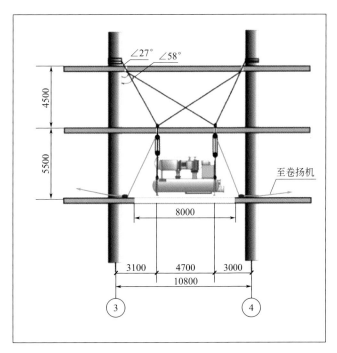

图 3.4-4　吊装方法示意图

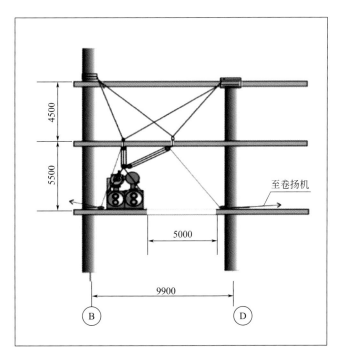

图 3.4-5　设备起吊示意图

图 3.4-6　设备起吊图

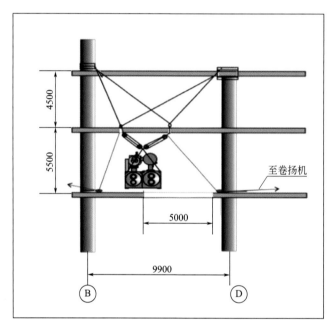

图 3.4-7　设备过渡吊装示意图

图 3.4-8　设备过渡吊装图

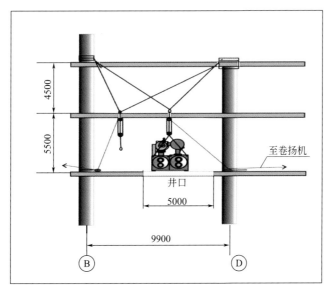

图 3.4-9　设备平移至吊装口示意图

图 3.4-10　设备平移至吊装口图

3.5　塔楼阻尼电机底座吊装施工技术

1. 技术简介

为有效利用垂直运输机械，塔类建筑中部分大件设备，在大型垂直运输机械拆除及楼层顶部钢梁封闭前，已运输至楼层相应位置。因楼层空间狭小，施工工序交叉复杂，为保证各工序正常进行，阻尼电机底座需临时悬挂于楼层梁底。

本技术以某塔类建筑为例进行介绍，电机底座重量达 23t，提升高度近 6m，临时悬挂时间长，安全风险大，悬挂设施要求高，上部固定点设置难度大。通过分析建筑结构形状，合理设置电机底座上部、下部吊点，采用工字钢、葫芦组合吊装系统，实现电机底座提升固定，变形量可控，吊装效率高。

2. 技术内容

（1）基本原理

为保证电机底座吊装安全，控制变形量，根据梁的分布设置吊点。每个吊点由底座上相应的两个吊点组合而来。底座正式安装位置投影至上层楼面，在上层楼面开孔作为上部吊点，吊点由上部孔洞引下至钢梁底部。楼面上采用工字钢作为主承重梁，每三个点合用一条工字钢，吊点用无缝钢管焊接于工字钢底部，无缝钢管与工字钢底部采用全坡口焊接，采取加筋板等加固固定措施，具体设置见图 3.5-1。建筑结构承重及选用的吊具，经过受力计算及复核，满足吊装受力要求。

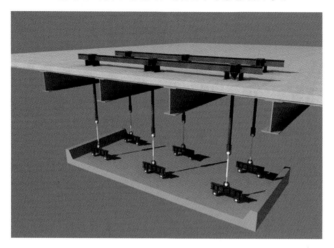

图 3.5-1　吊装方法三维图

（2）技术指标

1）工艺流程见图 3.5-2。

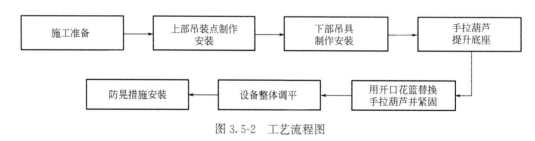

图 3.5-2　工艺流程图

2）施工技术要点：

① 电机底座见图 3.5-3。

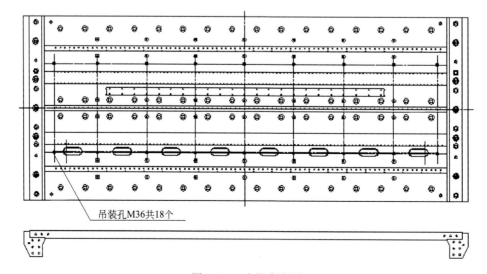

图 3.5-3　电机底座图

② 吊点设置

为保证吊装安全，控制底座变形量，根据梁的分布设置吊点，见图 3.5-4、图 3.5-5，每个吊点由底座上相应的两个吊点组合构成。

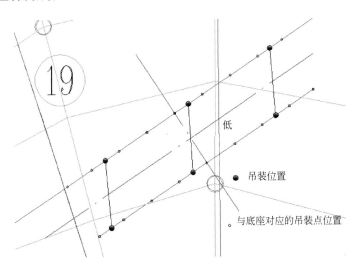

图 3.5-4　北侧楼面吊点布置图

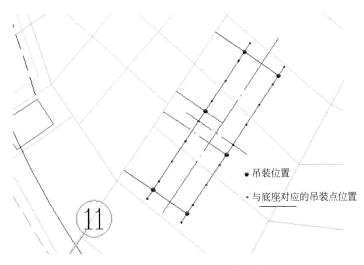

图 3.5-5　南侧楼面吊点布置图

上部吊点具体做法见图 3.5-6。

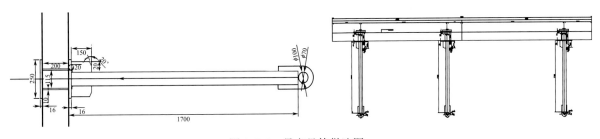

图 3.5-6　吊点具体做法图

下部吊点具体做法：

采用两个底座上的吊装孔合成一个吊点的方法，具体做法见图 3.5-7。

③ 吊具的选用

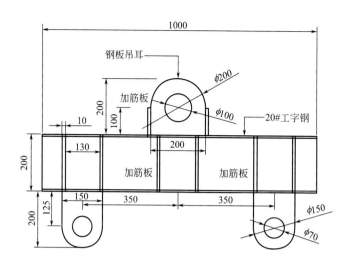

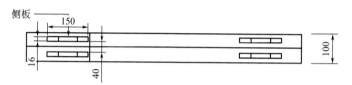

图 3.5-7 下部吊点做法图

与底座连接固定的吊环，采用与吊装孔配套的 M36 吊环。

提升设备的选用：提升时每个吊点选用一个相应吨位捯链。

固定用吊具选用开口花篮，每个吊点选用一个额定荷载 9.7t 的开口花篮。

整体吊装过程见图 3.5-8、图 3.5-9。

图 3.5-8 上部吊点设置图

图 3.5-9 下部吊点设置图

（3）施工技术要求

1）上部吊点及下部吊点横担尺寸选材必须符合受力要求。

2）吊耳采用 16mm 钢板制作，焊接面需打不小于 8mm 的坡口，四面焊接，焊缝高度不低于 12mm；无缝钢管与工字钢焊接必须熔透，四周按要求加焊劲板，劲板双边角焊。

3）吊具必须有厂家试验合格证明及其他相关质量证明文件。设备提升时须首先做提升实验，采用四个角上的 4 只葫芦将设备提升 2cm 左右，静置观察各受力点状态，30min 内各点无任何肉眼可视缺陷时，再用 6 只葫芦同时提升 5mm 并调平后，静置 12h 后观察各受力点状态，如无明显变化，视为合格，方可进行正式提升。

4）提升时，各葫芦必须同步，每提升 10cm 后，进行调平。

5）提升至葫芦上下钩间距 850mm 时，进行最后一次调平。

6）开口花篮由中间开始逐一替换葫芦时，每次只能替换一个，调平后再替换第二个，依次类推，直至全部替换完成。

3.6　塔楼风力发电机组吊装施工技术

1. 技术简介

某超高层塔式建筑在 174m 核心筒外设有二台风力发电机，风力发电机尺寸为 1 000mm×1 000mm×5 100mm，重量为 1t，属于设计后增加设备，主体塔吊均已拆除，且发电机不允许解体运输。吊装位置处于塔体腰部，使用扒杆吊装危险性太大，超高层建筑一般均安装了擦窗机，是建筑物或构筑物窗户和外墙清洗、维修等作业的常设专用悬吊机械，具备一定起吊能力。本技术采用擦窗机组合吊装方法，对风力发电机组进行安全可靠的吊装。

2. 技术内容

（1）设备运输

1）在首层将风力发电机装运上车，选好路线将设备运输至风力发电机起吊点。

2）在设备安装楼层将擦窗机绳扣往外筒迁至起吊点。

（2）设备吊装

1）经过受力分析，擦窗机及配套吊具满足吊装设备受力要求。选好风力发电机吊装点后，功能层顶部擦窗机行走至吊装点轴线，将起重绳放至吊装点，吊装层见图 3.6-1。

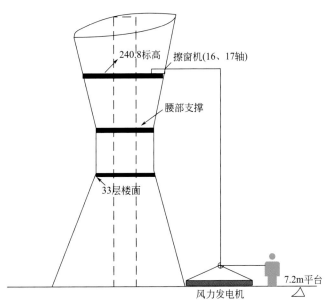

图 3.6-1　吊装层示意图

2）利用扁担索具，将吊运部件吊至安装点，吊运部件离安装点外框筒约 4.5m，启动安装层楼面上卷扬机，把部件向内牵引约 4.5m。水平牵引示意图 3.6-2。

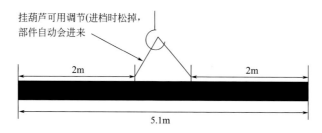

图 3.6-2　水平牵引示意图

3）风力发电机部件牵引到外框筒斜撑时，利用预先挂好的转运钢丝绳，将牵引进来的设备接住，然后擦窗机松钩，设备进入外框筒内侧，安装层示意见图 3.6-3。

4）设备放至安装层楼面，然后水平牵引至相应位置，用结构腰部支撑作为上吊点，安装滑轮及其吊绳，完成设备安装工作，水平牵引示意见图 3.6-4。

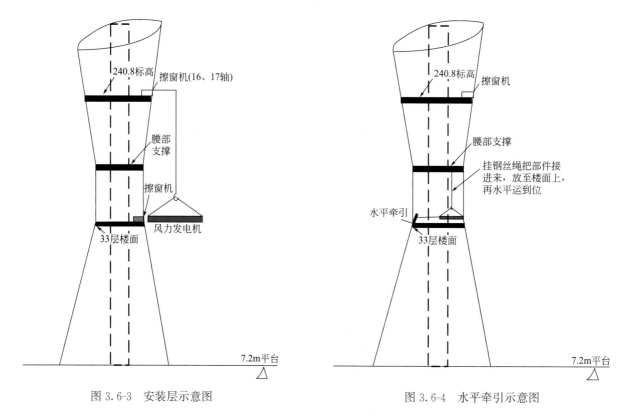

图 3.6-3　安装层示意图　　　　　　　　　　　图 3.6-4　水平牵引示意图

5）变幅缆风绳作为牵引，钢丝绳与楼面平行时，设备与建筑立面的安全距离约为 4.5m，平移至室内存放，待拆箱二次吊装，二次牵引示意见图 3.6-5。

6）二次吊装前，准备高强连接螺丝，力矩扳手等工具，核准风力发电机机头法兰与钢结构预留法兰孔距、尺寸是否一致。

（3）高层吊装时的防摆措施

设备吊装运输中，钢丝绳受到轻微风力干扰，就会引起设备大幅摆动，在长距离的吊运过程中，无法以人力干预，需设置防摆动措施。

设备垂直运输通道两侧，设置两套防摆装置，在上升过程中，钢丝绳进行限位，设置两套麻绳临时作为牵引，可以有效防止摆动。

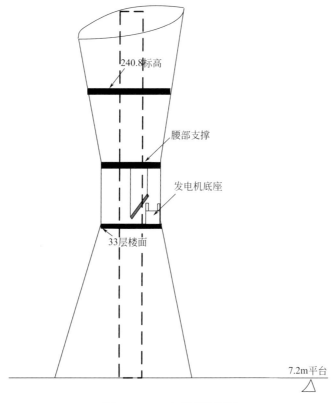

图 3.6-5　二次牵引示意图

3.7　屋面台灵式人字桅杆吊装施工技术

1. 技术简介

高层建筑大多位于市中心，道路、场地狭窄，提升高度 100m 以上的大型设备，如风冷热泵机组（承担空调系统冷热负荷，且单台机组重量在 10t 左右），无法使用常规履带机械进行设备吊装。

台灵式人字桅杆是一种由主桅杆和辅桅杆组合的桅杆形式，主桅杆为"人"字形，辅桅杆为梯形，具有结构简单、使用可靠、操作容易、费用节约、对混凝土结构受力要求较低等特点。本技术采用台灵式人字桅杆进行风冷热泵机组的吊装，主桅杆负责设备的垂直吊运，辅桅杆配合主杆变幅、设备落位，各个点位受力清晰且可操作性强，下面以某地铁控制中心项目为例进行介绍。

2. 技术内容

项目共有 3 台风冷热泵机组，是空调系统的核心设备，安装点位于 23 层屋面，安装标高 100.4m，单台风冷热泵整体重量为 9 690kg，外形尺寸长×宽×高为 9 960mm×2 260mm×2 460mm。

（1）技术特点

使用单根钢丝绳，钢丝绳两头分别与两台卷扬机相连，滑车组穿至钢丝绳中间部位。吊装时，两台卷扬机一用一备、轮流作业，既能保证钢丝绳长度方面的吊装需求，又可防止卷扬机在长时间吊装过程中因过热而出现故障。

（2）工艺流程见图 3.7-1。

（3）主要施工方法及技术要点

图 3.7-1　工艺流程图

1）技术原理

根据风冷热泵重量及外形尺寸，在屋面安装 Φ245×10 的人字形主起吊可变幅桅杆，桅杆长度 14m，跨距 8m。在楼顶主起吊桅杆部后部安装垂直 Φ219×8 的变幅用梯字形桅杆，长 8m，跨距 4m。

主吊桅杆顶部穿绕 20t 4 门滑轮组连接，变幅用梯字桅杆顶部穿绕 16t 4 门滑轮组连接，用 2 台 5t 卷扬机做动力提升设备，所有吊具选择均进行受力分析计算，满足吊装受力要求。

吊装过程，2 台卷扬机交换使用，设备提升至楼面后，使用一台 3t 卷扬机做动力，控制主吊桅杆变幅，将设备放在预先制作好的平台上，用滚杠垫好，拉至设备基础上，不影响后续设备的吊装。重复以上操作，将设备全部吊装至楼面上。

2）桅杆组装及桅杆底脚设置

利用塔吊，将主起吊人字桅杆组装就位，扒杆底脚用钢丝绳固定在下层构造柱上，在主扒杆底脚各布置一块 1 000mm×1 000mm×25mm 钢板，钢板位于设备基础边缘，下方为结构梁，用以分散吊装时扒杆对屋面的压力，由于钢板只承受扒杆垂直方向压力，布置在指定位置后，稍加固定即可。

布置完成后，检查各部位是否正常，两根桅杆中心间距 8m，变幅用梯字桅杆位于南侧结构现浇屋面上，中心与主吊桅杆中心位于同一经度，见图 3.7-2～图 3.7-5。

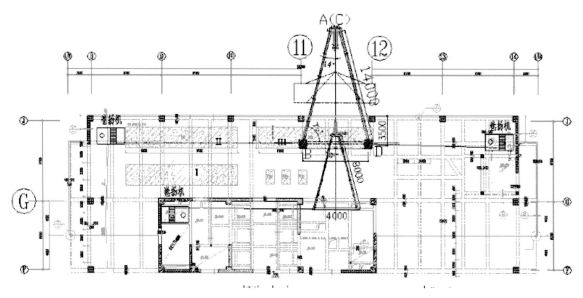

图 3.7-2　屋顶人字桅杆及卷扬机布置示意图

3）缆风绳固定

主起吊人字桅杆共有 4 根缆风绳，北侧 2 根，一端与人字桅杆顶端连接，另一端固定在下一层结构柱上；南侧 2 根，固定在桅杆北侧现浇结构柱上，见图 3.7-6～图 3.7-8。

4）试吊及吊装

试吊前，吊装总指挥进行吊装操作交底，布置各监察岗位监察要点及主要内容。起吊放下进行多次试验，使各部位具有协调性和安全性，复查变化情况。

设备试吊高度为 20～30cm，提升至试吊高度后，检查各部位是否有异常，确认合格后进行正式吊装，见图 3.7-9。

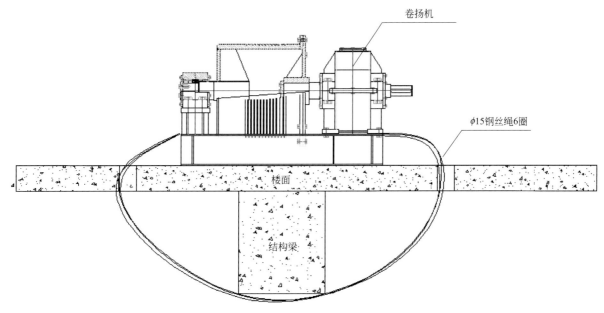

图 3.7-3　卷扬机固定示意图

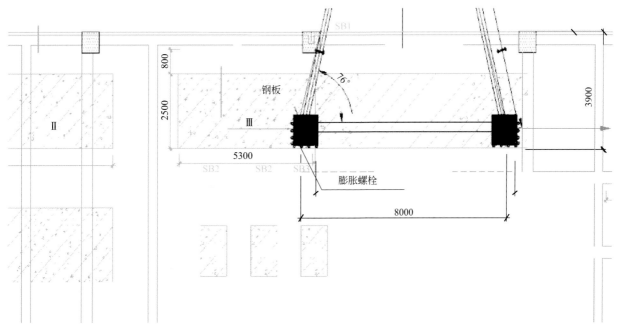

图 3.7-4　扒杆底脚钢板布置及固定示意图

5）导向绳设置

设备吊装前用 2 根 Φ13mm 的钢丝绳由屋顶拉至地面，作为设备垂直运输导向绳，在屋面用 2 根 [20 槽钢水平挑出墙体 1.5m，槽钢一端固定在楼面上，一端用来固定钢丝绳，钢丝绳末端在地面用 2t 手拉葫芦拉紧，防止设备垂直运输过程中发生旋转、碰撞墙体等状况，确保设备在垂直运输过程中沿指定路线平稳吊运。

6）设备就位

根据现场情况，先吊装靠内侧的两台设备，内侧设备吊至楼面后，放置于预先制作好的平台上，并垫滚杠，拉至桅杆两侧以保证不影响外侧设备的吊装，见图 3.7-10～图 3.7-12。

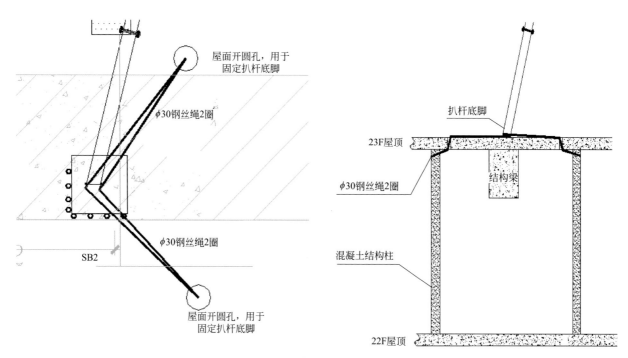

图 3.7-5　扒杆底脚固定示意图

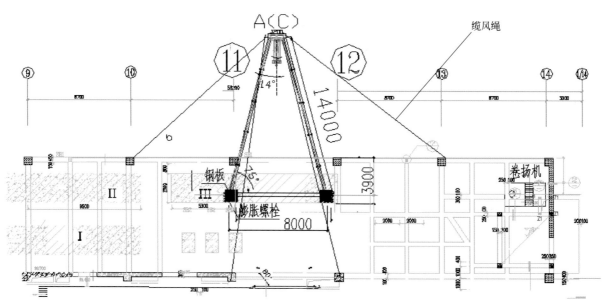

图 3.7-6　主起吊桅杆缆风绳布置示意图

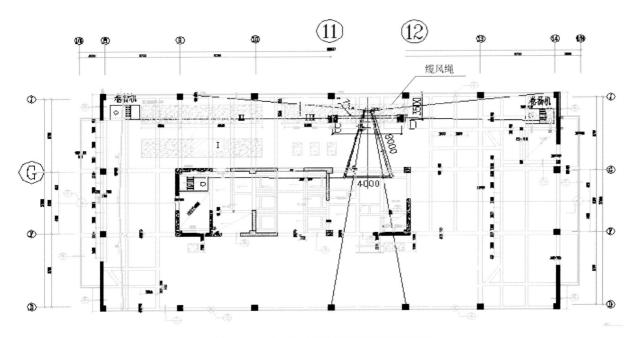

图 3.7-7　变幅人字桅杆缆风绳布置示意图

图 3.7-8　台灵式人字桅杆组装成型图

图 3.7-9　风冷热泵试吊

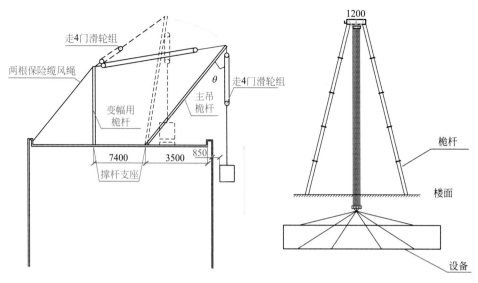

图 3.7-10 吊装示意图

图 3.7-11 风冷热泵吊装过程图

图 3.7-12 人字桅杆变幅、设备移至屋面图

第 4 章

竖井管线施工技术

　　超高层建筑功能繁多，系统复杂，建设标准高，其竖井内电气、消防、空调、给水排水等各系统管线也相对复杂，体量大，而为了提高建筑整体舒适度和使用率，通常会减小各类竖井的占用面积，增加了竖井管线施工的难度。作为施工方而言，需要从深化设计阶段入手，针对竖井各类管线施工，做好前期技术策划及后期施工的安全、质量控制工作，保证竖井管线施工的有序进行，同时通过不断探索与创新，优化技术措施，寻求竖井管线施工新方法，提高竖井管线施工的整体效率和安全性。

　　本章针对超高层建筑竖井管线施工的特点及难点，通过多个工程应用实践总结，介绍了结构竖井内多风管施工技术、预制组合立管施工技术、竖井管道承重支架深化设计技术、竖井管道吊装施工技术、超长垂直电缆敷设技术、垂吊式电缆敷设技术、预分支电缆施工技术、超长封闭母线垂直安装施工技术，解决了超高层建筑竖井管线施工中的各项问题，为超高层建筑竖井管线施工提供了一种思路，为类似工程提供借鉴及参考。

4.1 结构竖井内多风管施工技术

1. 技术简介

在超高层建筑中，为提高建筑的使用面积，满足消防及室内空气质量的要求而设置的加压、排烟、送风、排风等风管系统，为提高建筑的使用面积，会在同一条竖井内设置多条竖向风管。因竖井贯穿多个楼层，高程大、作业面窄小，且存在各系统风道的密封性、施工过程的可操作性及安全性、风道自身荷载在结构上的均匀分布性等问题，成为超高层建筑竖井安装的技术难点。

结构竖井内多风管的施工技术，在原设计理念的基础上通过深化设计对管井布局、风道分段进行优化，同时调整风管的连接形式、优化支架设置，对竖井风道进行合理限位，确保风管的密封性和系统的安全性。

2. 技术内容

通过深化设计，将设计的竖井风管进行优化，合理布置风管布局；根据结构楼层，将竖井风管分段，设置标准节和连接段；设置风管支架的位置及形式。通过设置 C 形开口的内法兰连接段风管，完成进管间的连接施工和支架的施工，保证系统风管严密性和安全性。

1）深化设计

① 风管深化设计

a. 首先对竖井内的风管进行整体分型，风井示意图如图 4.1-1，根据支管的方向初步排定其所处的位置；

b. 再进行尺寸优化，从支架设置方面考虑，并进行水力计算，统一其在一个方向上的尺寸和宽度，确定后提交设计确认；如图 4.1-2。

c. 根据楼层高度，将风管划分为同楼层高度的施工段，每段包含标准段和连接段；

以 4.4m 的层高为例，设长度为 1 238mm 的标准段 2 段，长度为 1 238mm 的内外法兰连接 1 段，长度为 686mm 的内外法兰 C 形连接段 1 段（考虑垫片形式和压缩量，调整本段长度），连接段设置在同一层组装风管的两端；

d. 结合支架位置，确定连接段的 C 形连接段设置在上部或下部，支架连接件预安装或后安装。

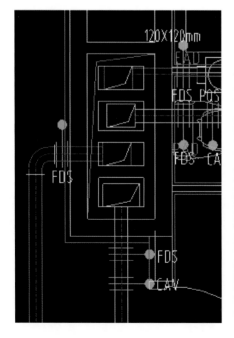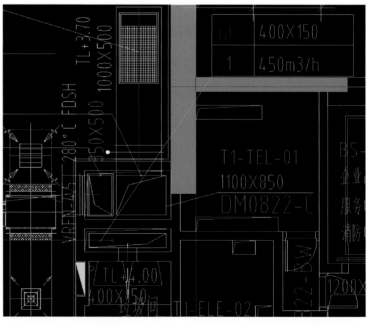

图 4.1-1　风井示意图

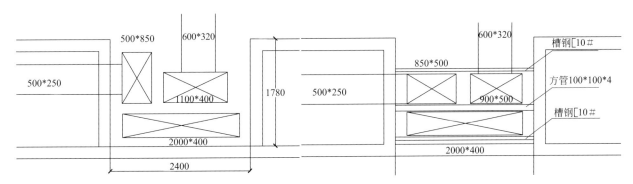

图 4.1-2 风井深化示意图

② 支架深化设计

a. 根据管井内风管数量及相对位置，确定支架形式为联合设置或者独立设置；

b. 根据操作位置确定支架设置的部位，确定利用法兰或者独立设置，通常超高层建筑楼层在 4m 以上，每层设置承重支架和限位支架各一个；

c. 承重支架设置在风管连接处，采用设置 [10 槽钢，与风管之间采用燕尾螺丝钉进行连接（参照图集 19K112）。支架上设置预设可调支架连接槽钢，用于支架与风管的连接。

d. 限位支架不承担风管重量，设置在管井外侧，利用抱箍进行固定。

2) 风管加工

① 标准段风管加工

标准段风管为外法兰风管，按规范要求制作。

② 内外法兰风管连接段风管加工

a. 内外法兰风管连接段

连接段分为 C 型内外法兰连接段（Ⅰ段）和内外法兰连接段（Ⅱ段），如图 4.1-3 所示。

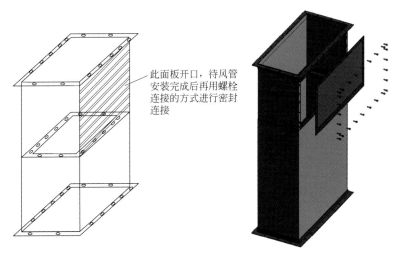

此面板开口，待风管安装完成后再用螺栓连接的方式进行密封连接

图 4.1-3 内外法兰风管连接段

b. 内法兰加工

内法兰加工要保证法兰面平整，栓孔的设置参照规范中法兰相关要求执行，允许偏差为 2mm，内法兰下料及组装加工如图 4.1-4 所示。

c. 内外法兰连接段风管加工

风管加工按标准段风管加工，两端分别设置内法兰和外法兰，如图 4.1-5 所示。

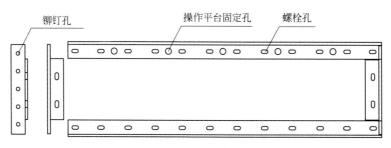

图 4.1-4　内法兰加工图

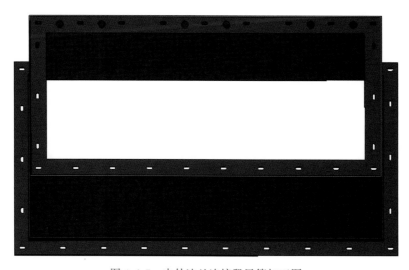

图 4.1-5　内外法兰连接段风管加工图

d. C 形内外法兰连接段风管加工

a）C 形风管下料时，如图 4.1-6，下料长度 L 可参照：

$$L=A+2\times B+2\times b(\mathrm{mm})\tag{4.1-1}$$

式中　L＝为风管下料的宽度，mm；

　　　A＝风管的长，mm；

　　　B＝风管的宽，mm；

　　　b＝C 型风管预留的翻边，mm。

b）在 C 形风管内部开口侧设置两个角钢，将内外法兰连接，在外法兰开口内侧，焊接 50×5 的钢板条，并将螺母焊接在角钢和钢板上，用于堵板与 C 形风管的连接。如图 4.1-7、图 4.1-8。

c）按设计尺寸加工堵板的法兰框及堵板，如图 4.1-9，并根据风管功能选择合适的垫片，将其固定在堵板上，如图 4.1-10，垫片选择参照《通风与空调工程施工规范》GB 50738。

3）支架制作安装，如图 4.1-11 所示。

① 在立管底部设置底部承重支架，按均匀荷载进行计算选型。

② 根据楼层高度，支架深化后的选型，在每层设置承重支架和立管支架，参照图集 19K112 进行制作。

③ 在一层风管安装完成后，进行二层内侧承重支架安装，经现场校核后安装到位，并将其利用开槽盘头螺栓与风管连接完成。

④ 安装承重支架的外侧槽钢，通过开槽盘头螺栓与风管进行连接。

⑤ 安装本层的限位支架。

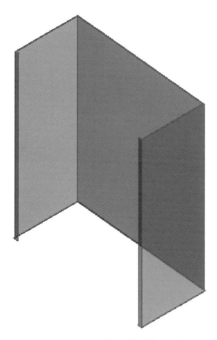

图 4.1-6　风管下料图加工图

图 4.1-7　C 形连接段风管加工图

图 4.1-8　风管细部示意图

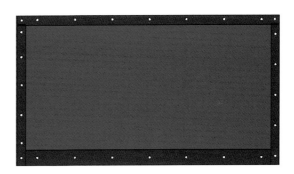

图 4.1-9　C 形连接段堵板加工图

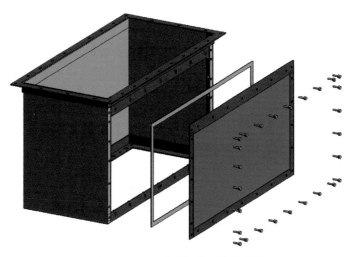

图 4.1-10　C 形连接段组装示意图

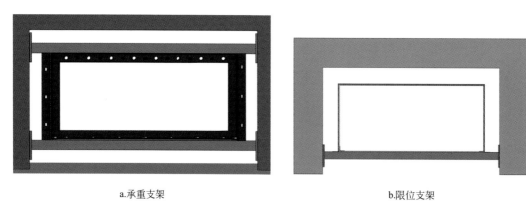

| a.承重支架 | b.限位支架 |

图 4.1-11　支架安装示意图

4）风管安装

① 按深化设计的分组，进行每层风管的组装；

② 采用正装法进行施工，将吊装设备设置在竖井的顶层；

③ 到达指定楼层后，调整好接口位置，进行内法兰的连接，如图 4.1-12。

a. 将外侧的定位螺栓安装完成。

b. 安装其他部位的螺栓，小口径风管可直接安装，大口径风管将跳板搭设在内法兰的跳板定位孔上，人员将安全带挂在安全绳上，进入风管内，完成其他螺栓的安装。

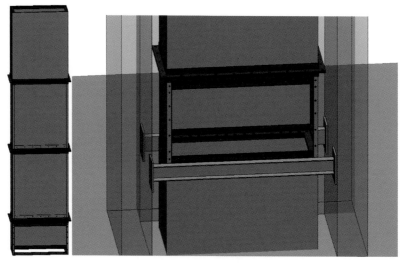

图 4.1-12　C 形连接段组装示意图

④ 将安装好垫片的堵板与 C 形风管进行连接。

5）试验检测

在风管安装施工完毕后，通风竖井需进行风管漏光试验。按照《通风与空调工程施工质量验收规范》GB 50243 的要求对系统风管严密程度进行检测。

4.2　预制组合立管施工技术

1. 技术简介

为了提高超高层建筑竖井管道施工的工效以及质量，可根据现场条件及综合排布方案，将管井内立管按一定长度预先在工厂内制做成各组单元节，采用预制立管后于结构施工的工序安排。预制管组通过塔吊及卸料平台倒运至相应楼层，通过楼层能水平转运至管井位置，然后通过行车吊完成预制立管的垂直吊装。采用此种施工工艺，避免了预制立管施工与结构施工的交叉，最大限度的缩短了整体施工工期。此种安装工艺与常规管井施工比较，有以下几个特点：

（1）设计施工一体化：预制组合立管从支架的设置形式，受力计算到现场的施工，都由施工单位一体化管理。

（2）现场作业工厂化：将在现场作业的大部分工作移到了加工厂内，将预制立管等可预制组件在工厂内制造成一个个整体的组合单元管段，整体运至施工现场。

（3）分散作业集中化、流水化：传统的管井为单根管道施工，现场作业较为分散，作业条件差，而预制立管将现场分散的作业集中到加工厂，实现了流水化作业，不受现场条件制约，保证了施工质量；整体组合吊装，减少高空作业次数，有效地降低了作业危险性。

（4）提高了立管及其他可组合预制构件的精度和质量：预制立管加工厂的加工条件、检测手段、修改的便利性均大大优于现场作业，因此组合构件的各类尺寸、形位精度、外观美观度、清洁度均高于现场施工。

2. 技术内容

（1）技术要点

1）利用BIM技术，完成预制立管深化设计及图纸报审。

2）在预制立管加工厂内，利用独创的可调节固定支架、管组工作台、模具检测技术等消除组装误差，保证管组的安装精度。

3）管组的加工过程中，要经过数次监理及质检人员的到场验收，形成质检资料，并最终制作验收标识牌固定于管组上，质量更可靠。

4）利用二维码技术，对管组的加工、组对、验收、安装、再验收等施工过程进行全程追溯。

5）出厂前，对管组进行100%转立试验，避免管组运输及吊装过程中部分管道产生位移。

6）预制管组通过塔吊及卸料平台倒运至相应楼层，通过楼层能水平转运至管井位置，最后使用行车吊完成预制立管的垂直吊装。

（2）预制立管深化设计

利用BIM技术，根据管井综合排布图进行二次深化，绘制预制管组管井排布图；再根据预制管组管井排布图绘制零件加工图，依据零件加工图进行制作，见图4.2-1。

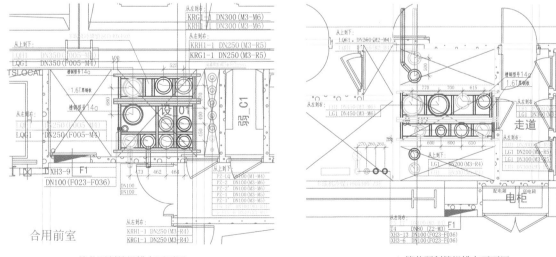

a.管井预制管组排布平面图   b.管井预制管组排布平面图

图4.2-1 预制立管井排布图（一）

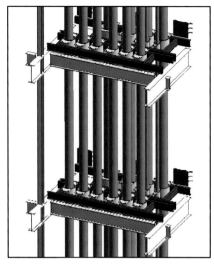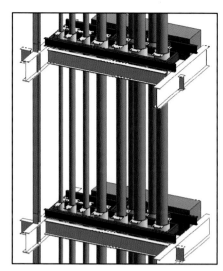

c.预制管组BIM模型

图 4.2-1　预制立管井排布图（二）

（3）预制立管加工及验收

1）预制管组加工

① 材料准备

根据预制管组管架加工图，计算出各类管道、钢板、型钢需用总量，然后根据施工进度计划提前储备材料。

材料到工厂后，由加工制作部根据预制立管制作指导书及相应验收规范邀请监理单位对材料进行验收。

② 套管加工

套管与底板采用套装焊接，根据套管加工图对管道进行切割，管径 $DN>100mm$ 管道采用火焰式磁力管道切割机进行切割，管径 $DN\leqslant100mm$ 管道采用卧式金属带锯床进行切割。切割完成后的套管由数控端面车床进行加工，增加套管与底板接触面积，使固定更稳固，不易变形。套管安装位置允许偏差不得超过 $\pm3mm$，套管高度允许偏差不得超过 $\pm3mm$。套管与底板细部处理如图 4.2-2 所示。

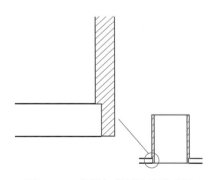

图 4.2-2　套管与底板连接示意图

③ 型钢骨架加工

根据管架加工图，对型钢进行切割，焊接组装成型钢骨架。型钢边长允许偏差不得超过 $\pm2mm$，平面度允许偏差不得超过 $\pm2mm$，对角线允许偏差不得超过 $\pm3mm$。

④ 板材加工

将管架底板加工图输入数控等离子切割机，自动对钢板进行切割和开洞，底板开孔与套管间隙允许偏差不得超过 $\pm2mm$。底板边长、对角线之差允许偏差不得超过 3mm，切割完成后根据钢板的尺寸对型钢管架进行校核。

⑤ 加强肋加工

管架加强肋利用切割管道底板后余下的钢板进行加工，可以节约材料。将加强肋加工图输入数控等离子切割机，自动切割成型，如图 4.2-3 所示。经过角磨机处理后准备进行下一道工序。

⑥ 预制管组管架焊接

将检查合格的管架底板及型钢骨架进行焊接，管架内部为保证材料不变形采用断续焊焊接；管架底

图 4.2-3　加强肋加工图

面采用满焊焊接，这样既保证了管架的强度，也可保证后续浇筑混凝土楼板后整体的严密性，如图 4.2-4 所示。

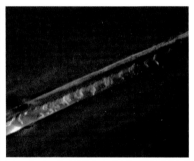

图 4.2-4　底板及型钢骨架焊接图

将加工完成后的套管与管架底板进行焊接，焊缝不小于相邻材料的厚度的 0.8 倍，因套管经过处理后连接处管壁较薄，套管与底板内部焊接采用断续焊焊接。套管与管架焊接完成后进行加强肋焊接，采用断续焊焊接。加强肋焊接完成后，在套管端面焊接固定管道的抱卡底板。底板背面采用断续焊固定，正面满焊处理，如图 4.2-5 所示。

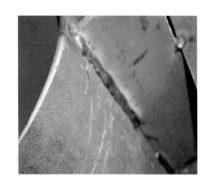

图 4.2-5　套管与底板、加强肋焊接图

⑦ 管架刷漆

管架完成后，对管架底面及套管漏出底面部分进行除锈刷漆处理，如图 4.2-6 所示。

⑧ 预制管道加工：

图 4.2-6　管架刷漆

a. 管道切割：

根据预制管组单元节管道加工图对不同材质管道进行切割。管径 $DN>100$ 管道采用火焰式磁力管道切割机进行切割，如图 4.2-7 所示，管径 $DN\leqslant100$ 管道采用卧式金属带锯床进行切割。切割加工允许偏差要求见表 4.2-1。

切割加工允许偏差表　　　　　　　　　　　　表 4.2-1

项目			允许偏差（mm）
长度			±2
切口垂直度	管径	$DN<100$	1
		$100\leqslant DN\leqslant200$	1.5
		$DN>200$	3

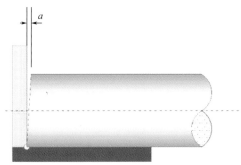

图 4.2-7　磁力管道切割及垂直度测量

b. 管道坡口：

采用电动坡口机对需焊接管道进行坡口处理，电动坡口机精度可达 1mm，保证了管道焊接的质量，如图 4.2-8 所示。

c. 管道焊接：

管道下料，应将焊缝、法兰及其他连接件设置于便于检修的位置，需预留出现场后续施工位置，不宜紧贴墙壁等。开孔位置不得在管道焊缝及其边缘，切割后的半成品管道应按管组及系统做好标示。碳素钢和合金钢的焊接坡口及尺寸见表 4.2-2。

图 4.2-8　管道破口处理

焊接坡口及尺寸表　　　　　表 4.2-2

序号	厚度 δ (mm)	坡口名称	坡口形式	坡口尺寸			备注
				间隙 c (mm)	钝边 p (mm)	坡口角度 a(β)(°)	
1	1～3	I 形坡口		0～1.5	—	—	单面焊
	3～6			0～2.5			双面焊
2	3～9	V 形坡口		0～2	0～2	60～65	—
	9～26			0～3	0～3	55～60	
3	3～26	插入式焊接支管坡口		1～3	0～2	45～60	
4		平焊法兰与管子接头		—	—	—	E=T,且不大于 6
5		承插焊法兰与管子接头		1.5	—	—	

　　坡口允许偏差：焊缝加厚部位高于被焊部位正常表面不小于 1.6mm，也不应大于 3.18mm。

　　热加工坡口后，应除去坡口表面的氧化皮，熔渣及影响接头质量的表面层，并应将凹凸不平处打磨平整。

　　焊件组对前及焊接前应将坡口及内外侧表面不小于 20mm 范围内的杂质、污物、毛刺及镀锌层等清理干净，并不得有裂纹、夹层等缺陷，见表 4.2-3。

管道焊接预制加工尺寸允许偏差　　　　　　　表 4.2-3

项目		允许偏差（mm）
管道焊接组对内壁错边量		不超过壁厚的 10%，且不大于 2mm
管道对口平直度	对口处偏差距接口中心 200mm 处测量	1
	管道全长	5
法兰面与管道中心垂直度	DN＜150	0.5
	DN≥150	1.0
法兰螺栓孔对称水平度		±1.0

直管段上两对接焊口中心面间的距离，当公称尺寸大于或等于 150mm 时，不应小于 150mm；当公称尺寸小于或等于 150mm 时，不应小于管道直径，且不应小于 100mm。

管道焊缝距离支管及管接头的开口边缘不应小于 50mm，且不应小于孔径。

管道环焊缝距离距支吊架净距不得小于 50mm。

管道焊接完成后应对焊口部分进行处理，并保证管道内无杂物。

焊缝的超声检测应符合 NB/T 4708.3-2015 规定。超声检测不得低于Ⅲ级，见表 4.2-4。

管道焊接缺陷质量控制表　　　　　　　表 4.2-4

缺陷种类	允许程度	修正方法
焊缝尺寸不符合标准	不允许	焊缝加强部分如不足应补焊，如过高、过宽则作修整
焊瘤	严重不允许	铲除
咬肉（咬边）	深度≤0.5mm，长度小于焊缝的全长 10%	若超过允许度，应清理后补焊
焊缝或热影响区表面有裂纹	不允许	将焊口铲除，重新焊接
焊缝表面弧坑、夹渣或气孔	不允许	铲除缺陷后补焊
管子中心线错开或弯折	不允许超过规定	修理

d. 沟槽加工：

利用电动机械压槽机加工，管道牙槽预制时，应根据管道口径大小配置（调正）相应的压槽模具，同时调整好管道滚动托架的高度，保持被加工管道的水平，并与电动机械压槽机中心对直，保证管道加工时旋转平稳，确保沟槽加工质量。

e. 管道除锈：

无缝钢管采用化学方式除锈，先对管道外壁尘土进行清理、然后涂化学除锈剂、静置 3h 后将化学层清理干净，涂刷防锈漆，如图 4.2-9 所示。

⑨ 预制管组安装：

a. 管架固定：

根据预制立管单元节图纸复核Ⅰ字安装平台长度，用钢卷尺测量管架间相对距离，并在Ⅰ字平台上画出管架定位线，利用天车将管架运输至安装工位。管架就位后利用Ｔ字安装工具对齐管架底面，用螺丝锁紧Ｔ字工具，用夹具固定Ｔ字工具与管架相对位置，相邻管架间距允许偏差±5mm，保证管架在管道安装过程中无位移，如图 4.2-10 所示。

b. 管道安装：

将自制组装工具（自制管道安装车）高度调整至管道与管架套管切面标高，利用行车将已做好除锈、刷漆工序的管道移动至组装工位。放置于管道安装车上。根据预制管组单元节图纸将管道穿入套

图 4.2-9　管道除锈

图 4.2-10　管架固定图

管,待管道就位后,于管道与套管缝隙处填塞木方,以起到临时固定管道作用,再安装对应管道的抱卡,首先安装管道下方的抱卡,安装紧固后撤出管道安装车及木方,将上方抱卡安装完成,见图 4.2-11。安装完毕后对预制管组进行校核,允许偏差项目见表 4.2-5。

单元节装配尺寸的允许偏差 表 4.2-5

项目	允许偏差(mm)
相邻管架间距	±5
管架与管道垂直度	5/1000
管道中心线定位尺寸	3
管道端头与管道框架间的距离	±5
管道间距	±5
管段全长平直度(铅垂度)	3/1000 最大 10

图 4.2-11　管道安装图

c. 波纹管补偿器安装：

a）补偿器在安装前应先检查其型号、规格及管道配置情况，必须符合设计要求。

b）带内衬筒的补偿器应注意使内衬筒的导流方向与介质流向一致。

c）严禁用波纹补偿器变形的方法来调整管道的安装偏差，补偿器轴线与相连的管道轴线必须对正。

d）安装焊接过程中，不允许焊渣飞溅到波壳表面，不允许波壳受到其他机械损伤。

2）转立吊装试验

预制组合立管单元节装配完成后必须进行转立试验，吊装试验采用平台车装，吊点位于支架四角。预制组合立管单元节应进行全数试验和检查。试验单元节应由平置状态起吊至垂立悬吊状态，静置或位移，部件无形变为合格，如图 4.2-12 所示。

图 4.2-12 转立试验

3）工厂验收

① 预制立管单元节出厂前应按照《预制组合立管技术规范》GB 50682、制作装配图及制作说明书要求进行出厂验收。

② 预制立管单元件验收合格后，应及时填写预制管组单元节质量验收记录表。

③ 自检合格后，请监理单位验收。

在材料到场时组织监理单位到加工厂进行材料验收，合格后允许进厂加工。在制作加工过程中，所有焊缝进行厂内探伤试验，并根据建设单位及监理单位的要求，随机抽检焊口总数的 5% 由第三方检测机构出具检测报告。工厂加工完毕自检合格后组织监理单位进行出厂验收，验收合格后允许出厂运输，如图 4.2-13 所示。

图 4.2-13 预制立管工厂验收

④ 验收合格后，应在单元节上做好标识，且应包括下列内容：

验收合格标识；管井编号；管道系统名称；验收负责人标识；单元节编号及安装方向；验收日期。

（4）预制管组吊装

1）硬质防护与行车吊系统

① 行车吊系统平面布置

在平面上，行车吊系统的布置根据钢梁埋件的位置进行布置，平面布置见图 4.2-14。

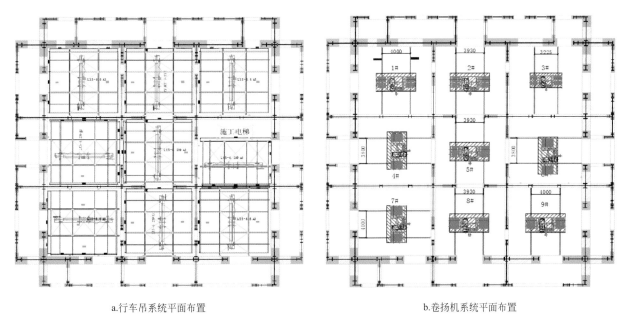

a.行车吊系统平面布置　　　　　　　　　　　b.卷扬机系统平面布置

图 4.2-14　行车吊系统平面布置

② 硬质防护与行吊系统组成

系统由硬质防护、轨道梁、行车吊、系统提升装置、控制系统等部分组成，硬质防护是整个行车吊系统提升时的支撑结构，也是行车吊系统运行时的支撑结构。整个系统通过安装在硬质防护底层的同步卷扬机提升至设定位置后，将支撑主梁与核心筒钢梁埋件上预先安装的牛腿采用高强螺栓连接，这样将系统固定于核心筒墙体上。吊装完成本阶段内的构件后，系统开始下一次提升，循环往复，完成核心筒构件的安装作业。硬质防护框架顶部采用 3mm 花纹钢板满铺，靠近墙体部位采用翻板与密封橡胶密封，从而达到安全防护的目的，见图 4.2-15。

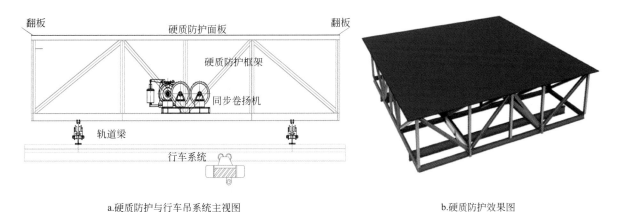

a.硬质防护与行车吊系统主视图　　　　　　　　　b.硬质防护效果图

图 4.2-15　硬质防护与行吊系统组成

2）核心筒预制管组运输

① 预制管组倒运原理

外筒倒运的方法关键是需要一层混凝土楼板层作为倒运层。结构外筒设置倒运层，倒运层设置悬挑卸料平台。预制管组通过塔吊吊运至倒运层卸料平台，再通过卷扬机和倒运小车等设备将构件运至核心筒内部吊装设备下部，见图 4.2-16。

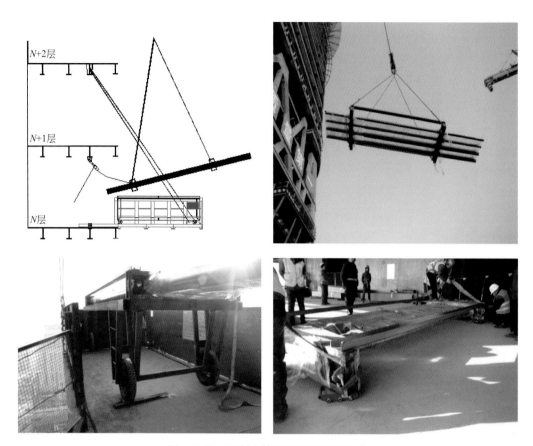

图 4.2-16 预制立管吊装及平面运输图

以 5 层为节奏，每施工 5 层钢梁移交土建浇筑楼板，土建需跳层施工：先完成最上一层楼板的浇筑，再依次向下浇筑楼板。而钢构则利用最上一层楼板继续上部钢梁的施工。

卸料平台每 5 层倒运 1 次，在结构南北两侧各设置一个卸料平台，随着施工节奏逐次向上倒运。

② 预制管组吊装

管组运输到位后开动行车吊，控制行车梁及电动葫芦的运行，将吊钩调节至合适位置吊装构件，四个筒内吊装方式基本一致，以左上筒为例说明吊装步骤，吊装示意如下：

① 预制管组设两个吊点①（距管头 1.5m 处）、②（距管头 6.5m 处），利用行车吊点配合平台车将预制管组水平运输至核心筒内搭设的连接过桥上，将吊钩分别与管组前置和后置吊点可靠连接，吊点 1 连接①，行车吊吊钩行至跨中连接②。

② 吊点 1 通过手拉葫芦连接①，通过吊点 1、2 同时收绳使管组离开连接过桥后，操作行车吊小车水平向筒内移动，见图 4.2-17。

③ 待管组 3/4 进入核心筒内后，行车吊收绳、吊点 1 捯链放绳，将管组缓慢竖立。

④ 待管组竖直稳定后，通过行车吊将管组移至就位位置，缓慢下落至距操作平台 1.3m 处停止，起重工人在操作平台上进行调整，防止管组触碰墙壁、钢梁，行车吊点松拉绳，操作人员进行摘钩，管组垂直下落。

（5）预制管组就位安装

1）预制管组的管架距离相应楼层结构约 1m 左右时停止下降，操作人员迅速将可移动支架设置安装完成。可动支架进行断续焊在钢梁上。焊缝长度不小于 50~60mm，厚度不大于梁厚度的 70%，见图 4.2-18。现场吊装就位如图 4.2-19 所示。

2）支架安装完成后继续下降管组，根据钢构上划好固定点辅助线对单元节进行调整。调整到位后，

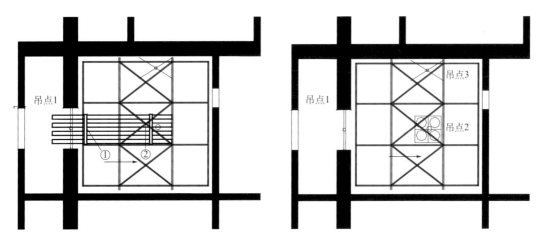

图 4.2-17　预制管组吊点示意图（图中①、②显示不清）

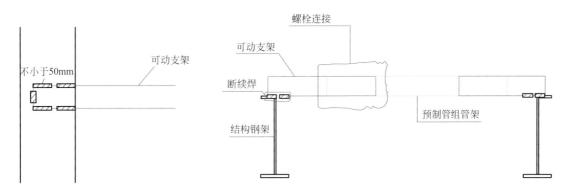

图 4.2-18　可动支架安装示意图

图 4.2-19　现场吊装就位图

紧固连接螺栓；确认两层管架和可移动支架已经固定牢固后，松开吊钩进行下一组单元节的吊装。管组就位后安排焊工对对接管组进行焊接施工，预制管组施工完毕后预制管组管架密封板上层土建可进行打灰处理，符合防火要求。

3）预制管组安装完毕后，考虑到预制管组在管井中所占位置较大。缝隙处不便于土建专业收口，可根据管组缝隙尺寸采用两种方式进行收口：

① 尺寸在 10～20mm 之内的缝隙采用发泡海绵条封闭。

② 尺寸在 20mm 以上的缝隙，采用镀锌铁皮进行封堵。

4）两组管道对口焊接，完成预制管组竖向安装。

5）对已完成焊口部分进行超声波探伤检查。

4.3 竖井管道吊装施工技术

1. 技术简介

竖井管道施工因空间不足、施工难度大、吊装困难、安全风险高等特点一直为超高层建筑机电安装施工中探讨最多的重难点之一，使用传统的竖井管道安装方法不能有效地解决以上问题。

通过分析研究超高层竖井管道施工的重难点，不断探索与发现，形成了密集管井管道双向滑轨施工技术、管道倒装技术。目前各项技术均已在项目上实施，安全性好，经济效果显著，对超高层建筑竖井管道施工有着极其广泛的应用和推广价值。

2. 技术内容

（1）密集管井管道双向滑轨施工技术

超高层建筑竖向管井中管道种类多，立管管径大，重量大，操作狭窄，如利用人工吊装管道，虽人为控制灵活性高，但费工费时费力；如利用卷扬机吊装管道虽省力，但机械操作如监管不善，容易出现操作失误甚至安全事故，考虑到上述两种方法的缺点，采用自制吊装导轨用于集中布局的主干立管安装，既能减少人力时间，也能更好地控制管道吊装时的失误。

1）工艺流程

具体工艺流程图见图 4.3-1。

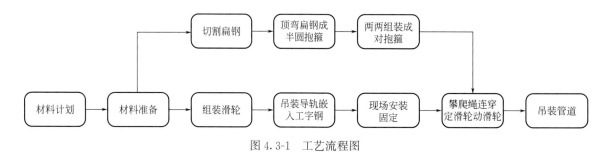

图 4.3-1 工艺流程图

2）操作要点

① 自制吊装导轨技术

a. 自制吊装导轨技术概况

a）本技术设计吊装导轨，根据不同立管管径，用千斤顶把两块扁钢顶弯成半圆抱箍，在半圆抱箍两边开孔，利用两个螺栓，组合成一个圆形抱箍，如图 4.3-2 所示。

b）根据吊装导轨，自制行车滑车组轨道梁采用 20 号工字钢，把吊装导轨嵌入 20 号工字钢之间，让吊装导轨可以在轨道梁上滑移，如图 4.3-3 所示。

c）通过自制吊装导轨，可以有效降低人力消耗，提高建筑竖井整排立管安装效率及安全性。

b. 组装滑轮

根据采购回来的材料，进行组装。组装步骤如图 4.3-4 所示。

a）先把钢板根据需求气割成需要的成对滑轮耳朵，再利用磨光机对滑轮耳朵进行打磨光滑。

b）在滑轮耳朵中心通过台钻进行机械开孔，把两片滑轮耳朵与滑轮通过长螺栓穿连一起。重复制

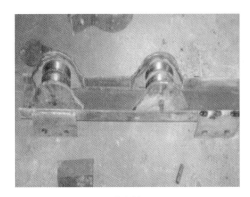

a.组装滑轮图

b.顶弯半圆抱箍图

c.顶弯出来的半圆抱箍图

d.自制吊装导轨整体图

图 4.3-2　自制吊装导轨及抱箍

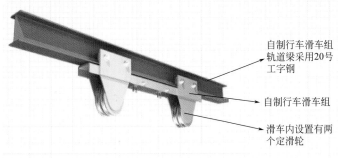

自制行车滑车组
轨道梁采用20号
工字钢

自制行车滑车组

滑车内设置有两
个定滑轮

图 4.3-3　吊装导轨滑移轨道制作及效果图

107

作另一个滑轮。

　　c）利用槽钢把上述两个制作好的滑轮焊接于固定槽钢上。

a.组装滑轮图一

b.组装滑轮图二

c.组装滑轮图三

d.组装滑轮图四

e.组装滑轮图五

f.自制吊装导轨整体图

图 4.3-4　自制吊装导轨

　　c. 吊装导轨嵌入工字钢

　　现场复核整排立管管井洞的长宽尺寸，根据管井洞的长度切割 20 号工字钢长度，考虑把工字钢的两边落于管井洞最长边的两侧，故两边长度比管井洞长 200mm 作为支撑点，如图 4.3-5 所示。

　　d. 现场安装固定

　　等吊装导轨组装完毕并和工字钢拼装完毕后，利用现场可用的大型货梯把吊装导轨及材料通过货梯运至楼上，把给水排水管道运至整排立管管井洞最底层，把吊装导轨运至整排立管管井洞最高层，然后把整个吊装导轨的工字钢两边放在管井洞长边的两头，工字钢两边比管井洞长度长出来的 200mm 落在

a.吊装导轨　　　　　　　　　　　　b.吊装导轨嵌入工字钢

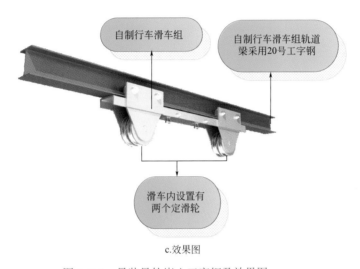

c.效果图

图 4.3-5　吊装导轨嵌入工字钢及效果图

洞口边的混凝土板上，挑出来的 200mm 作为支撑点，利用膨胀螺栓把工字钢两头固定在楼板上，防止吊装过程中滑移，如图 4.3-6 所示。

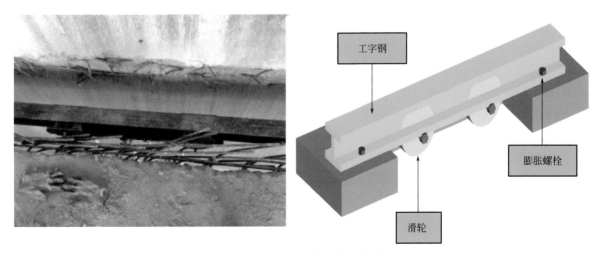

图 4.3-6　现场安装固定及效果图

② 应用吊装导轨安装技术

a. 现场安装固定攀爬绳连穿定滑轮、动滑轮

吊装导轨固定于楼板面后，然后利用攀爬绳把固定于吊装导轨上的定滑轮与动滑轮一起串连起来，

使其形成一个整体的滑轮组。通过滑轮组原理达到既省力又改变力作用方向的目的。现场穿线如图4.3-7所示。

a.串连定滑轮、动滑轮图一　　　　　　　　b.串连定滑轮、动滑轮图二

管道吊装自制行车滑车组

吊装用动滑轮

吊装管道用攀爬绳

c.串连定滑轮、动滑轮效果图

图4.3-7　现场串连定滑轮、动滑轮及效果图

b. 吊装管道

上述准备工作完毕后，连同安全员、质量员对现场组装好的整套吊装导轨进行验收，验收合格后方可允许队伍进行管道的正式吊装工作。吊装过程中必须楼上楼下对讲机保持联系，保证吊装过程中的安全操作，如图4.3-8所示。

3）管道安装方法

① 施工准备内容：将除锈完毕的管道运输到地下室管道井附近。检查地下室管道井底板是否预留安装孔，方便管子在管道井里面垂直运输。

② 管道竖井放线内容：土建单位竖井施工完毕并移交后，对管道系统功能区域内的分段直管线管井进行复核，定位放线，确定支架形式和管道中心。

③ 支架预制安装内容：根据现场放线确定支架尺寸，并在加工场内预制支架，施工现场进行支架安装。

④ 管道吊装内容：

a. 根据现场高度，在通过滑轮组用绳索把管道用抱箍固定连接在一起，把抱箍锁定在钢丝绳上，

管道吊装自制行车滑车组

吊装管道用攀爬绳

吊装用动滑轮

吊装管道用的抱箍

a.吊装管道示意图一

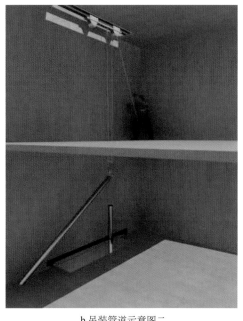

b.吊装管道示意图二

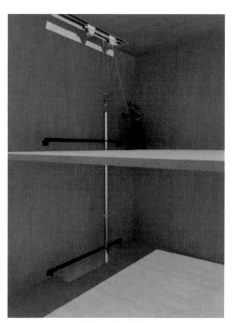

c.吊装管道示意图三

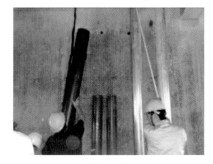

d.吊装管道现场图

e.整排管道安装完毕示意图

f.整排管道安装完毕现场图

图 4.3-8　管道吊装图

使第一条水管逐渐与管道井垂直，匀速上升至安装位置停止。

b. 在管道井内将管道固定在支架上，作为吊装的受力点，然后用滑轮组把第二条水管拉到对应位置，与第一条水管对口焊接。

c. 滑动吊装滑轨至相邻管道位置，按上述方法吊装焊接相邻管道。

停

d. 以此类推，利用此方法完成一层竖井内成排管道安装后，施工人员转移至上一层继续安装上部管道，直至管井内所有竖向管道安装完成。

⑤ 施工重点是焊缝需避开楼面位置，严禁放于套管内。调节方法是：工人地面下料长度调整时错开楼层位置。

⑥ 焊缝处理和刷漆内容：管道焊好后，将焊渣清除，做好防腐和面漆。具体要求是 2 道底漆、2 道面漆。

（2）竖井管道倒装技术

超高层竖井管道安装因其施工空间不足，施工难度大，采用传统的竖井管道正装法安全风险高，本技术详细介绍了采用倒装工法进行竖井管道吊装，该工法安全性好，只需要把管子直接运输到指定的竖井旁，在一层即可完成管井内管道吊装焊接工作。

1）施工工艺流程

管道井管道倒装工艺流程如图 4.3-9 所示。

图 4.3-9　管道井管道倒装工艺流程图

2）施工操作要点

① 施工准备

a. 卷扬机单次最大起重量计算

根据管井内水管分布可知管井内最重的水管为 $DN720 \times 10$mm，用以公式（4.3-1）计算其重量：

$$M = \rho \times \pi \times D \times t \times L \tag{4.3-1}$$

式中　M——管道重量（kg）；

　　　ρ——管道材质密度（kg/m³）；

　　　π——圆周率（取 3.14）；

　　　D——管道外径（m）；

　　　t——管道壁厚（m）；

　　　L——计算管段长度（m）。

计算得：$M = 7.8 \times 10^3 \times 3.14 \times 0.72 \times 0.01 \times 12 = 2\ 101.16$kg

由上式可知最大荷载重量为 2 101.16kg。

b. 卷扬机选型

管井内最大荷载重量为 2 101.16kg，为了保证施工安全，取安全系数 $K_z = 2.0$，则卷扬机最大起重量为 4 202.32kg，故选 5t JM 电控卷扬机可满足要求。

c. 卷扬机安装方式

卷扬机安装方式如图 4.3-10 所示。

d. 卷扬机安装具体要求

a）卷扬机的固定

首先根据卷扬机底座螺栓孔位置，用［16 制作一个框形支座于卷扬机固定。支座安装于楼面上，调平，采用六只膨胀螺栓固定于楼面上，再用钢丝绳固定在结构柱子上。

b）固定滑轮的安装

固定滑轮安装在卷扬机固定楼层的吊装口顶部，选用承载等级和卷扬机荷载相同的型号。用［16 槽钢制作的框架作为滑轮支架顶部固定点，槽钢框架用膨胀螺栓固定在管道井两侧，固定滑轮与卷扬机的连线应处于管井通道的中心处，防止偏位过大影响管道在管井内运输。

图 4.3-10　卷扬机安装示意图

c）导向滑轮的安装

导向轮采用膨胀螺栓穿楼板固定于楼板上，楼板底加垫钢板。导向轮、固定轮、钢丝绳确保在同一平面上，与卷扬机卷筒垂直。

② 现场竖井管道倒装法施工准备

将除锈完毕的管道运输到地下室管道井附近。检查地下室管道井底板是否预留安装孔，方便管子在管道井里面垂直运输。检查卷扬机设备固定是否牢固。

a. 管道竖井放线

土建单位竖井施工完毕并移交后，对管道系统功能区域内的分段直管线管井进行复核，定位放线，确定支架形式和管道中心。

b. 支架预制安装内容：根据现场放线确定支架尺寸，并在加工场内预制支架，施工现场进行支架安装。

③ 管道倒装内容

a. 根据现场高度，把管子切割成 3m 一条。用 10cm 长 [12 槽钢焊接在管道内两侧，在用钢丝绳把焊接在管道内固定点连接在一起，把吊钩锁定在钢丝绳上。慢慢开启卷扬机，使第一条水管逐渐与管道井垂直，匀速上升至首层停止，如图 4.3-11 所示。

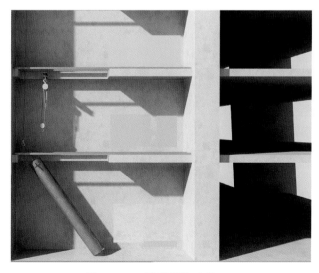

图 4.3-11　管道倒装示意（1）

b. 在首层管道井内两侧用 [16 槽钢做一个固定 5t 手拉葫芦钢梁，在第二条水管上用 10cm 长 [12 槽钢焊接在管道两侧，作为吊装的受力点，然后用 2 个 5t 手拉葫芦把第二条水管拉倒首层，与第一条水管对口焊接，如图 4.3-12 所示。

图 4.3-12　管道倒装示意（2）

c. 把焊接完的水管顶端拉升到二层，再用 5t 手拉葫芦把第三条水管拉到首层与第二条水管下口对口焊接，焊接完毕直接用卷扬机拉升到安装位置，固定在支吊架上。把钢丝解开顺着管内放到负一层，吊装第二条 12m 水管时，用卷扬机把水管拉升到第一条 12m 水管底部 50cm 停止，用 2 个 5t 手拉葫芦替代卷扬机。把卷扬机钢丝绳解开，用手拉葫芦慢慢与第一条水管进行接口和焊接。以下水管按照以上步骤方法吊装。每次吊装的 DN720×10mm 水管不能超过 12m（重量不大于 2.5t），以防止超荷载运输管子坠落，如图 4.3-13 所示。

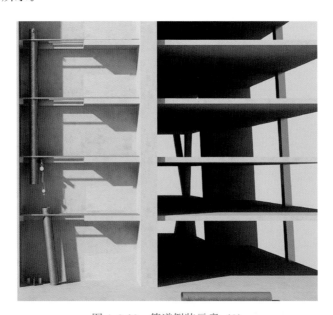

图 4.3-13　管道倒装示意（3）

d. 施工重点是焊缝需避开楼面位置，严禁放于套管内。调节方法是：工人地面下料长度调整时错开楼层位置；其次靠上方 5t 葫芦整体调整。

e. 焊缝处理和刷漆内容：管道焊好后，将焊渣清除，做好防腐和面漆。

4.4　竖井管道支撑系统深化设计技术

1. 技术简介

超高层建筑机电竖向管井面积狭小，管线种类多、相对密集，尤其是空调水、给水排水等系统大口径循环水管、冷热媒管集中布置，给竖井管道施工带来极大困难。管道系统运行后，因管道自身重量、内部介质重量、管道振动、管道长度等因素影响，管道支撑系统若按照常规的设计方法可能会增加结构的受力甚至影响局部结构的安全，因此在超高层建筑竖井管道施工前，对竖井管道及支撑系统进行合理受力分析，并进行科学深化设计显得尤为重要。

本技术通过对多个工程应用实践总结，从竖井管道支撑系统受力分析着手，根据受力分析结果对原管道支撑系统进行深化设计和优化设计，减小管道作用于结构的荷载，保证管道的安全运行。

2. 技术内容

在超高层建筑竖井管道系统中，常规的管道系统支架设计一般是将超长的竖向管道分段后每段两端设置固定支架，中间设波纹膨胀节吸收管道热变形，管道荷载分部在多个结构楼层中。此种设计在超高层建筑中，由管道自身的重力、管道内介质产生的力以及波纹伸缩节膨胀产生的反约束力都对建筑物的结构受力产生很大的影响，若膨胀节设置不合理，几种作用力叠加甚至超出原结构设计的承受值，致使设计单位必须对系统及结构支撑重新设计并加固，增加了工程成本。下面，就以实际工程项目为例阐述竖井管道支撑系统深化设计技术。

（1）管道补偿产生的荷载计算

1）管道轴向伸缩量

介质温度变化引起的管道轴向伸缩量：

$$\Delta L = \alpha L \Delta t \tag{4.4-1}$$

式中　ΔL——管道轴向伸缩量（mm）；

α——管道的线膨胀系数 [mm/（m·℃）]；

L——固定支架之间的管段长度（m）；

Δt——闭合温差（℃）。

2）管道补偿产生的作用力

管道补偿产生的作用力应包括补偿器位移产生的轴向弹性力和内压作用力。

补偿器位移产生的轴向弹性力

$$F_t = K \Delta L \tag{4.4-2}$$

式中　F_t——补偿器位移产生的轴向弹性力（N）；

K——补偿器轴向刚度（N/mm）。

3）补偿器内压作用力

$$F_h = P_t A \tag{4.4-3}$$

式中　F_h——补偿器内压作用力（N）；

P_t——管道试压压强（MPa）；

A——压力不平衡式补偿器的有效截面积（mm²）。

（2）管道补偿对固定支架的作用力计算

管道固定支架受力如图 4.4-1 所示，两端固定支架的受力，根据下式计算：

$$F_{m1} = F_{t1} + F_{h1} \tag{4.4-4}$$

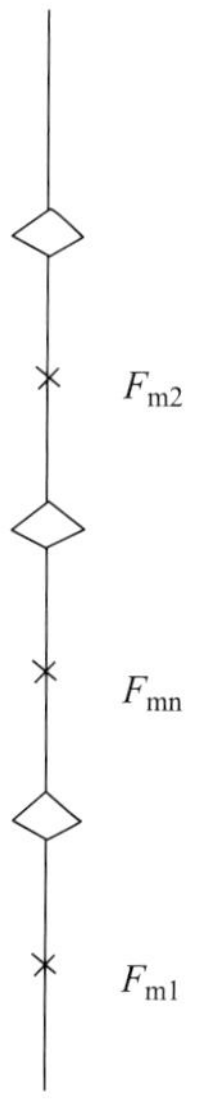

图 4.4-1　固定支架受力示意图

$$F_{m2} = F_{t2} + F_{h2} \tag{4.4-5}$$

式中　F_{m1}——管道补偿对最下端固定支架的作用力（N）；

　　　F_{t1}——最下端管道补偿器的轴向弹性力（N）；

　　　F_{h1}——最下端管道补偿器的内压作用力（N）；

　　　F_{m2}——管道补偿对最上端固定支架的作用力（N）；

　　　F_{t2}——最上端管道补偿器的轴向弹性力（N）；

　　　F_{h2}——最上端管道补偿器的内压作用力（N）。

中间固定支架的受力，可按下式计算：

$$F_{mn} = F_{t(n-1)} + F_{h(n-1)} + F_{t(n+1)} + F_{h(n+1)} \tag{4.4-6}$$

（3）施工阶段管架荷载计算

设多个固定支架时，每个固定支架分担本段管道重力荷载，其承受的荷载设计值为：

$$F_n = 1.2G_n + 1.4F_{pn} \tag{4.4-7}$$

式中　G_n——该固定支架至上方相邻固定支架间的配管重量（N）；

　　　F_{pn}——作用于该固定支架上的管道内压作用力（N）。

只在下部设固定支架时，固定支架承受全部荷载，最下端固定支架上承受的荷载设计值为：

$$F_1 = 1.2G + 1.4F_{p1} \tag{4.4-8}$$

式中　F_1——最下端固定支架上承受的荷载设计值（N）；

　　　G——整段管道的配管重量（N）；

　　　F_{p1}——作用于最下端固定支架上的管道内压作用力（N）。

（4）运行阶段管架荷载计算

竖井管道施工阶段各层管架的荷载，各单元节最上层支架承受本单元节立管的全部荷载，其他层支架承受其与下部相邻支架间的配管重量。在计算配管荷载时，应根据固定支架及补偿器的设置情况进行计算，当设置补偿器时，如图4.4-2所示。

最下部固定支架上承受的荷载：

$$F_1 = 1.2G_1 + 1.4(F_{p1} + F_{m1}) \tag{4.4-9}$$

式中　G_1——最下端固定支架上方补偿器以下的管道的配管重量（N）。

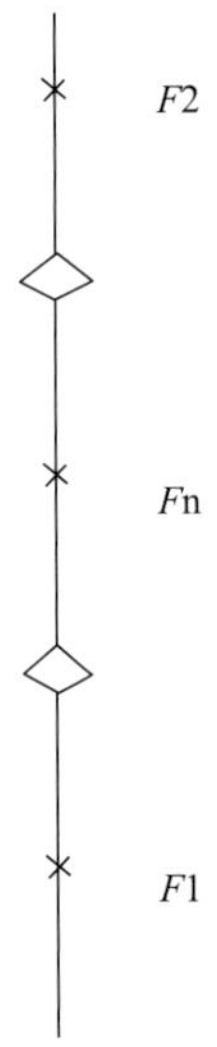

图 4.4-2　配管荷载示意图

最上部固定支架上承受的荷载：

$$F_2 = 1.2G_2 + 1.4(F_{p2} + F_{m2}) \tag{4.4-10}$$

式中　F_2——最上部固定支架上承受的荷载设计值（N）；

　　　G_2——最上端固定支架下方补偿器以上的配管重量（N）；

　　　F_{p2}——作用于最上端固定支架上的管道内压作用力（N）。

多个补偿器时的中间固定支架承受的荷载：

$$F_n = 1.2G_n + 1.4(F_{pn} + F_{mn}) \tag{4.4-11}$$

式中　G_n——该固定支架下方补偿器到上方补偿器之间的配管重量（N）。

（5）管道支撑系统深化设计

以实际工程项目的一根管径为DN400mm长度为76m的竖向管道为例，进行管道支撑系统深化设计。

管道支架受力分析

按原设计对管道支架进行受力分析，作用于最下端固定支架上的作用力即为作用于底层楼板的荷载，可由下式计算：

$$G = G_1 + G_2 + F_{p1} \tag{4.4-12}$$

式中　G——管道作用于底层楼板的力（kg）；

G_1——管道自身重量产生的力，包括管道自身、保温材料等，约为 11 550kg；

G_2——管道介质重量产生的力，约为 9 550kg；

F_{p1}——作用于最下端固定支架上的管道内压作用力。

$$F_{p1} = P\pi D^2/4 \qquad (4.4\text{-}13)$$

式中　P——工作压力，取 12.79kg/cm²；

D——伸缩节的直径，取 440mm。

由上式可得：$F_{p1} = 12.79 \times 3.14 \times 44^2/4 = 19\ 450$kg

综上可得：$G \approx 11\ 550$kg$+9\ 550$kg$+19\ 450$kg$\approx 40\ 550$kg

由以上计算可知，加上其他的管线，即便不考虑安全系数，原设计作用于底层楼板产生的最大荷载将超过 50t，这些力将直接作用于钢结构钢梁上，远远超出结构设计的承受值，必须对系统及结构支撑重新设计并加固。

通过对管道荷载内容的分析可以看出，管道内压在波纹伸缩节处产生推力占到了 50% 以上，鉴于以上情况，对管井的支撑系统形式进行深化，可取消管道中间膨胀节以减小管道支架载荷，将管道承重支架设置在设备层，对设备层管井横梁重点加固，其他层管道支架采用导向支架，不再加固。支架形式见图 4.4-3。

通过各方确认，将主立干管伸缩节取消，变两端约束为一端固定另一端自由伸缩，并将固定支架设于底层混凝土结构层及楼上各设备层钢框架，集中对该层结构梁进行加固，其余楼层隔 2 层设一处导向支架进行径向约束，管道荷载计算见表 4.4-1。

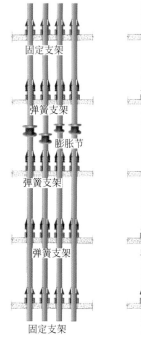

图 4.4-3　支架形式图

管道荷载计算表　　　　表 4.4-1

计算号	管径	垂直荷载(N)			
		工况		计算值	10%	最大值
2CR & 2CS	DN300	HYD	水压试验	−179 478	−198 000	−198 000
		SUS	空管重	−965 32	−107 000	
		OPE	操作重	−179 516	−198 000	
	DN200	HYD	水压试验	−107 155	−118 000	−118 000
		SUS	空管重	−580 47	−640 00	
		OPE	操作重	−107 175	−118 000	
	DN300	HYD	水压试验	−230 144	−254 000	−255 000
		SUS	空管重	−120 551	−133 000	
		OPE	操作重	−231 789	−255 000	
……	……	……	……	……	……	……
RCW2-H	DN350	HYD	水压试验	−348 311	−384 000	−384 000
		SUS	空管重	−178 174	−196 000	
		OPE	操作重	−348 113	−383 000	
	DN350	HYD	水压试验	−286 298	−315 000	−495 000
		SUS	空管重	−145 487	−161 000	
		OPE	操作重	−449 431	−495 000	
	DN350	HYD	水压试验	−259 444	−286 000	−286 000

该方案通过进行计算机建模仿真计算，确认可行。

1）采用深化后的支撑系统，对于低区管道，选择在底层设置落地支架进行支撑。落地支架形式及型钢选型如图 4.4-4 所示。

落地支架选型表					
管道公称直径 DN	1 支架用料	2 钢弧形垫板	3 钢底座	4 加强筋	5 混凝土底座
DN200	φ159X6.5-20#	-8	-10X(DN+200)X(DN+200)	-10X80X250	C40X(DN+300)X(DN+300)
DN250	φ219X7-20#	-8	-10X(DN+200)X(DN+200)	-10X80X250	C40X(DN+300)X(DN+300)
DN300	φ219X7-20#	-10	-10X(DN+200)X(DN+200)	-10X80X250	C40X(DN+300)X(DN+300)
DN350	φ273X8-20#	-10	-10X(DN+200)X(DN+200)	-10X80X250	C40X(DN+300)X(DN+300)
DN400	φ325X9-20#	-10	-10X(DN+200)X(DN+200)	-10X80X250	C40X(DN+300)X(DN+300)
DN450	φ325X9-20#	-10	-10X(DN+200)X(DN+200)	-10X80X250	C40X(DN+300)X(DN+300)

a.支架型钢选型表

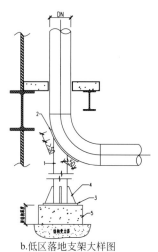

b.低区落地支架大样图

图 4.4-4　落地支架形式及型钢选型图

2）深化设计后的管道支撑系统支架大样及现场实体图见图 4.4-5 所示。

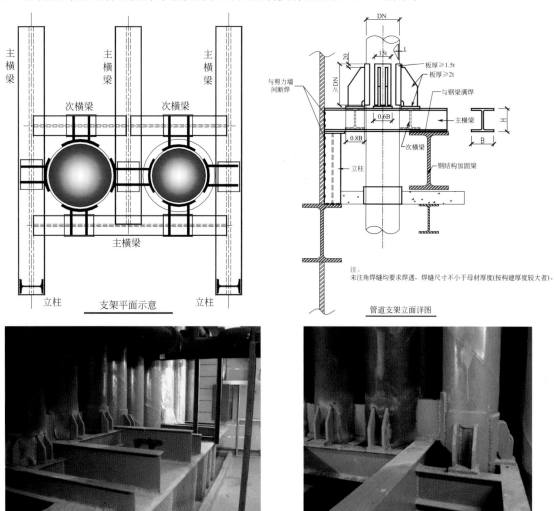

图 4.4-5　支架大样图及现场实体图

3）对于主管道热胀引起的管道伸长对支管的影响，采用两种方式解决：

①通过更改其管线路径尽量采用自然补偿吸收连接三通处的竖向位移。乙型管段的补偿量可以通过验算三通口焊缝的应力进行确定，以避免疲劳裂纹的产生。

②对于远离固定点位置、变形量超过最大位移的楼层采用乙型弯加设金属软管共同吸收主管热变形。水平支管与主干立管连接形式如图 4.4-6 所示。

4）技术要点

本次深化设计通过受力计算对原补偿器的设置方案进行优化，仅在分区管道底部保留一处固定支架，其余楼层仅设导向支架，允许固定支架上端管道自由热变形，变多楼层承担管道荷载为设备层集中承载，大大减小了管道作用于结构的荷载。采用管道自然补偿增加管道柔性，提高水平支管与竖向管道连接三通部位的可靠性。

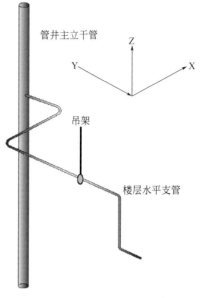

图 4.4-6 水平支管与主干立管连接

4.5 超长垂直电缆敷设技术

1. 技术简介

超长电缆垂直敷设技术伴随着超高层建造技术及电气设备与供配电技术的更新而不断取得创新突破，并随着超高层建筑对中高压供配电系统的新需求而得到持续提升和改进。本技术创造性地结合 BIM 技术、有限元分析与监测等技术，解决了超高层建筑超长电缆在垂直吊装过程中，因电缆自身重量、吊装阻力等原因可能导致的导电体、绝缘体的隐性损伤及电缆结构变形、外护套磨损等问题，能够便捷、经济地完成超长垂直电缆敷设任务，保障建筑电气供配电系统可靠、稳定、高效运行。

超长垂直电缆敷设时，随着电缆逐步提升，电缆摇摆幅度加大，吊点及上部缆体受力也逐步增大，容易造成电缆结构变形损伤，敷设高度越高，电缆损伤变形越突出，电缆绝缘线芯所受到的牵引力不能超过电缆所允许承受的最大拉力，是保证超长垂直电缆安全的关键所在。针对这个难题，通过对超高层建筑电缆垂直敷设技术的系统研究，创新总结了两种超长垂直电缆敷设技术：钢丝绳牵引法和弹簧阻力器法。

1）钢丝绳牵引法

钢丝绳牵引法是以电缆敷设终点上层设置的卷扬机为动力，借助自主设计的辅助设施，牵引电缆由下而上的垂直吊装敷设方法。敷设前，利用专用抱箍卡扣等工具把电缆分段固定到辅助钢丝绳上，同时安装好电缆端头主吊具。将卷扬机跑绳放至电缆盘架设位置，将跑绳吊钩与电缆端头主吊具及电缆辅助钢丝绳同时连接牢固，卷扬机通过牵引跑绳而达到提升电缆的目的。

这种方法设施简单、占用空间小，同时，电缆分段抱箍在钢丝绳上，并随着逐步提升将后段钢丝绳与前段连接形成一体，分散了受力点，解决了电缆因自重过大而引起的变形和损坏问题。施工前需详细交底，施工过程中需格外注意抱箍卡扣的牢固性，以保证整个吊装流程的安全性和流畅性。

2）弹簧阻力器法

弹簧阻力器法是利用电缆本体重力势能由上而下，通过增加中间缓冲装置自主调节，控制电缆下放速度的垂直敷设方法。

弹簧阻力器法所需设备相对简单，在由上而下敷设电缆方法中，利用摩擦力替代人力，减少人工，同时最大限度避免电缆损伤。本方法主要难点在于如何将成盘电缆运送至大楼高处，采用本方法前期准备工作稍长，且超高层楼面空间紧张，需提前规划场地并提前做好准备工作。

创新点及关键技术：

1）根据负荷的分类、用电功率、所属业态等因素，利用 BIM 技术优化变电所内布置方案，并绘制电缆排布图、模拟变电所内电缆交叉情况，合理布置桥架走向及桥架内的电缆排布。

2）超高层建筑通常具有电井转换的情况，并且每层电井具有选择性，通过深化设计，尽可能地减少电缆敷设长度同时保证电井内空间的布置合理性。

3）根据竖井电缆深化设计得出桥架内电缆的数量及重量，计算出支架承载力，合理选择支架的形式及布置方案。可利用弹簧阻力器作为中间缓冲装置，将电缆一次性放置到位。

4）超长垂直电缆的敷设选择吊点至关重要，根据厂家提供的相关文件，计算竖向电缆的最大允许拉力。

2. 技术内容

（1）工艺流程

1）钢丝绳牵引法

钢丝绳牵引法

2）弹簧阻力器法

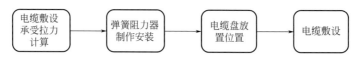

弹簧阻力器法

（2）电缆敷设时承受的最大允许拉力计算：

$$T = \alpha \times S \tag{4.5-1}$$

式中　T——最大允许拉力（kN）；

　　　α——系数；当电缆是单芯时：牵引铜导体时 $\alpha = 68\mathrm{N/mm^2}$，牵引铝导体时 $\alpha = 39\mathrm{N/mm^2}$；

　　　S——电缆截面积（$\mathrm{mm^2}$）。

根据中国水利水电出版社出版的《电缆图表手册》，电缆敷设时承受的侧压力，计算公式如图 4.5-1 所示。

实际施工时，一般应用滑轮组对电缆改向，此种方式对于塑料护套电缆的最大允许侧压力为每只滚轮 1kN。通过计算实际所需拉力（电缆垂直段重力、摩擦力及吊具重力等），可算出滑轮组的滑轮数量及设置的半径。

承受的最大允许拉力皆按照单芯电缆计算。以现场常用的 WDZA-YJY-4×240＋1×120 铜芯电缆为例，$\alpha = 68\mathrm{N/mm^2}$。通过侧压力计算改向滑轮组滑轮数量，经查电缆每米重量约为 12kg，假设电缆垂直段长度为 400m，吊具总重量为 200kg，设滑轮间距 $l = 0.2\mathrm{m}$，滑轮组半径 $R = 2\mathrm{m}$，具体计算如下：

① 最大允许拉力：$T = (4 \times 240 + 1 \times 120) \times 68 = 73.44\mathrm{kN}$；

② 改向滑轮组承受的牵引力（最大拉力）：$T_2 = 400 \times 12 \times 9.8 + 200 \times 9.8 = 49\mathrm{kN}$（自上而下敷设摩擦力不计）；

侧压力	计算式	
滚动滑轮	$P \approx 2T_2 \sin\dfrac{\theta}{2}$ $=\dfrac{T_2 l}{R}$	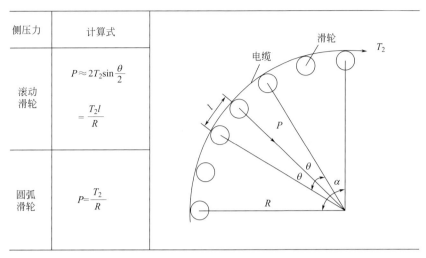
圆弧滑轮	$P=\dfrac{T_2}{R}$	

注：P-侧压力，N；T_2-牵引力，N；θ-滑轮间平均夹角，rad；
α-弯曲部分圆心角，rad；R-弯曲半径，m；l-滑轮间距，m。

图 4.5-1　电缆侧压力计算公式

③ 侧压力为 $P=T_2\times l/R=49\times0.2/2=4.9\mathrm{kN}$；（因每只滑轮的允许最大侧压力为 1kN，故需要 5 只滑轮才能满足要求）；

④ 电缆每米重力为（12kg×9.8N/kg）/1 000＝0.117 6kN/m；

⑤ 最大允许拉力与电缆每米重力之比为：$T/0.117\ 6=624\mathrm{m}$。

即电缆垂直段不大于 624m 即可采用电缆导体端头固定吊点直接吊装，实际操作时建议考虑（0.8～0.85）的安全系数。

（3）钢丝绳牵引法

1）现场排查

在电缆敷设前对电缆井逐一排查，确保电井内空间足够，无杂物，并在电缆经过的电井设置围栏，保证施工安全，以及避免对已通电设备造成影响。另外，由于某些原因电缆敷设时同一桥架内可能存在已通电电缆，此时需格外注意并对工人进行详细交底。在超长电缆敷设时，同一桥架内电缆应全部进行断电处理，确保施工安全。

2）电缆排布

根据现场实际情况编制电缆排布表，注明需敷设电缆长度及回路编号等信息，同时标注相近路径的电缆，按顺序进行依次敷设。

3）设备选择

① 吊点位置的确定

根据所吊电缆敷设位置、电缆最大允许拉力、电缆自身重量及吊装工艺的要求，结合现场实际情况，合理选择吊点位置，并经结构受力计算后确定实施。同时，吊点设置宜考虑后续其他电缆的敷设，减少设备拆除安装次数，节约资源。

② 起重设备的选择

卷扬机及钢丝绳受力计算：

$$S=f^{m+k}\times(f-1)\times Q_{计}/(f^n-1) \tag{4.5-2}$$

式中　S——钢丝绳拉力；

$Q_{计}$——计算荷载，包括电缆、钢丝绳、吊具总量，同时考虑动载因数；

n——省力倍数；

m——定滑轮、动滑轮组门数之和；

k——导向滑轮个数；

f——滑轮的阻力系数。对青铜轴套轴承 $f=1.04$；对滚珠轴 $f=1.02$；对无轴套轴承 $f=1.06$。

根据实际情况计算电缆匀速上升时钢丝绳拉力 S，从而选择卷扬机，一般选择 $2\sim5t$ 慢速卷扬机。如有特殊情况，可选择调节相应滑轮组门数，同时注意卷扬机的容绳量，需满足吊点间距。

③ 设备吊具选择

主吊具：在电缆起始端采用具有消除电缆及钢丝绳扭力，以及垂直承受力锁紧特性的旋转头网套连接器做为主吊具一，如图 4.5-2 所示。

在上水平段与垂直段的拐弯处，采用具有受力锁紧特性的覆式侧拉型中间网套连接器 A 作为主吊具二，如图 4.5-3 所示，用以增加摩擦，满足二次倒缆需要。两主吊具之间的距离为上水平段电缆敷设长度。

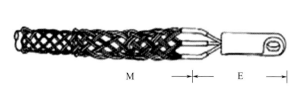

图 4.5-2 主吊具旋转头网套连接器

图 4.5-3 中间网套连接器 A

辅助吊具：在主吊具二以下垂直段电缆每隔 50m 增设一副覆式侧拉型中间网套连接器 B 直至电缆终端，见图 4.5-4。主要作用是分担主吊具的吊重，使电缆垂直段均匀受力，使具有垂直受力锁紧特性。防晃型吊具，可控制电缆摆动幅度，见图 4.5-5。

图 4.5-4 中间网套连接器 B

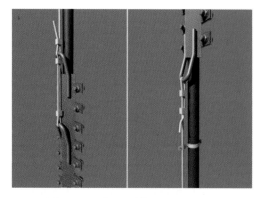

图 4.5-5 专用电缆防晃型吊具图

④ 电缆敷设吊装

将主吊具一固定在顶部定滑轮的吊钩上，进行电缆试吊，确认各环节无误后，方可正式起吊。吊装过程中，在电气竖井的井口安装防摆动的定位装置，以控制电缆摆动。设置的辅助钢丝绳每隔 10m 用专用抱箍卡具与电缆连接用以增加摩擦力，并在专用抱箍卡具内加设胶皮保护层，以防电缆外绝缘层损伤。在主吊具二以下垂直段电缆每隔 50m 增设 1 个辅助吊具，并使电缆垂直段均匀受力。

当电缆始端提升到水平安装层时停止起吊，转换吊点，将主吊具二固定在吊钩上，拆除主吊具一，利用主吊具二作为新的提升吊点。随着卷扬机提升，上水平段电缆逐步进入水平安装层，经导向滑轮由卷扬机牵引，直至利用主吊具二将电缆提升到安装高度。

吊装工作完成后，自下而上逐步拆除各种吊具、卡具。同时将电缆固定在电缆梯架上，并保证安装牢固、可靠。

（4）弹簧阻力器法

1）弹簧阻力器制作安装

弹簧阻力器由槽钢［10、角钢∠50×5 焊接而成，其中主框架结构采用轨道用槽钢［10、电缆盘支撑采用角钢∠50×5 焊接，中间支撑采用角钢∠40×5 焊接，底部轨道两侧各设 2 个支撑小车轮。为了防止弹簧阻力器脱轨，在槽钢轨道两端设置挡板。电缆托架在轨道上设置竖向和侧向滑轮，防止托架与槽钢轨道产生滑动摩擦，影响滑动。为方便拆卸，托架与电缆盘拆用活扣连接。

弹簧阻力器制作完成后，根据计算所需数量及布置楼层位置，将阻力器安装牢固；利用阻力器上的轮盘作为电缆的导向滑轮，并且通过阻力器向竖井方向前后滑动来调节井道外的电缆余量，使得电缆可以一次性敷设到位，如图 4.5-6 所示。

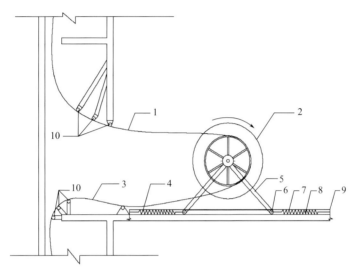

图 4.5-6　弹簧阻力器安装图

注：1. 电缆（从上层引来）；2. 电缆盘；3. 电缆（引至下层）；4. 电缆托架压力弹簧；5. 电缆滑动托架；6. 电缆托架滚轮；
7. 电缆托架拉力弹簧；8. 电缆托架槽钢轨道；9. 槽钢轨道限位板；10. 电缆改向滑轮组

2）施工步骤

所有准备工作完成，检查无误后，实施过程如下：

第一阶段：电缆盘架设地点的选择以敷设方便为原则，结合现场实际情况，放置在供电负荷层相邻的具备操作条件的合适位置；

第二阶段：纵向电缆下行敷设时，先由人力将电缆送达第一个阻力器位置，并牵引穿过阻力器及导向滚轮后，由下方的卷扬机牵引沿竖井继续向下敷设；

第三阶段：所敷设电缆到达所需楼层的相应位置后，停止向下牵引；

第四阶段：自上向下逐层整理电缆，将电缆正式固定到桥架上，阻力器自上而下拆除，完成下部电缆敷设，并及时挂装标志标牌。

（5）施工难点及解决措施

1）施工难点

① 纵向竖井井道距离长，桥架内电缆摇摆幅度大。

② 垂直段电缆长度长、重量重，电缆吊装过程中容易被自重拉伤。

③ 电气竖井洞口尺寸小，电缆穿越井道洞口过程中容易被刮伤。

2）解决方法

① 电缆摆动幅度大。在井道段的顶、底部之间架设二根导向滑绳，在电缆进入井道段的底部时，在电缆首端加电缆导向支架（图 4.5-7、图 4.5-8），把电缆限制在两根滑绳之间，减小了电缆的轴向扭

转及水平摆动，为电缆的敷设提供安全稳定的作业环境。

图 4.5-7 电缆防摆导向图

图 4.5-8 电缆导向支架

② 垂直段电缆长度长、重量重，电缆吊装中容易被自重拉伤。设置辅助钢丝绳，使用电缆夹具，在电缆垂直牵引过程中，每隔 10m 用夹具将电缆固定在辅助钢丝绳（固定钢丝绳）上，把电缆吊装重量分摊在辅助钢丝绳上，使电缆各段均匀受力，避免了电缆吊装过程中被自重拉伤。

③ 电气竖井洞口一般较小，电缆穿越井道洞口过程中容易被刮伤。每隔二层设置电缆导向滚轮及托架，确保电缆在吊装过程中不受其他外力。

4.6 垂吊式电缆敷设技术

1. 技术简介

上海环球金融中心的供电系统中，首次采用国内首创的一种特殊结构的高压电缆——10kV 高压垂吊式电缆，在超高层建筑领域中，其垂吊高度、起吊重量、单根电缆长度、电缆截面在当时（2008 年）均为世界第一。它由上水平敷设段、垂直敷设段、下水平敷设段组成，其结构为：电缆在垂直敷设段带有 3 根钢丝绳，并配吊装圆盘，钢丝绳用扇形塑料包覆，并与三根电缆芯绞合，水平敷设段电缆不带钢丝绳。吊装圆盘为整个吊装电缆的核心部件，其作用是在电缆敷设时承担吊具的功能并在电缆敷设到位后承载垂直段电缆的全部重量。在电气竖井中敷设时，这种电缆不管有多长多重，都能靠其自身支撑自重，解决了普通电缆在长距离的垂直敷设中容易被自身重量拉伤的问题。

垂吊式电缆敷设与普通电缆不同，需打破传统的施工工艺，面临的重大技术难题是：如何选择吊装方法，克服超高层建筑电气竖井中卷扬机容绳量不够的问题；如何使吊装圆盘顺利穿越楼层井口，避免被井口卡住而损伤电缆；如何减小电缆摆动，防止电缆刮伤；如何在电缆吊装中和安装后，保证垂直段三根钢丝绳受力均匀。

我单位开展科技攻关，一举解决了施工中诸多技术难题，开发出"超高层建筑 10kV 高压垂吊式电缆研发与敷设技术"这一国内首创的新成果，并于 2008 年 2 月 23 日通过了中建总公司组织的由国内知名专家组成的专家委员会的鉴定，鉴定结论为：该项成果在超高层建筑垂吊电缆领域总体达到国际领先水平。该项成果获 2008 年度中建总公司科学技术奖三等奖、中国安装协会科技成果二等奖、2010 年上海市科技进步三等奖；在此基础上，形成了超高层建筑 10kV 高压垂吊式电缆敷设技术。

创新点及关键技术：

1）电缆结构设计独特，垂直段内的钢丝绳和吊装圆盘分别起到了支撑电缆和吊装吊具的作用，无论电缆多长多重，都能靠其自身来支撑自重。

2）采用互换提升和分段提升方法，可使主吊绳长度由多段组成，电缆起吊高度不受卷扬机容绳量的限制。

3）专门研制的穿井梭头，解决了吊装圆盘穿越楼层电气井口的问题，并能防止电缆吊运中卡位和划伤。

4）专门设置了防摆动定位装置，有效减少了电缆摆动，防止刮伤电缆。

5）吊装圆盘采用可调节螺栓，在起吊过程中可以调节电缆内三根钢丝绳的长度，保证电缆各部分受力均匀。

2. 技术内容

通过多台卷扬机吊运，采用自下而上垂直敷设电缆的方法，电缆盘架设在一层电气竖井附近，卷扬机布置在同一井道最高设备层上或以上楼层，按序吊运各副变电所的高压进线电缆。每根电缆分三段敷设，先进行设备层水平段和竖井垂直段电缆敷设，后进行一层竖井口至主变电所水平段电缆敷设。该种结构的电缆在电气竖井内敷设时，需分别捆绑水平段电缆头和垂直段吊装圆盘，在辅助卷扬机提起整个水平段后，将水平段电缆捆绑至主吊卷扬机钢丝绳上部，主吊卷扬机钢丝绳下部固定在吊装圆盘上，通过吊装圆盘吊运垂直段电缆，水平段电缆也随之提升，在吊装圆盘到达设备层的电气竖井口后，利用钢板卡具将吊装圆盘固定在槽钢台架上。

（1）吊装工艺和设备选择

1）吊装工艺选择

根据场地条件和吊装高度选择跑绳方式，对布置在面积较大、吊装高度较低的楼层上的卷扬机，采用水平跑绳，分别由 2 台主吊卷扬机互换提升的方法。

对布置在面积较小、吊装高度较高楼层上的卷扬机，采用在电气竖井内垂直跑绳，通过主吊绳换钩、绳索脱离的分段提升的方法（图 4.6-1）。

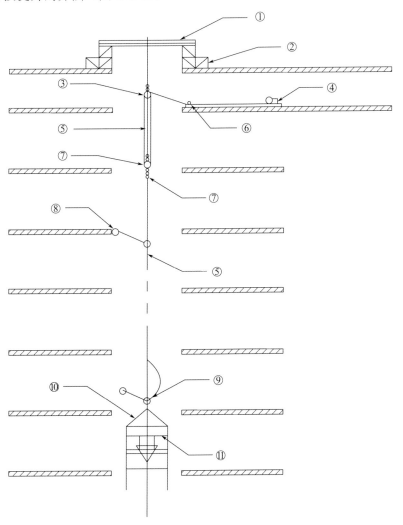

图 4.6-1　卷扬机分段提升吊装示意图

注：①钢管；②钢桁架；③双滑轮；④卷扬机；⑤钢丝绳；⑥导向滑轮车组；⑦单滑轮；
⑧主吊绳脱离绳索；⑨水平电缆；⑩穿井梭头；⑪吊装圆盘

2）吊装设备选择

根据工艺要求，选择 3 台卷扬机，其中 2 台卷扬机（1 号、2 号）吊运垂直段电缆，1 台卷扬机（3 号）吊运上水平段电缆。

一般按照起吊重量、场地条件、搬入吊装设备的途径等方面选择吊装设备吨位。

在吊装设备确定后，选择跑绳数，最后经计算后选择钢丝绳规格，要求垂直段电缆主吊绳和上水平段电缆吊绳的安全系数大于 5，跑绳的安全系数大于 3.5。

（2）吊装设备布置

1）吊装和牵引用导向滑轮与卷扬机设于同一楼面上，导向滑轮与卷扬机配套使用。

2）利用结构钢梁或钢柱作为卷扬机、导向滑轮的锚点；若没有现成的锚点，预埋 φ28 圆钢锚环。

3）卷扬机采用带槽卷筒，安装时卷扬机与导向滑轮之间的距离应大于卷筒宽度的 15 倍，确保当钢丝绳在卷筒中心位置时滑轮的位置与卷筒轴心垂直。

4）卷扬机为正反转操作，安装时卷筒旋转方向应和操作开关上的指示方向一致。

5）在高于设备操作层以上一至二层楼面的井口处设置高 1.2m 的钢桁架，横置 3 根长 2m 的 φ114×22 无缝钢管作为悬挂滑轮的受力横担（图 4.6-2）。

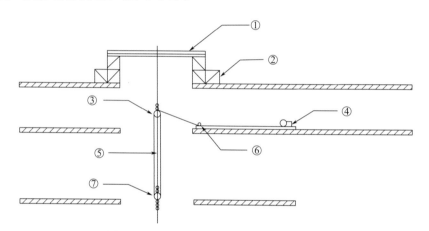

图 4.6-2　悬挂滑轮的受力横担设置示意图

注：①钢管；②钢桁架；③双滑轮；④卷扬机；⑤钢丝绳；⑥导向滑轮车组；⑦单滑轮

6）在卷扬机布置完成后，穿绕滑轮组跑绳，并在电气竖井内放主吊绳。主吊绳可通过辅吊卷扬机从设备操作层放下，或由辅吊卷扬机从一层向上提升，到位后上端与主吊卷扬机滑轮组连接，构成主吊绳索系。

（3）垂吊式电缆敷设技术

1）上段水平电缆牵引固定

把吊装圆盘临时吊在二层井口上方约 0.5m 处，将上水平段电缆从电缆盘中拖出，穿入吊装圆盘后伸出 1.2m，采用 75～100 型金属网套套入电缆头（图 4.6-3），与 3 号卷扬机（2.5t）吊绳连接。3 号卷扬向上提升 1.5m 左右停下，这时金属网套受力，可进行保险绳的捆绑。要求捆绑不少于 3 节。上水平段电缆头捆绑（图 4.6-4）。

为了在吊装过程中不损伤电缆导体，选用有垂直受力锁紧特性的活套型网套，同时为确保吊装安全可靠，设一根直径 12.5mm 保险附绳。

2）垂直段电缆固定

当上水平段电缆全部吊起，且垂直段电缆钢丝绳连接螺栓接近吊装圆盘时停下，将主吊绳与吊装圆盘吊索（千斤绳）用卡环连接，同时将垂直段电缆钢丝绳通过连接螺栓与吊装圆盘连接。连接时，应调整连接螺栓，使垂直段电缆内 3 根钢丝绳受力均匀，调整后紧固连接螺栓（图 4.6-5）。

图 4.6-3　穿入吊装圆盘后的电缆头套金属网

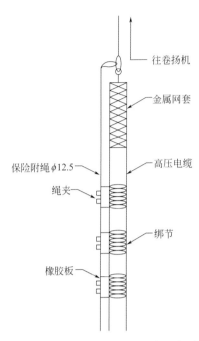

图 4.6-4　上水平段电缆头捆绑示意图

往卷扬机

金属网套

保险附绳 ϕ12.5

高压电缆

绳夹

绑节

橡胶板

图 4.6-5　连接后的吊装圆盘

3）组装穿井梭头

当吊装圆盘连接后，组装穿井梭头。组装时，吊装圆盘 2 个吊环必须保持在穿井梭头侧面的正中，以保证高压垂吊式电缆在千斤绳的夹角空间内，不与其发生摩擦，在穿井时吊环侧始终沿着井口长面上升（图 4.6-6）。

4）防摆动定位装置安装

电缆在吊装过程中，由人力将电缆盘上的电缆经水平滚轮拖至一层井口，供卷扬机提升。电缆在卷扬机拉力和人力共同作用下产生摆动，电缆从地面向上方井口传递的弧度越大，在电气竖井内的摆动就越大（图 4.6-7）。电缆摆动较大时，将会被井口刮伤，因而必须采取措施控制电缆摆动。

二层电气竖井井口为卷扬机摆动和人力结合部，在此处安装防摆动定位装置，可以有效地控制电缆摆动，同时起到了保持电缆垂直吊装的定位作用。防摆动定位装置安装在二层电气竖井口的槽钢台架上（图 4.6-7）。在穿井梭头尾端离二层井口上方 2m 处时停下，安装防摆动定位装置，电缆全部吊装完后，

图 4.6-6 穿井梭头组装过程

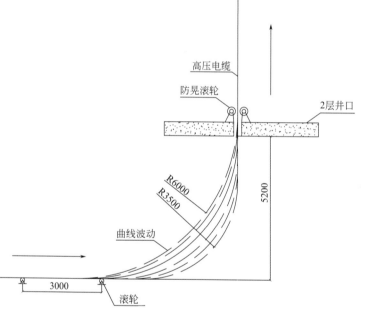

图 4.6-7 防摆动定位装置及电缆波动曲线图

即可拆除。

5）上水平段电缆捆绑

主吊绳已受力，上水平段电缆处于松弛状态，这时将上水平段电缆与主吊绳并拢，并用绑扎带捆绑，应由下而上每隔 2m 捆绑，直至绑到电缆头。全部捆绑完后，3 号卷扬机可以取钩收绳，由主吊卷扬机提升（图 4.6-8）。

6）吊运上水平段和垂直段电缆

采用二台主吊卷扬机互换提升或二台主吊卷扬机分段提升吊运上水平段和垂直段电缆。

卷扬机互换提升法：

高压垂吊式电缆吊装由两台主吊卷扬机以接力方式跑绳，当 1 号主吊卷扬机水平跑绳到位后，再由 2 号主吊卷扬机接着水平跑绳。以此互换，直至将吊装圆盘吊到安装位置。

卷扬机分段提升法：

高压垂吊式电缆吊装先由 1 号主吊卷扬机采用在电气竖井内垂直跑绳，当滑轮组到达设备层井口下方时，由 2 号、3 号卷扬机配合，进行主吊绳换钩、脱离。在 1 号卷扬机跑绳滑轮组换钩时，由 2 号卷

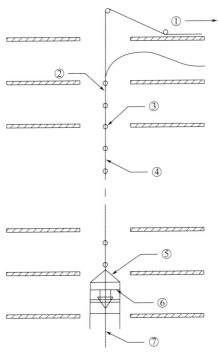

图 4.6-8　上水平段电缆捆绑示意图

注：①卷扬机；②钢丝绳；③捆绑节间距 2m；④上水平段电缆；⑤穿井梭头；⑥吊装圆盘；⑦垂直段电缆

扬机主吊绳承担吊装荷载，3 号卷扬机提走要脱离的主吊绳，依次按这样的方式进行每节主吊绳的换钩、脱离。

当剩下最后一节主吊绳时，为使上水平段电缆能够继续随着主吊绳提升，再由 2 号主吊卷扬机采用水平跑绳吊完余下较短的部分。

在水平跑绳过程中，每次锁绳必须用三个骑马式绳夹，水平跑绳每跑完一次，需将主吊绳与锚点锁紧，以防止吊起电缆的滑落。

当上水平段电缆吊至设备层，第二绑节露出井口时叫停，解除第一绑节，以下绑节都以这种方式解除，需要注意的是必须待下绑节露出井口时才能解除上绑节，避免电缆与井口摩擦，解绳后的上水平段电缆用人力沿桥架敷设。

7）拆卸穿井梭头

当穿井梭头穿至所在设备层的下一层时叫停，拆卸穿井梭头。拆卸时要将该层井口临时封闭，以防坠物。拆卸完后，应检查复测吊装电缆 3 根钢丝绳的受力情况，必要时调整与吊装圆盘连接的螺栓，使其受力均衡。

8）吊装圆盘固定

当吊装圆盘吊至所在设备层井口台架上方 60～70mm 处时叫停，将吊装板卡入吊装圆盘的上颈部。此时应使吊装板螺栓孔对准槽钢台架的螺栓孔，用 M12×80 的螺栓将吊装板与槽钢台架连接固定。然后卷扬机松绳、停止，使吊装板压在槽钢台架上，至此电缆吊装工作完成（图 4.6-9）。

9）辅助吊索安装

吊装圆盘在槽钢台架上固定后，还要对其辅助吊挂，目的是使电缆固定更为安全可靠，起到了加强保护作用，辅助吊索安装见图 4.6-10。

辅助吊点设在所在设备层的上一层，吊架选用 14♯ 槽钢，用 M12×60 螺栓与槽钢台架连接固定。吊索选用 φ20 钢丝绳，通过厚 10 钢板固定在吊架上。

辅助吊装点与吊装圆盘中心应在同一垂直线上，二根吊索应带有紧线器，安装后长度应一致，并处

图 4.6-9　吊装圆盘安装在电气竖井槽钢台架上

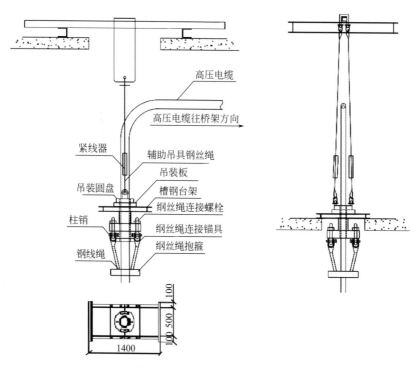

图 4.6-10　辅助吊索安装示意图

于受力状态。

10）楼层井口电缆固定

在吊装圆盘及其辅助吊索安装完成后，电缆处于自重垂直状态下，将每个楼层井口的电缆用抱箍固定在槽钢台架上，电缆与抱箍之间应垫胶皮，以免电缆受损伤见图4.6-11。

11）水平段电缆敷设

上水平段电缆在提升到设备层后开始敷设。

下水平段电缆在上水平段电缆和垂直段电缆敷设完成后进行。先把地面清扫干净，垫两层彩条纤维布，再将电缆盘上的电缆盘拖出，成8字形摆放在上面，然后对其敷设。

通常采用人力敷设水平段电缆。为减轻劳动强度，提高效率，在桥架水平段每隔2m设置一组滚轮。电缆敷设完成后，应排列整齐，绑扎牢固，按要求挂电缆标志牌。

图 4.6-11　楼层井口电缆固定

4.7　预分支电缆施工技术

1. 技术简介

预分支电缆是由工厂按照电缆用户要求的主、分支电缆型号规格、截面、长度及分支位置等指标，通过工厂内一系列专用生产设备，在流水线上制作的带分支的电缆，主干线电缆与分支电缆在工厂内完成分支连接。该产品根据各个具体建筑的结构特点和配电要求，将主干电缆、分支线电缆、分支连接体三部分进行特殊设计与制造。产品到现场经检查合格后可直接安装就位，极大地缩短了施工周期、减少了材料费用和施工费用，更好地保证了配电的可靠性。

预分支电缆采用专业化工厂的生产流水线，生产效率高、质量可靠性强。具有敷设占用空间较小、施工成本低的特点，得到广泛应用。预分支电缆在完成后的分支接头连接处和主、分电缆原有的外护套层有机地粘结成一个整体，具有优良的技术经济指标，有以下特点：

1）大幅度降低分支接头的绝缘处理费用；

2）缩短现场施工周期、大幅度降低费用；

3）降低施工作业人员的技术条件；

4）分支连接体的绝缘性能和电缆主体一致，提高电缆接头的绝缘性和可靠性；

5）具有更高的抗震、防水、耐火性能；

6）具有更直观的维护操作性；

7）价格相对便宜，现场施工资源投入和难度也较低。

预制分支电力电缆的分支接头可根据楼层层高及用电点的需要任意设定分支位置，交由工厂预制。在高层建筑中，电缆敷设时用卷扬机提升，电缆就位后采用专用支架进行固定，施工简单方便，节约竖井空间，优化了电缆桥架，既能确保安装一次成功且安装观感质量好，又保证了预制分支电缆的安全稳定运行。

2. 技术内容

（1）工艺流程

预分支电缆工艺流程如图 4.7-1 所示。

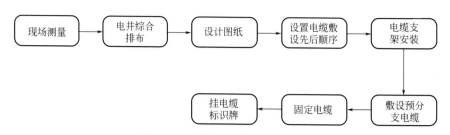

图 4.7-1 预分支电缆工艺流程图

（2）关键技术介绍

1）选型及订货

① 预分支电缆应根据使用场合对阻燃、耐火的要求程度，选择相应电缆型号；

② 根据建筑电气总体设计图确定各配电箱（柜）具体位置，并标明接头的准确位置尺寸。

在上述基础上，绘制预分支电缆整体图纸，在该图纸上标明主电缆的型号、截面、总长，各分支电缆的型号、截面、各分支有效长度，各分支接头在主电缆上的准确位置（尺寸），安装方式（垂直、水平、地埋、架空敷设），所需附件型号、规格、数量等。

2）进场验收

为了保证预制分支电缆产品的质量要求，安装验收规范需对进场材料进行检验，检验内容包括：

（1）检验进场材料的合格证、产品质量证明书、出厂检测报告和国家标准生产的产品认证标志；

（2）电缆生产厂家资质，是否具备该种型号电缆的生产资质，是否具备安全生产要求等；

（3）电缆包装是否完好，电缆外观有无损坏，电缆密封接头是否严密等，在电缆外保护层是否有明显的规格型号标识，如厂家信息、具体数量、单位、型号规格等；

（4）检查主干电缆、分支电缆规格型号、并测量电缆长度是否符合订货合同，并对电缆进行绝缘测试，是否满足规范要求；

（5）自检合格后，上报材料进场检验资料，并取样送检合格后方可安装及施工。

3）安装及施工

超高层建筑垂直电缆井道内预分支电缆安装施工步骤及方法：

① 将吊挂横梁安装在预定位置；

② 将用于悬挂吊头的吊钩安装在吊挂横梁上；

③ 按规范和厂家安装说明要求，在电缆井道内设置电缆固定支架；

④ 确定敷设预分支电缆的方法，采用人工或者机械方式敷设电缆；

⑤ 将电缆吊放到预定位置后将吊头挂于吊钩上；

⑥ 按设计图纸要求对电缆进行整理，并及时用缆夹将主电缆固定在电缆固定支架上，使电缆重量均匀地分布在支架上；

⑦ 按设计图纸要求，将各分支电缆和主电缆分别接至相应的配电箱（柜）上。电缆安装见图 4.7-2 和图 4.7-3。

4）注意事项

① 单芯预分支电缆技术可应用于树干式配电方式的超高层建筑配电线路中。

② 采用预分支电缆技术时，应先行测量建筑电气竖井的实际尺寸（竖井高度、层高、每层分支接头位置等），同时结合实际配电系统安装的位置量身定制。

③ 在订制单芯预分支电缆的过程中，需同时提供预分支电缆的各种附件，其中钢丝吊头（钢丝网套）规格的选择很重要，应考虑到电缆的外径和重量。

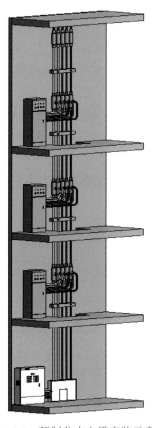

图 4.7-2　预制分支电缆安装示意图　　　　　　图 4.7-3　预制分支电缆安装图

④ 预分支电缆的安装可以吊装或放装，无论是吊装还是放装，安装时每一层楼都要有专人监护，并采取相应的保护措施以免电缆刮伤。

a. 在电缆全部吊放完成后应及时将电缆固定在安装支架上，以减少网套承受的拉力，从而避免因拉力过大把电缆外护套拉坏。

b. 在垂直敷设时，应充分考虑安装预分支电缆吊挂横梁部位的承受强度，电缆固定采用尼龙扎带，间距 1m 以内，每 20m 用金属电缆卡做加强固定。选用单芯预分支电缆时，必须采用非导磁材料的电缆卡做加强固定。

c. 安装完成通电之前，必须用 1 000V 兆欧表，测出吊头与电缆芯线之间的绝缘电阻，如绝缘电阻小于 100MΩ，要通知生产厂家进行检查。

d. 检查主线端头的相位标记与分支线相位标记应对应，检查无误方可通电。

⑤ 为防止电缆产生涡流效应，单芯电缆应使用专用塑料固定夹具。

5）适用范围

适用于交流额定电压为 0.6/1kV 的配电线路中，主要用于中小负荷的配电线路。

4.8　超长封闭母线垂直安装施工技术

1. 技术简介

超高层建筑往往需要巨大的电能，面对庞大负荷所需的巨大电流，须选用安全可靠的输电装置，封闭母线系统是一个高效输送电能的输电装置，从用电安全和长距离的供电考虑，采用封闭母线即是理想的选择，很多超高层建筑工程采用封闭母线输配供电，实现了经济合理配线的需要。

在超高层建筑中保证竖向封闭母线系统的安装质量是工程的重点，对于封闭母线如何控制好插接封闭母线系统至关重要，其垂直高度非常高，有的甚至超过 300m，施工难度相对较大，确保其施工质量也是其关键所在。通过不断探索实践进行施工总结，进一步创新了关键过程和工序安装的方法，总结完善形成了高层封闭式插接封闭母线安装技术。

超长封闭母线采用分段敷设和增加软连接的方式，使运输和安装更为便捷，从而增强封闭母线整体的稳定性，极大程度地减小因楼体摆动、温度变化、安装累积误差等因素的影响。通过增加弹簧支架，有效地分散封闭母线整体受力，使运行更加稳定。具有结构紧凑、体积小、能耗低、热稳定性好、传输电流大、便于分接馈电、运行可靠、维护方便等优点，该技术经过实践应用，达到了良好的效果，有较高的推广应用价值。

2. 技术内容

（1）工艺流程

封闭母线安装工艺流程如图 4.8-1 所示。

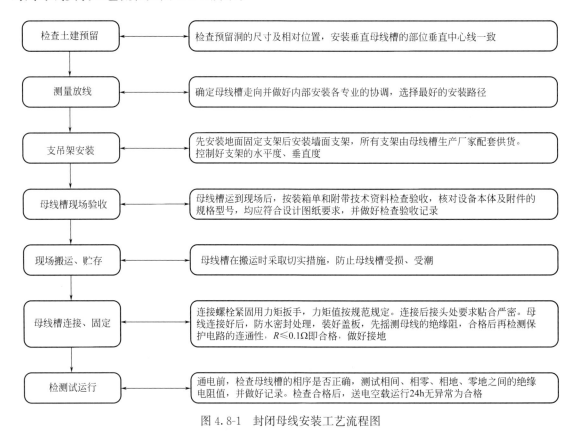

图 4.8-1　封闭母线安装工艺流程图

（2）关键技术介绍

1）技术要点

① 封闭母线安装：将封闭母线的小头插入另一节封闭母线的大头中，在导体间及导体外侧垫上配套的绝缘板，再穿入绝缘螺栓，加平垫、弹簧垫后拧紧螺母，用力矩扳手紧固至规范要求力矩值即可，最后固定好接头盖板。需要保证导体的电气连通和机械强度，电气和机械性能应是高质量的，确保安装一次合格。

② 技术要求：连接后用塞尺进行检查，采用专用力矩扳手对螺栓进行紧固，母线连接好后装好盖板，再检测保护电路的连续性，电阻值 $R \leqslant 0.1\Omega$ 即合格。

③ 因母线距离长，且采用多层转换，需通过增加软连接，补偿温度引起的尺寸变化，以及因超高层楼体摆动而产生的影响，从而增强母线运行的稳定性。由于核心筒由下至上逐渐变小，且管线集中，通过 BIM 技术进行母线垂直安装模拟，以确保母线安装路由的可行性及运行的安全性。

2）封闭母线开箱检查验收

母线进场后，需对母线验收：

① 查验合格证等质量证明文件和随带安装技术文件；

② 外观检查：防潮密封良好，各段编号标志清晰，附件齐全，外壳无形变，母线螺栓搭接面平整、镀层覆盖完整、无起皮和麻面；插接母线上的静触头无缺损、表面光滑、镀层完整；

③ 对各段母线相与相、相与地、相与零、零与地之间进行绝缘摇测，绝缘电阻值大于 20MΩ。

3）封闭母线的装卸及储存

在搬运时必须两个端部同时受力，不可以将封闭母线的端头作支点搬运，不可在地面上或槽体之间拖拉。封闭母线要储存在洁净、干燥的房间内，要远离灰尘，预防烟雾、水和化学性腐蚀品。

4）封闭母线路由模拟

封闭母线路由模拟为施工技术的重中之重。因母线距离长，经过放样计算后能够充分考虑母线的现场运输、安装，合理安排施工，确保母线运行的稳定性（图 4.8-2）。

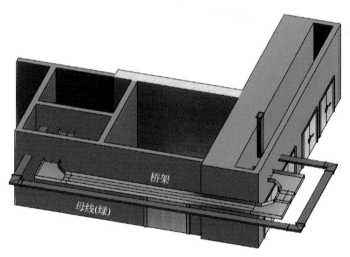

图 4.8-2 母线路由模拟

根据路由模拟并结合现场充分考虑母线的运输、安装，按照规范每 30～50m 处增加软连接，每层楼板处安装弹簧支架，楼层超过 5m 增设弹簧支架，同时利用转换层对母线进行转换，能够很好地起到稳定整体母线的作用。

5）封闭母线安装

① 封闭母线安装的条件

与封闭母线安装位置有关的建筑工程已施工完毕，母线连接的配电柜、绝缘子等安装就位，并已检查合格。

② 封闭母线安装

封闭母线安装之前，仔细研究封闭母线的安装图，按照安装图中封闭母线各部件的编号按回路将现场封闭母线分开摆放，以防止封闭母线各部件错位敷设。

在母线连接前将母线的接触面全部除污。安装时，按照安装图中封闭母线编号及部位进行组装。封闭母线连接采用螺栓连接，连接处牢固无缝隙。

当母线段与段连接时，两相邻段母线及外壳对准，连接后不使母线及外壳受额外应力。为了保证母线的使用安全，母线外壳及其支架必须进行可靠的接地。

每段母线安装完成后，需对已安装的母线进行绝缘测试，绝缘值符合规范要求方可进行下一段母线的安装。

a. 水平封闭母线安装。水平安装的封闭母线，每段封闭母线至少有一个支吊架。并按封闭母线制造厂商的建议设置附加的支撑。封闭母线经过伸缩缝和沉降缝处需按要求安装伸缩节和补偿节。封闭母线用压板与横担固定，水平母线安装如图 4.8-3 所示。

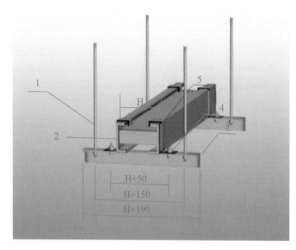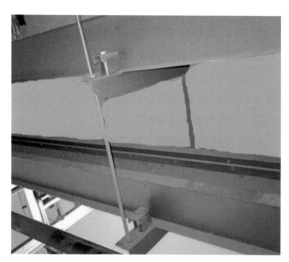

图 4.8-3 母线水平安装示意图及现场图片
注：1. 支架吊杆；2. 压板；3. 支架横担；4. 压板；5. 母线

b. 垂直封闭母线安装，在每层楼板上由一组弹簧支撑系统加以固定。此支撑系统须能承受在此楼板下封闭母线的全部重量并留有热膨胀的余量。垂直母线安装示意如图 4.8-4 所示。

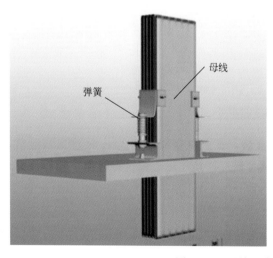

图 4.8-4 母线垂直安装示意图及现场图

c. 母线穿楼板防火封堵处理，母线在穿楼板时，必须用批准的防火材料对母线与建筑物之间的缝隙做防火处理。

d. 当封闭母线安装于结构接缝下时，须装设防水设施，以防止接缝漏水。

6）母线绝缘测试及交流工频耐压试验

母线安装完之后，须对母线进行绝缘摇测及交流工频耐压试验。进行绝缘摇测之前，将母线与其两端连接电气设备断开，用绝缘摇表对母线相与相、相与地、相与零、零与地之间进行绝缘摇测，绝缘电阻值应符合规范要求。母线的交流耐压试验应符合规范要求，低压母线的交流耐压试验电压为 1kV，当绝缘电阻值大于 10MΩ 时，可采用 2 500V 兆欧表摇测代替，试验持续时间 1min，无击穿现象即符合要求。

7）母线通电试验

母线支架和母线外壳接地完成，母线绝缘电阻测试和工频交流耐压试验合格，进行通电试运行，24h 无异常为合格。

第 **5** 章

减振降噪施工技术

由于超高层建筑中满足功能性需求的各类机电设备的使用日益增多，超高层建筑中存在众多振动源和噪声源，严重影响了建筑物内环境舒适度的体验感受，同时也给人们的生活和工作造成了不良的影响。

设备振动和噪声控制就是在经济容许的范围内，通过一定的技术手段，将设备的振动和噪声降低到规范规定的容许范围之内，尽可能地减少使用者的不舒适感。由于超高层建筑存在的振动及噪声有其特殊性，声源种类复杂，振动传播方式众多，声源位置不同产生的效果也不尽相同，特别是设备层中汇集了各类水泵、风机等动设备，设备运行的振动和噪声通过管道、建筑结构等传递到设备层上下楼层，对用户造成困扰，必须采取有效的减振降噪措施。本章将从机电系统降噪和浮筑楼板减振、设备本体减振三个方面就超高层建筑减振降噪施工技术进行详细介绍。

5.1 机电工程降噪技术

1. 技术简介

机电工程中的噪声主要来源于机械性噪声、空气动力性噪声和电磁噪声，由于超高层建筑为封闭结构，内集商业、办公、居住、餐饮、会议、文娱等于一体，拥有多种机电系统和各式声功能区域，配套设施所带来的噪声问题越发凸显。本节从分析噪声源的发生机理着手，按照不同的声源特性及传播途径进行系统地分析，提出针对性的降噪技术措施，包括机房设备及管线综合的优化布置、设备的减振降噪、机房的降噪技术等。

2. 技术内容

（1）基本原理

噪声产生的方式主要有振动产生、流动产生、环境产生、其他原因产生的噪声，降噪的方式主要从在声源处减弱噪声、在传播途径中减弱噪声、工作场所的吸声处理三个方面展开。建筑内噪声的源头在于机电设备，设备运行时会产生振动与噪声，通过空气和与其连通的管线及支架向四周传递，进而传递到相邻楼层和不同的房间。为全面消除因噪声造成的影响，主要从噪声的产生源和传播途径着手。

首先，从声源处着手，通过选用噪声低和振动量小的设备减少噪声的产生，在不能完全消除的情况下，在设备处增加消声减振措施，如加装减振器、减振浮台、隔声罩等措施消除设备的噪声与振动传递；其次，从传播途径上出发，采取消声器、静压箱等措施进一步削弱噪声与振动的影响，最后通过对墙面及顶面、孔洞、门、窗的吸声处理，进而达到整体的消声降噪效果。

（2）主要技术措施

1）设计中关键参数的选择

在机电设计中，根据不同的规范要求和环境需求，选择合理的设计参数，在深化设计的过程中，要严格按照原设计参数进行调整，不能突破相关设计参数。如风管内空气流动速率过高会导致再生噪声，风管内空气流动速率根据所处区域要求的推荐速率设定如表5.1-1所示。在设计和使用中应优先选用低噪声的机电设备，这是降低噪声最有效的办法。

风管噪声与风速推荐表 表 5. 1-1

室内允许噪声值 dB(A)	风管内空气流速(m/s)	
	主风管	分支风管
25～35	3～4	≤2
35～50	4～7	2～3

2）机房设备、管线综合的优化布置

在空调系统的设计阶段，严格精确地计算风量和风压。风压的充裕量不能预留很多，否则不仅不节能，反而使噪声增大；同时避免设计直角弯头和小半径弯头，必要时可以设置消声弯头。消声处理后的风管不宜穿过高噪声的房间，噪声高的风管不宜穿过噪声要求低的房间，当必须穿过时应采取隔声处理。风管加固要遵照规范执行，减少因风管强度不足产生二次噪声。

对现场振动、噪声源进行分析，标注出所有振动设备及振动管线，然后通过 BIM 技术进行综合排布，将动设备和管道进行均匀布置，避免振动的设备及管线集中布置，造成振动及噪声叠加。

利用 BIM 技术对现场管线进行综合排布，对支架进行受力计算绘制出管道支架图，利用管道支架图纸分析出每个支架的受力情况，进而对支架减振器进行精确选型，避免减振器选型问题影响减振效果和资源浪费。

3）设备的减振降噪

① 设备运行噪声的降噪

对于设备运行噪声过大的空调、水泵等设备，可采取在动设备外加装隔声罩，阻断其空气传播路径。隔声罩由钢框架、专业隔声板及消声器/消声百叶组成，支撑框架须根据设备情况适当设计，能抵抗风力及隔声板重量，并以油漆及饰面层作保护。隔声板须是专业声学产品，并由镀锌板，玻璃棉及多孔镀锌板构成，相关技术参数满足设计及规范相关要求。所有隔声板之间及框架的缝隙必须用非硬化密封胶密封。做法示意图见图 5.1-1。

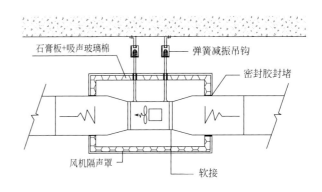

图 5.1-1　风机消声示意图

② 设备振动噪声的降噪

对于振动类型设备噪声处理措施，主要通过设备减振来实现，如在设备底座安装减振器、减振台，加装减振支吊架等，具体内容请参照本章 5.3、5.4。

③ 设备流动噪声的降噪

流动产生的噪声通过管道传播，通过采用降低空气、水的流动速度，减少噪声产生。

4）管道的减振降噪

① 风管安装消声器降噪

管道系统的消声器是系统噪声控制的重要措施，空调系统所用的消声器有多种形式，根据消声的机理不同主要分为阻性消声器、抗性消声器和阻抗复合式消声器。阻性消声器是利用吸声材料的吸声作用，使沿通道传播的噪声不断被吸收而逐渐衰减的装置。抗性消声器是由声抗性原件组成的消声器，它不使用吸声材料，而是在管道上连接截面突变的管段或旁接共振腔，利用声阻抗失配，使某些频率的声波在阻抗突变的截面发生反射、干涉等现象，从而达到消声的目的，对低中频范围的噪声具有较好的消声效果。阻抗复合式消声器是将阻性消声部分与抗性消声部分串联组合而形成，兼有阻性和抗性消声器的特点，可在宽泛的频率范围内取得较好的消声效果。

② 风管内衬消声材料降噪

a. 风管内衬超细玻璃棉，使用专用胶水把玻璃棉与风管铁皮粘接，玻璃纤维密度参照设计要求，厚度不小于 25mm，表面包裹无纺布，在最外层使用穿孔率不低于 20% 的镀锌钢板压实，防止玻璃纤维漏出，最后咬口成型，见图 5.1-2。

b. 风管内衬橡塑保温消声方案：风管内粘贴不低于 15mm 厚橡塑保温板，不能影响风管有效截面积，粘贴用胶水采用厂家专用环保胶水粘接，最后咬口成型，见图 5.1-2。

为了更好地检测两种材料的消声效果，经过实际测试，橡塑消声风管在消声方面性能略优于离心玻璃棉风管，橡塑消声制作的风管可降低 7dBA 左右，但仍不满足要求，这就需要在深化设计中加长消声风管长度，风管长度应尽量不低于 1.2m，同时增大回风口面积，回风口面积应至少大于送风口面积的 30%。

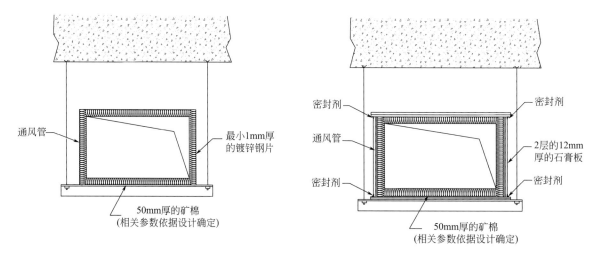

图 5.1-2　风管消声做法示意图

③ 水管水流噪声降噪

卫生间排水管应选用铸铁管，外包玻璃纤维保温棉厚度遵从设计要求（也可采用橡塑棉，厚度根据相关规范确定），因防火原因外缠玻璃丝布刷防火涂料，可有效阻断楼上及楼下冲水时产生的"哗哗"声的传播。

④ 管道减振吊架降噪

空调设备的振动，除了通过基础沿建筑物地板、墙等结构传递外，还通过管道和管内介质以及固定管道的构件进行传递和辐射。

管道隔振是通过设备与管道之间的软连接（柔性连接）来实现的。管道隔振后，管内介质的振动仍然可以沿管道传递，在振动力和辐射面不变的条件下，其隔振减噪的效果远不如基础隔振显著，可采用管道与支架之间安装橡皮垫块，支架下方安装弹簧减振器的方式，也可以采用减振吊架安装方式，见图 5.1-3。

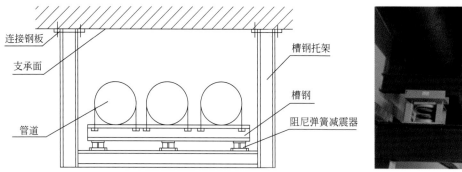

图 5.1-3　空调水管减振做法

5）机房建筑降噪技术

机房内噪声通常在 80dB（A）以上，除了采用隔振措施减少对外传播噪声外，还必须采用其他措施降低机房内噪声和阻断向外传播的途径，对机房本身应采取吸声和隔声处理。

① 浮筑楼板降噪技术

机房内大型机电设备的隔振措施，对降低机房本身的噪声是很有限的，一般仅为 2～3dB，重要的是降低与机房毗邻房间内的噪声级。浮筑楼板降噪技术是在原有结构楼板基础上再新构建一层楼板，两层楼板间使用橡胶隔振垫（或弹簧减振器），使两层楼板间形成一个消声隔振的空腔，通过实际工程应用，毗邻房间内的噪声减低量在 20～25dB 范围内。做法详见本章 5.3 相关内容。

② 机房顶面及墙面吸音处理

通过浮筑楼板综合减振技术消除了向下传递的噪声与振动后，向上和水平传递的噪声可通过吸音墙面和吸音顶面来消除，具体做法见图 5.1-4 和图 5.1-5。通过吸音顶面及墙面可将噪声降低至标准范围内，但并不能缓解吊装风机、风管及水管的振动的向上传递，仍然会给上层人员造成地面轻微"嗡嗡"的振感。所以为消除这些振感，仍需要对吊装设备、振动管线进行减振处理。设备减振的技术方案参见

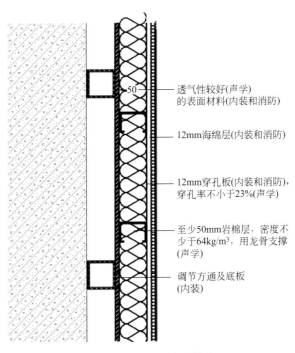

透气性较好(声学)的表面材料(内装和消防)

12mm海绵层(内装和消防)

12mm穿孔板(内装和消防)，穿孔率不小于23%(声学)

至少50mm岩棉层，密度不少于64kg/m³，用龙骨支撑(声学)

调节方通及底板(内装)

图 5.1-4　吸音墙面做法

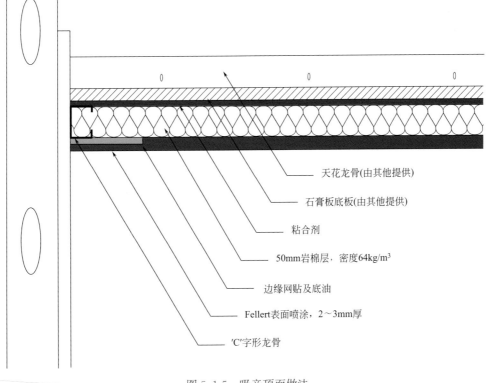

天花龙骨(由其他提供)

石膏板底板(由其他提供)

粘合剂

50mm岩棉层，密度64kg/m³

边缘网贴及底油

Fellert表面喷涂，2～3mm厚

'C'字形龙骨

图 5.1-5　吸音顶面做法

本章5.3和5.4的相关内容，管线减振参见本节相关内容。

③ 管线洞口的处理

a. 风管穿过双层/单层隔声墙施工技术

管道穿过隔声墙、楼板时，很容易破坏墙和楼板的隔声能力造成隔声的薄弱环节，因此必须十分注意管道穿过围护结构的隔声处理，见图5.1-6～图5.1-8。

a）施工准备：配合土建专业预留洞口复核洞口标高，预留洞尺寸应比管道两边各大200mm，检查双层隔声墙之间有无硬性连接。

b）钢板套管预埋固定：预制穿墙钢板套管厚度一般为1.2mm以上的钢板；用玻璃丝布包裹岩棉包扎缠实备用（不能漏棉以免二次污染），按风管穿墙的位置及标高，将套管就位，将准备好的岩棉条塞实；施工时注意套管的金属部分不能与两层墙体有硬性连接。

c）风管安装：将预制完成的风管穿过套管，两端固定，保证风管上下间距一致。

d）塞实保温材料：风管与套管之间用岩棉软材料填实，用木方将保温材料捣实密实率60%，否则会产生固体传声。

e）硅酸盐材料抹面：硅酸盐材料搅拌均匀用手握住成团即可，水分不宜太大；在距离墙面两侧各500mm处用预制的保温材料分层抹实。

f）玻璃丝布缠实、挂网：用玻璃丝布缠绕一周，再用软钢丝网或塑料网（根据现场确定）将硅酸盐材料缠绕两层，接口控制在上方。

g）水泥砂浆抹面：墙面土建专业抹灰应与硅酸盐材料层相接，风管上水泥砂浆抹灰厚度为15mm，此部分工作可以由土建专业完成（现场协商），但横竖交叉抹灰应成为一体。

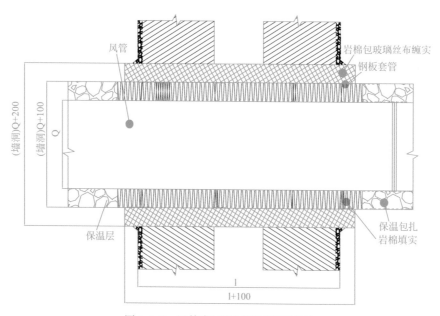

图5.1-6　风管穿过双层墙隔声墙作法

b. 当管道穿过隔声墙时，隔声处理如下：

安装穿墙钢套管，管道与套管间留有15～25mm空隙。用玻璃棉填满空隙，再用12mm石膏板将两端密封，并以不硬化密封胶剂将接口位及缝隙填塞。若有保温层，保温层要连续，保温层及钢套管间用柔性吸音材料填充，见图5.1-9～图5.1-10。

c. 电线管、桥架等穿墙的结构空隙，周边需用岩棉或玻璃棉填充，防止漏声。见图5.1-11。

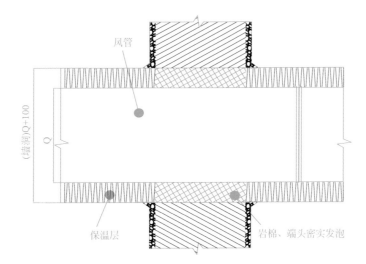

图 5.1-7　风管穿过单层隔声墙/楼板的作法

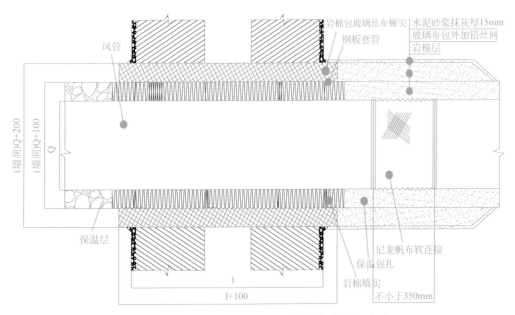

图 5.1-8　风管穿过双层墙（风管有隔振软管）作法

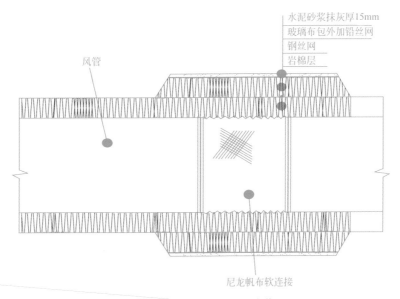

图 5.1-9　风管隔振软管隔声作法

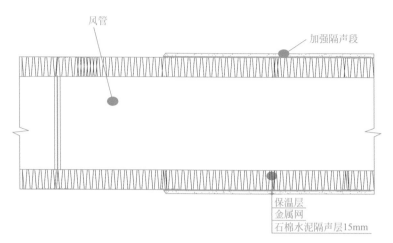

图 5.1-10　风管局部加强隔声作法

图 5.1-11　管道穿过水平楼板

5.2　冷却塔声学屏障降噪技术

1. 技术简介

冷却塔通常设置在超高层建筑的裙楼上，其噪声会对临近楼层和周边建筑的用户造成影响，应用声波衍射原理，使敏感建筑物处于声影区的声学屏障降噪技术，解决了冷却塔设备体型较大，无法简单的封闭进行降噪的难题，实现降低噪声级的目标。

2. 技术内容

（1）声源分析

冷却塔主要噪声源有淋水声、风机机组噪声和结构振动噪声。淋水声是下淋水由布水器喷出直接撞击到塔内部四周的壁板和底板所形成的，其噪声级与水流细化程度、水流势能和水流量有关，其频谱呈高频特性。淋水噪声主要通过冷却塔下部的进风口传出，风机机组噪声包括空气动力性噪声、电磁噪声和机械噪声等。

以膜项目横流式冷却塔为例，冷却塔风机的空气动力性噪声比其他部分辐射的噪声要高 10～20dB（A）。空气动力性噪声又包括旋转噪声、涡流噪声和排气噪声。旋转噪声是由于工作轮上均匀分布的叶片打击周围的空气，引起周围气体压力脉冲而产生的噪声。涡流噪声主要是由于气流流经叶片时，产生紊流附面层及旋涡与旋涡分裂脱体，而引起叶片上压力的脉动所造成的。通过对冷却塔运行工况的测量得知，冷却塔顶部出风口噪声一般在 83～85dB（A），中心频率在 31.5～125Hz 的低频段。电磁噪声主要来源于电动机，电磁噪声由电动机定子与转子之间交变电磁引力、磁致伸缩引起，在很多场合，它们会引起与电机相连部件的共振，产生辐射噪声，电磁噪声的频率一般为 100～4 000Hz。

机械噪声是由轴承摩擦、机体运转不平衡和结构共振引起的，在润滑不好的轴承、偏心较大的风机和电动机中较为突出。此外，电动机冷却风扇的空气动力性噪声也不容忽视。

结构振动噪声是由于风机电动机安装于冷却塔顶部，且与冷却塔刚性连接，风机旋转失衡产生的振动通过与冷却塔之间的连接传至塔体，由风机电动机引起冷却塔、壳体及轻质散热片振动，而产生结构振动噪声。由于冷却所需的风量较大，气流也容易引起散热片和冷却塔塔体产生结构振动噪声。该噪声呈中低频分布，发声面积大，在整个冷却塔噪声贡献中占重要地位。

通过冷却塔现场测量的运行噪声频谱可知，冷却塔主要呈现中低频噪声，主要频率分布在 31.5～500Hz，峰值均为 125Hz，处在低频。低频噪声声波长，衍射能力强，传播距离远，不易被阻隔和吸收。

在上述噪声源中出风口噪声最大，出风口噪声一般比进风口处的声级高 10dB（A）以上，因此噪声治理着重治理排风口的空气动力噪声。

该工程裙楼屋顶建有三组 12 台横流式冷却塔，循环水量 571m³/h，单台总风量 7 436m³/min，共分 4 个单元，每个单元风量 1 859m³/min。

（2）声环境影响分析

冷却塔出风口处噪声对周边影响

通过点源衰减公式：

$$A_d = 20\lg(r_1/r_2) \tag{5.2-1}$$

式中　A_d——距离增加产生衰减值；

　　　r_1——已知测点距声源距离；

　　　r_2——参考距离（在此取冷却塔的等效直径）。

可计算出每台冷却塔出风口噪声到敏感点可衰减值，按冷却塔最大 85dB（A）计算，衰减到敏感点处的噪声值（85dB（A）-衰减值），将所有冷却塔噪声叠加后对敏感点的影响为 69.82dB（A），超标 19.8dB（A）。

（3）降噪方案

1）在出风口安装大型消声器

① 出风口消声器设计

为防止出风口噪声辐射，且保证顺畅通风，不影响散热，决定在出风口处安装消声器。消声器设计要求降噪量＞19.8dB（A）（声环境分析中出风口噪声声压级超标值）。出风消声器安装在隔声罩的整体型钢框架上，出风消声器平面示意图见图 5.2-1 所示具体框架结构见隔声罩设计。

② 消声器的移动与检修

为了方便冷却塔日常维护和检修，设计消声器的消声片为滑动式，在检修时可以通过将消声片滑出一定空间，保证一定的工作面。设计在出风消声器四周安装检修平台，方便登上冷却塔检修。

③ 消声片的防水处理

由于冷却塔排出气体含水分较大，容易使超细玻璃丝棉受潮，从而降低降噪效果，设计消声器内消声片结构为：铝合金穿孔板＋无碱玻璃丝吸声布＋PVF 高分子透声薄膜＋超细玻璃丝棉＋PVF 高分子透声薄膜＋无碱玻璃丝吸声布＋铝合金穿孔板，如图 5.2-2 所示。

2）冷却塔四周设置隔声罩

① 设置隔声罩

隔声罩距离冷却塔距离须大于 1.0m。本案例由于冷却塔两侧下方有大量水管及电缆，布置消声百

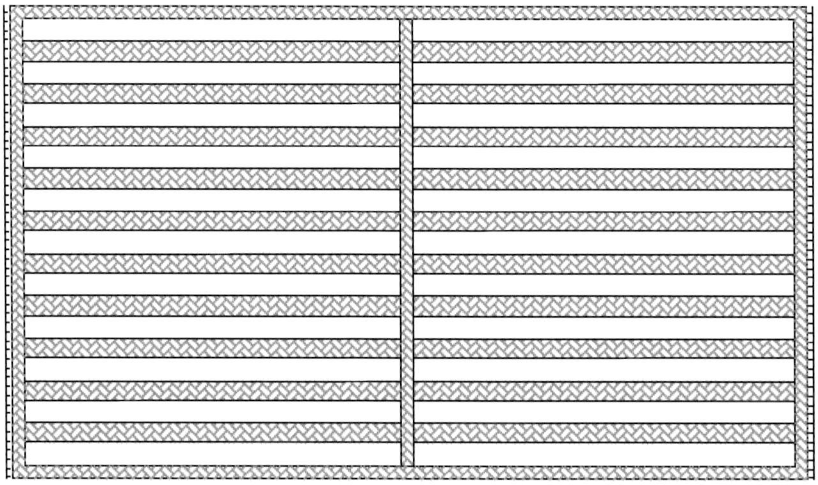

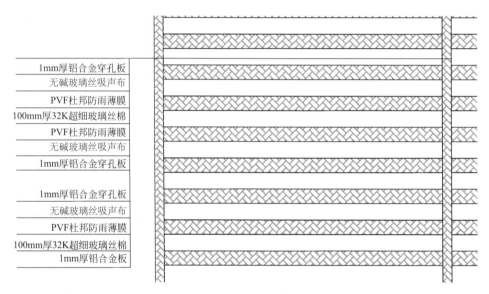

图 5.2-1　出风消声器平面示意图

1mm厚铝合金穿孔板
无碱玻璃丝吸声布
PVF杜邦防雨薄膜
100mm厚32K超细玻璃丝棉
PVF杜邦防雨薄膜
无碱玻璃丝吸声布
1mm厚铝合金穿孔板

1mm厚铝合金穿孔板
无碱玻璃丝吸声布
PVF杜邦防雨薄膜
100mm厚32K超细玻璃丝棉
1mm厚铝合金板

图 5.2-2　出风消声器材料结构图

叶较困难，设计将消声百叶外移至女儿墙上。消声百叶与冷却塔主体间除消声百叶部分，其余顶部用吸隔声板进行密封，形成一个隔声罩，阻止噪声的向外辐射。隔声罩整体结构图如图 5.2-3 所示。

隔声罩尺寸为 43 130mm×11 720mm×5 460mm，采用 H300 轻型 H 型钢立柱，固定在下部现浇混凝土横梁上，上部采用 H300 轻型 H 型钢横梁，两相邻立柱中间用槽钢连接，并用角钢剪刀撑加强，顶部相邻横梁间用 20 号槽钢连接形成整体框架结构。框架上焊有 120C 型钢的吸隔声板龙骨。

② 隔声罩设置消声百叶

同样要保持进风通畅，阻止噪声辐射，而进风口噪声声压级超标值较排风口小，设计进风口安装消声百叶，具有重量轻、风阻小、消声效果良好等特点。消声百叶尺寸 2 900mm×4 000mm×800mm，数量为 42 台。这样既满足一定的隔声量，又不会过多地增加流阻，参见图 5.2-4。

消声百叶材料选用详见图 5.2-5。

为了增加美观，设计在消声百叶的外口增设不锈钢网景观墙，即可以将消声百叶遮住又不影响进风通畅。

③ 隔声罩采用的吸声处理

采用隔声加吸声的结构，既阻止了噪声的向外辐射，又降低了隔声罩内部的混响，降低冷却塔整体

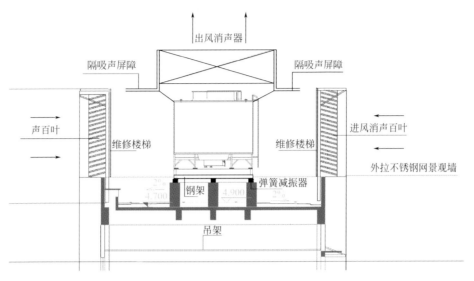

图 5.2-3　隔声罩整体结构图

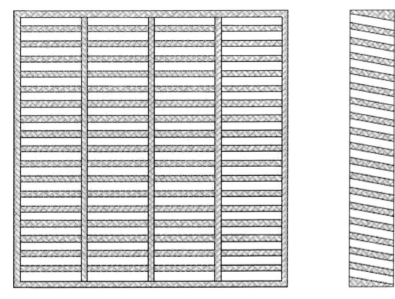

图 5.2-4　进风消声百叶截面示意图

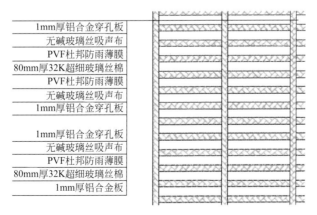

图 5.2-5　进风消声百叶材料结构图

的结构传声，减轻了隔声板及消声百叶的降噪负荷。吸隔声板由内部 80mm 吸声层和 75mm 厚彩钢板隔声层组成，见图 5.2-6。

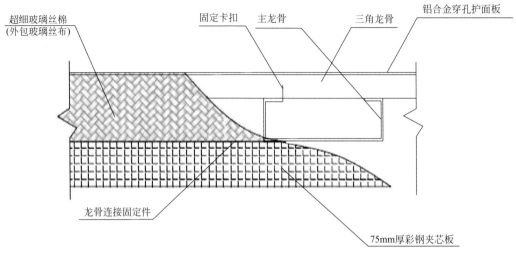

图 5.2-6　吸隔声板剖面结构图

（4）设计计算

1）出风消声器参数验算

① 根据别洛夫公式，消声量

$$\Delta L = \varphi(\alpha_0) \frac{p}{s} \times l \tag{5.2-2}$$

式中　p——消声器的通道断面周长（m）；

　　　s——消声器的通道有效横截面积（m^2）；

　　　l——消声器的有效部分长度（m）；

$\varphi(\alpha_0)$——由 α_0 所决定的消声系数。

根据别洛夫公式计算得：该消声器消声量为 21.7dB（A），大于 19.8dB（A）。

② 高频失效验算

失效频率

$$f_m = 1.85 \times \frac{c}{D} \tag{5.2-3}$$

式中　c——声速（m/s）；

　　　D——消声通道当量直径，m。

声波在弹性介质中传播的速度称为声速。声速随弹性介质温度的上升而增加，在温度为 0℃的空气中声速为 331.4m/s，声音在空气中传播时，声速与空气温度的关系为：

$$c = 331.4 + 0.607T \quad (m/s) \tag{5.2-4}$$

式中　T——空气温度（℃）。

消声通道的当量直径为 0.31m，算得失效频率为 2 029Hz，超出 31.5～1 000Hz 主控频率，声源的 2 000Hz 以上频率声压级较小，且玻璃棉对高频噪声吸声系数高，高频失效对本次降噪无影响，消声器符合要求。

③ 气流阻力验算

消声器的空气动力性能是评价消声性能好坏的另一个重要指标。它是指消声器对气流阻力的大小及安装消声器后，气流输气是否通畅、对风量有无影响、风压有无变化，通常用压力损失来表示。

a. 摩擦阻力损失

$$\Delta H_\lambda = \lambda \frac{l}{d_e} \frac{pu^2}{2} \tag{5.2-5}$$

式中 ΔH_λ——摩擦阻力损失（Pa）；

l——消声器长度（m）；

d_e——消声器的通道截面有效直径（mm）；

λ——摩擦阻力系数；

p——气体密度（kg/m³）；

u——气体流速（m/s）。

对于采用穿孔板护面结构的消声器，粗糙峰值高度与穿孔直径有关，在通常情况下，相对粗糙度在百分之几的范围内，λ 值变化范围不大，为 $0.04\sim0.06$，现取 $\lambda=0.05$，消声器长度为 $1.7m$，单通道截面当量直径为 $0.31m$ 流速为 $5.25m/s$，计算得消声器摩擦损失为 $4.57Pa$。

b. 局部阻力损失

$$\Delta H_\xi = \xi \frac{\rho u^2}{2} \tag{5.2-6}$$

式中 ΔH_ξ——局部阻力损失（Pa）；

ξ——局部阻力系数。

单通道当量直径 $0.31m$，流速 $5.25m/s$ 时查得局部阻力系数为 1.5，消声器的局部阻力损失为 $25.01Pa$。

综上所述，消声器总阻力损失约为 $29.58Pa$，满足冷却塔厂家提供的压损允许值（冷却塔厂家提供压力损失允许值为 $120Pa$）。

2）进风消声百叶参数验算

① 根据别洛夫公式计算大进风消声百叶消声量

$$\Delta L = \varphi(\alpha_0) \frac{P}{S} \times l \tag{5.2-7}$$

式中 P——消声器的通道断面周长（m）；

S——消声器的通道有效横截面积（m²）；

l——消声器的有效部分长度（m）；

$\varphi(\alpha_0)$——由 α_0 所决定的消声系数。

根据别洛夫公式计算得：该消声器消声量为 $13.9dB$（A）。

② 高频失效验算：

失效频率

$$f_m = 1.85 \times \frac{c}{D} \tag{5.2-8}$$

式中 c——声速，m/s，$c=c_0+0.607t$；

D——消声通道当量直径（m）。

消声通道的当量直径为 $0.24m$，算得失效频率为 $2\,620Hz$，超出 $31.5\sim1\,000Hz$ 主控频率，声源的 $2\,620Hz$ 以上频率声压级很小，且玻璃棉对高频噪声吸声系数高，高频失效对本次降噪无影响，消声器符合要求。

③ 气流阻力验算：

a. 摩擦阻力损失

$$\Delta H_\lambda = \lambda \frac{l}{d_e} \frac{\rho u^2}{2} \tag{5.2-9}$$

式中 ΔH_λ——摩擦阻力损失（Pa）；

l——消声器长度（m）；

d_e——消声器的通道截面有效直径；

λ——摩擦阻力系数；

ρ——气体密度（kg/m³）；

u——气体流速（m/s）。

对于采用穿孔板护面的结构的消声器，粗糙峰值高度与穿孔直径有关，在通常情况下，相对粗糙度在百分之几的范围内，λ值变化范围不大，为 0.04～0.06，现取 $\lambda=0.05$，消声器长度为 0.8m，单通道截面有效直径为 0.24m 流速为 3.4m/s，计算得消声器摩擦损失为 1Pa。

b. 局部阻力损失

$$\Delta H_\zeta = \zeta \frac{\rho u^2}{2} \tag{5.2-10}$$

式中 ΔH_ζ——局部阻力损失（Pa）；

ζ——局部阻力系数。

单通道当量直径 0.24m，流速 3.4m/s 时查得局部阻力系数为 1.5，所以消声器的局部阻力损失为 10.5Pa。

综上所述，消声器总阻力损失约为 11.5Pa，满足冷却塔厂家提供的压力损失允许值。

3）总框架结构强度验算

出风消声器采用 H300 轻型 H 型钢立柱，固定在下部现浇混凝土横梁上，上部采用 H300 轻型 H 型钢横梁，两相邻立柱中间有 20 号槽钢连接，相邻横梁间用 20 号槽钢连接形成整体框架结构。2 900×4 140×1 700mm 出风消声器总重量 700kg，H300 型钢 32.21kg/m，单根横梁共重 338.2kg，框架上部槽钢共重为 600kg；H300 型钢立柱 32.21kg/m，单根 5.3m 高，H300 型钢自重 170.71kg。承载模型图见图 5.2-7 所示。

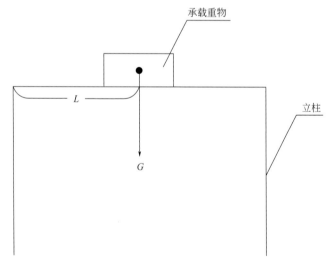

图 5.2-7 承载模型图

根据最大压应力公式

$$\delta = \frac{GL}{2W_z} + \frac{G}{2S} \tag{5.2-11}$$

式中 G——承载物总重量；

L——承载力臂长度；

W——型钢抗弯模量；

S——型钢截面面积；

由于消声器由多根立柱并排支撑，所以作用在单根立柱上的力只有荷载总重量的一半。则作用在单根立柱上的总荷载力为 $[(700+338.2+600)\times1/2]\times9.8=8\,027N$ 承载力臂长度为 $10.5/2=5.25m$；查表得该 H300 型钢的抗弯模量为 $417.49cm^3$，型钢截面积为 $41.04cm^2$，计算得立柱的最大压应力为 $51.5MPa$，远小于允许值 240MPa，符合设计要求。

（5）冷却塔声学屏障的结构验算

1）声学屏障承重结构计算

作用在声屏障上的主要载荷，一是由材料自重产生的竖直向下的永久载荷，是由声屏障使用材料的实际重量所决定；二是作用在声屏障的水平风载荷。参考《建筑结构设计规范》或者根据该地区 100 年一遇的最大风速来计算。

作用在声屏障上的风压为：

$$\omega=k_1k_2k_3k_4\omega_0 \tag{5.2-12}$$

式中　k_1——结构物常数，一般取 0.85；

　　　k_2——风振系数，取值 1.3；

　　　k_3——风压高度变化系数，见表 5.2-1；

　　　k_4——地形特征系数，见表 5.2-2；

　　　ω_0——基本风压，$\omega_0=\dfrac{\upsilon^2}{1\,600}$（$kN/m^2$）；

　　　υ——风速；

风压高度系数　　　　　　　　　　　　　　　　　　　　　　表 5.2-1

高度(m)	20	30	40	50	60	70	80	90	100
k_3	1	1.13	1.22	1.3	1.37	1.42	1.47	1.52	1.66

地形特征系数　　　　　　　　　　　　　　　　　　　　　　表 5.2-2

地形特征	一般地区	山间盆地谷地	山间峡谷地	沿海海面及海岛	避风点市区
k_4	1	0.75~0.85	1.2~1.4	1.3~1.5	0.8

2）声屏障单体构件强度验算

声屏障在安装就位后的单体强度与刚度，主要是指其可满足由水平风压作用产生的弯曲和变形要求，它与立柱的间距有关。在单体运输、安装时的强度和刚度，主要指其可满足构件自重作用下的弯曲和变形要求。另外在运输过程中的支撑点位置和吊装时的吊点位置都应严格要求，以减少声屏障在运输、安装过程中的弯曲变形，甚至破坏。

① 承重结构的验算

声屏障的结构大致由以下几个部分组成：立柱、障板和立柱的连接、柱与基础的连接、基础本身等几个部分组成。

计算单元的选取：取某一有代表性的立柱左右相邻立柱间距的一半为计算单元，如图 5.2-8 所示。

声屏障所受的风载荷是影响声屏障稳定性的重要因素，其在声屏障上的传力路径：作用在声屏障上的水平风载荷→立柱→基础→地基。

② 强度验算

a. 立柱水平均布风载荷

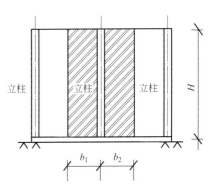

图 5.2-8　计算单元的选取

$$q = \omega \times (b_1 + b_2) \times H \qquad\qquad (5.2\text{-}13)$$

式中　q——立柱承受的水平均布载荷；

　　　ω——风压，由公式 5.2-12 计算得出。

　　b. 立柱承受的竖向载荷

$$N = G_1 + G_2 \qquad\qquad (5.2\text{-}14)$$

式中　G_1——立柱的重量；

　　　G_2——计算单元内障板的重量。

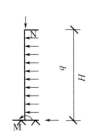

图 5.2-9　受力分析

立柱将全部承受声屏障横向风压产生的风载荷。立柱通常情况下，按单悬臂梁计算，最危险的截面为立柱与基础的连接截面。

　　c. 验算

立柱承受水平荷载产生的弯矩 M、立柱自重产生的垂直压力 N、剪力 V，如图 5.2-9 所示。

弯矩：

$$M = \frac{1}{2}qH^2 = \frac{1}{2}\left[\omega(b_1 + b_2) \times H\right] \times H^2 \qquad\qquad (5.2\text{-}15)$$

剪力：

$$v = qH = \left[\omega(b_1 + b_2) \times H\right] \times H \qquad\qquad (5.2\text{-}16)$$

③ 根据第三强度理论

$$\sqrt{\sigma^2 + 4\tau^2} \leqslant [\sigma] \qquad\qquad (5.2\text{-}17)$$

式中　σ——立柱截面的最大应力；

$$\sigma = \frac{My}{I} + \frac{N}{A}$$

　　　I——立柱截面的截面惯性矩；

　　　A——立柱截面面积；

　　　τ——立柱截面处的剪应力；$\tau = \dfrac{v}{A}$；

　　$[\sigma]$——立柱截面允许应力。

　　④ 刚度验算

声屏障立柱顶部的位移量应小于 1/300，这与立柱的断面刚度有直接关系。依据《材料力学》或《结构力学》可知承受均布载荷的悬臂梁，根据图乘法，立柱顶端的位移量为

$$\Delta = \frac{qH^4}{8EI} \qquad\qquad (5.2\text{-}18)$$

式中　E——立柱材料的弹性模量；

　　　I——立柱截面的惯性矩。

一般声屏障其立柱顶部的位移量应满足 $\dfrac{\Delta}{H} \leqslant \dfrac{1}{300}$；如不能满足要求，应增加立柱的截面尺寸，减少立柱的间距，以适应断面受力的需要。

　　⑤ 立柱和基础连接验算

声屏障的立柱通常采用地脚螺栓连接，地脚螺栓按同时受拉、受剪计算

$$\sqrt{\left(\frac{N_v}{N_V^b}\right)^2 + \left(\frac{N_t}{N_t^b}\right)^2} \leqslant 1 \qquad\qquad (5.2\text{-}19)$$

式中　N_V^b、N_t^b——一个螺栓的螺杆所承受的抗剪和抗拉承载力设计值；

　　　N_V、N_t——一个螺栓所承受的剪力和拉力设计值；

　　　n——螺栓的数量。

$$N_t = \frac{N}{n} + \frac{M_{Y1}}{\sum y_i^2} \tag{5.2-20}$$

式中　y_i——第 i 号螺栓到转轴的距离。

（6）防腐要求

设计时已考虑消声器内部气流水分较大，故采用铝合金穿孔板结构，为增加防腐年限，设计在铝合金穿孔板喷塑处理（铝合金穿孔板喷塑颜色由业主确定）。型钢框架均刷（喷）防锈底漆一道，面漆两道。外露型钢颜色根据业主的建议进行相应的防腐处理。

5.3　浮筑楼板减振施工技术

1. 技术简介

超高层建筑中设备层的设备减振措施，对降低设备本身的噪声是很有限的，一般仅为 2～3dB，一些设备机房位于楼上产生的噪声通过楼板向下传播影响很大，通过采用浮筑楼板减振施工技术，在楼层地面上增加一层减振层，使用弹性效果的浮筑材料包括玻璃棉减振复合垫板等等材料制成浮筑楼板，保证物体和地面发生碰撞时产生的振动受到减振层的阻挡，降低振动的传播，极大地提高楼层地面防振动、隔音能力。通过浮筑楼板隔振的工程实例，毗邻房间内的噪声降低量在 20～25dB 范围内，尤其是对减少设备的振动传递效果明显。因此为越来越多的超高层建筑和大型公共建筑所采用。

2. 技术内容

（1）浮筑楼板减振原理

浮筑楼板用于设备层的设备振动噪声阻隔、衰减，就是在地面层与承重楼板之间配置弹性装置（如弹性材料、弹簧、橡胶垫等），即把地面层浮于楼板上，这时地面层与弹性装置就构成了一个共振系统，通过消除设备与结构之间的刚性连接实现减弱经建筑结构传递的振动。

浮筑楼板是由建筑结构楼面上的弹性层和浮动层组成。浮动层由钢筋混凝土浇筑而成，弹性层是由有弹性的支撑构件组成。浮筑楼板截面参见图 5.3-1。浮筑楼板实质就是将声源与建筑物隔离的积极隔振做法。楼层浮筑结构因对动力设备、仪器仪表的主动隔振降噪和被动隔振均有较好的效果而受到大力推广。

（2）浮筑楼板的设计简述

浮筑楼板的施工图纸经过负荷计算后绘制。先计算浮筑楼板的静态载荷，再根据设备运行的技术参数计算浮筑楼板的动载荷，将静态载荷和动载荷相加得出总载荷。然后由每个隔振胶垫的最大允许负荷，计算所需隔振胶垫的总数，最后根据浮筑楼板的面积、荷载分布及隔振胶垫数量设计出隔振胶垫的排列间隔，施工图纸未经设计允许不能私自改变隔振胶垫的排布。

浮筑楼板的尺寸确定，对于面积较小的机房可以采用设备机房范围内都铺设浮筑楼板，以取得良好的减振隔声效果；对于较大面积机房，从施工成本和难度综合考虑，可以采用设备基础底面尺寸每边加 100mm。

（3）施工工艺流程图

浮筑楼板施工工艺流程图见图 5.3-2。

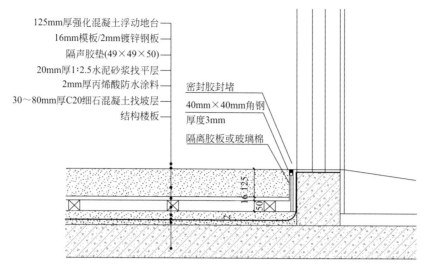

图 5.3-1 浮筑楼板截面图

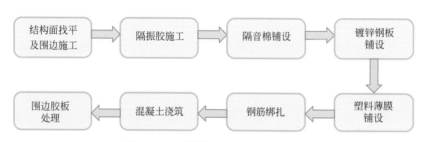

图 5.3-2 浮筑楼板施工工艺流程图

（4）浮筑楼板施工操作要点

1）结构面找平及围边施工

① 浮筑楼板隔声系统施工前，应按现行国家标准《建筑地面工程施工质量验收规范》GB 50209 进行基层检查，验收合格后方可施工。

② 楼地面基层、墙角处墙面基层应清理干净，无油渍、浮尘、污垢、脱模剂、风化物、泥土等影响粘结性能的材料，并剔除表面突出物，基层宜找平处理。1m² 区域内高差不超过 5mm，应修补所有裂缝和清理任何残留物。

③ 如原楼面过分粗糙，须做找平层处理，找平层厚度不小于 20mm，必要时可增加钢筋层，以防止找平层在高荷载时发生破裂。

④ 依照施工图，在浮筑楼板位置周边浇筑 200mm 高水泥围边，也可以用 20♯ 槽钢代替围边，在围边内部粘牢防振围边胶。若浮动地台与墙或柱子接触，也可用墙体或柱代替围边，但之间必须增加防振围边胶。结构面找平及围边施工见图 5.3-3。

⑤ 所有浮筑楼板均不能有管道等坚硬的材料与周边结构相连，需要用收边的方法将地台与管道分开，混凝土浇筑前应进行检查。穿楼板管道消声处理见图 5.3-4。

2）隔振胶垫施工

隔振胶垫施工前，先对需要安装浮筑地板的现场作清理，把地面及墙踢脚高度以下的部分不平整的混凝土表面或金属外露部分除去，然后以高抗力砂浆将地面平整至建筑设

图 5.3-3 结构面找平及围边施工

图 5.3-4 穿楼板管道消声处理

计所需高度，四周墙体表面也需要平整，确保地台平整，不应有不平、起伏、错搭，特别注意位置地面平整度。

用墨线在地面放线预先设定放隔振胶垫的位置。然后用少量万能胶水粘贴固定位置，有油漆面必须向上，最后核实图纸与工地现场任何不符合点加以现场修正。如遇墙身不规则，则必须保证边缘与墙身边缘距离不超过 100mm，如超出必须增加一列隔振胶垫。隔振胶垫施工见图 5.3-5、图 5.3-6。

图 5.3-5 隔振橡胶垫的放线

图 5.3-6 隔振胶垫施工

3）隔音棉铺设

隔振胶垫之间的空隙位置用 50mm 低密度吸音材料（玻璃纤维/岩棉）填满。铺设时宜采用"整块板铺设四周，切割板材铺设中间"的原则，隔音棉应平整铺设，板缝应相互对齐。相邻隔音棉间应紧密相拼，拼缝宽度应小于 2mm。通过填充隔音棉，起到良好的物理隔音效果，有类似于消音墙的作用，属于被动隔声，与浮筑楼板的主动隔声相结合，效果叠加，让浮筑楼板的减振隔声优势更加明显。隔音棉施工见图 5.3-7。

4）镀锌钢板铺设

将厚度不少于 2mm 的镀锌钢板（或 16mm 的模板）按照一定的顺序铺设，拼缝应成 T 形，不能有十字拼缝。为保证镀锌板面的整体平整，镀锌板之间不能上下搭接。镀锌板为单件板，镀锌板之间碰接后采用点焊固定，拼缝焊点的间隔不大于 300mm，并且拼缝的宽度不大于 3mm，从而提高镀锌板之间的连接强度，避免镀锌板缝受压变形。点焊的位置应避开隔振胶垫块，避免烧坏隔振。为防止漏浆，镀锌板的拼缝处必须密封，先用玻璃胶密封，然后再贴一层封口胶。镀锌钢板铺设见图 5.3-8。

5）防水层铺设

镀锌板铺设完毕后，在其上方铺设防水层。防水层材料选取防护性能好，易施工的塑料薄膜。塑料薄膜搭接的长度不小于 100mm。铺设前应清扫镀锌板上的杂物，铺设的位置应准确，铺设后用胶纸固

图 5.3-7 隔音棉施工

图 5.3-8 镀锌钢板铺设

定。塑料薄膜必须平整牢固，无破损现象，塑料薄膜防水层高于围边并在其外缘立面收口，防止混凝土浇筑时漏浆。防水层铺设见图 5.3-9。

6) 钢筋绑扎

按图纸标明的钢筋间距，在底板上弹出钢筋位置线，按弹出的钢筋位置线，先铺底板下层钢筋。根据底板受力情况，决定下层钢筋哪个方向钢筋在下面，一般情况下先铺短向钢筋，再铺长向钢筋。钢筋绑扎时，靠近外围两行的相交点每点都绑扎，中间部分的相交点可相隔交错绑扎。如采用一面顺扣应交错变换方向，也可采用八字扣，但必须保证钢筋不位移。钢筋绑扎见图 5.3-10。

图 5.3-9 防水层铺设

图 5.3-10 钢筋绑扎

7) 混凝土浇筑

浇筑混凝土时应分层分段进行，每层浇筑高度应根据结构特点、钢筋疏密决定。浇筑混凝土应连续进行，如必须间歇，间歇时间应尽量短，并应在前层混凝土初凝之前，将次层混凝土浇筑完毕，一般超过 2h 应按施工缝处理。浮筑楼板浇筑见图 5.3-11。

混凝土浇筑时派专人观察模板、钢筋、预留洞口、预埋件、插筋等有无位移变化或堵塞情况，发现问题立即停止浇筑，并应在已浇筑的混凝土初凝前修整完毕。

混凝土在浇筑完后 12h 内加以覆盖，并洒水养护。已浇筑的楼板在混凝土达到 1.2MPa 后方可允许上人进行操作。侧面模板应在混凝土强度能保证其棱角不因拆模而受损时方可拆模。

8) 围边胶板处理

浮动地台与结构墙身、围边接触到的地方都需要用约 10mm 厚的弹性胶板隔绝刚性连接。围边胶板敷设必须平整，且应不间断布满房间内所有的墙角处墙面，其拼缝宽度不应大于 1mm。敷设高度应高出混凝土面 200mm，待混凝土层施工完毕后，切割高出的部分，然后在其表面用密封胶进行涂抹密封。围边胶板处理见图 5.3-12。

图 5.3-11　浮筑楼板浇筑

图 5.3-12　围边胶板处理

5.4　设备减振施工技术

1. 技术简介

超高层建筑机电设备包括供排水动力设备、冷冻设备、风机等振动比较大的设备，由于设备的存放存在不平衡性，进而引起设备在使用过程中出现振动等问题，从而影响人们的正常生活。根据机电专业不同动设备类型和隔振要求，选用安装相对应的减振器，同时对于特定设备提出针对性的隔振措施。通过设备减振降噪的施工技术，最大化地减少了设备运行振动和噪声对周围环境的影响。本节主要从机电专业各类动设备的隔振要求、隔振形式、减振器选择、施工技术等方面对设备减振技术进行阐述。

2. 技术内容

（1）动设备隔振要求

动设备隔振一般要求，见表 5.4-1 所示。

动设备隔振一般要求表　　　　表 5.4-1

序号	动设备类型	隔振要求	备注
1	制冷机组	阻尼弹簧减振器	
2	锅炉	阻尼弹簧减振器	
3	空调卧式水泵	减振台座＋阻尼弹簧减振器	
4	消防卧式水泵	减振台座＋阻尼弹簧减振器	
5	立式水泵（单台）	橡胶减振器	
6	立式泵组（合成台座）	阻尼弹簧减振器	
7	冷却塔	弹簧减振器	
8	空调机组（落地）	橡胶隔振垫	根据不同的工程需要，隔振要求不同，本表仅供参考。对减振需求高的部位可增设浮筑楼板
9	空调箱（吊挂）	吊架弹簧减振器	
10	吊挂式风盘管	吊架弹簧减振器	
11	暖通风机（落地）	弹簧减振器（非减振区）	
12	暖通风机（落地）	浮筑基础＋弹簧减振器（减振区）	
13	暖通风机（吊挂）	吊架弹簧减振器	
14	消防风机（落地）	弹簧减振器	
15	消防风机（吊挂）	吊架弹簧减振器	
16	柴油发电机组	浮筑基础＋阻尼弹簧减振器	

（2）减振器选型计算

1）隔振体系总重量

$$W = (设备自重 + 减振台座重量) \times 1.3 (kg) \tag{5.4-1}$$

式中　1.3——安全系数。

注：冷却塔设备自重为设备运行重量（带载），其他设备自重为设备净重。

2）减振器单个荷载

$$w = W/n (kg) \tag{5.4-2}$$

式中　W——减振体系总重量（kg）；

　　　n——减振器个数（参照设备厂家推荐数值）。

3）减振器型号选用

根据表 5.4-1 设备隔振方式要求及减振器单个荷载，查减振器厂家手册选择与减振器最佳荷载最接近的减振器型号，同时可得减振器竖向刚度值（kg/mm）。

4）减振器固有频率

$$f_0 = \frac{1}{2\pi}\sqrt{\frac{9\,800}{\delta}} (Hz) \tag{5.4-3}$$

式中　f_0——减振器固有频率（Hz）；

　　　δ——减振器压缩变形量 =（单个荷载）/（竖向刚度）（mm）。

5）设备干扰频率

$$f = n/60 \tag{5.4-4}$$

式中　n——设备电机转速。

冷却塔计算干扰频率时 $f = (n \times 风扇叶片数量)/60$

6）频率比

$$\lambda = f/f_0 \tag{5.4-5}$$

注：频率比为 2.5 时，隔振效率为 80%。隔振频率不应低于 80%。

7）隔振效率

$$T = (1 - \eta) \times 100\% \tag{5.4-6}$$

$$\eta = \sqrt{\frac{1 + (2D\lambda)^2}{(1-\lambda^2)^2 + (2D\lambda)^2}} \tag{5.4-7}$$

式中　D——阻尼比选用弹簧减振器，D 值取 0.05；选用阻尼型减振器，D 值取 0.06。

8）隔声系数（衰减量）

$$N = 12.5 \times \lg(1/\eta) (dB) \tag{5.4-8}$$

式中　N——隔声系数，dB。

9）传递率及隔振效率曲线表，见图 5.4-1 所示。

10）减振器选型校核

为满足隔振降噪要求，应根据需求选用隔振效率满足工程需求的减振器。若经上述计算拟选减振器隔振效率低于工程需求，须重新进行选型计算直至符合要求。

（3）主要设备的减振形式

1）卧式水泵减振

水泵减振台座又叫惰性块（惰性台座或惯性基础）、减振支座，其形式一般为钢筋混凝土台座、型钢台座、型钢混凝土台座等，是设在水泵机组底座下，用以控制水泵机组在运转时产生振动的质量，以使隔振能根据水泵机组的特性，达到更好的减振隔振的效果；减振台座的设计、制造应符合《水泵隔振

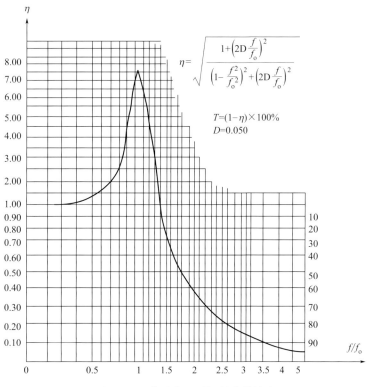

$$\eta = \sqrt{\frac{1+\left(2D\frac{f}{f_{o}}\right)^{2}}{\left(1-\frac{f^{2}}{f_{o}^{2}}\right)^{2}+\left(2D\frac{f}{f_{o}}\right)^{2}}}$$

$$T=(1-\eta)\times100\%$$
$$D=0.050$$

图 5.4-1　传递率及隔振效率曲线表

技术规程》CECS59 的要求。

① 本施工技术水泵减振台座采用型钢混凝土台座，台座重量依据技术文件执行，通常的选型可参照以下要求执行：

a. 空调水泵/冷冻水泵减振台座重量为水泵自重的 2 倍；

b. 给水排水水泵/消防水泵减振台座重量为水泵自重的 1.5 倍。

② 减振台座尺寸按下列规定确定：

a. 长度应不小于水泵机组共用底座的长度；

b. 宽度应不小于水泵机组共用底座的宽度，且共用底座的地脚螺栓中心至惰性块边线不宜小于 150mm；

c. 高度为长度的 1/10～1/8，且不小于 150mm。

③ 减振台座隔振方式

减振台座隔振方式一般有以下 3 种。

a. 底托隔振方式：减振器装于减振台座下方。此种方式设备重心高，台面振幅较大，设备稳定性较差，如图 5.4-2 所示。

b. 旁托隔振方式：台座外框设有旁托支架，减振器装于支架下方。此种方式设备重心低，台面振幅小，设备稳定性好，如图 5.4-3 所示。

c. 内嵌隔振方式：减振器装于减振台座内。此种方式设备重心低，台面振幅小，设备稳定性好，占用面积小，台座制作难度较大，如图 5.4-4 所示。

水泵减振台座通常采用减振器旁托隔振方式，台座底面与基础间距 50mm。每个台座按大小选用 6/8 只可调节水平弹簧减振器，中间螺栓可调节被隔振设备的水平，并应设有限位螺栓，安装、更换方便。

2）立式水泵隔振

单台立式水泵通常每台选用 4 只橡胶剪切隔振器安装与设备与基础之间。

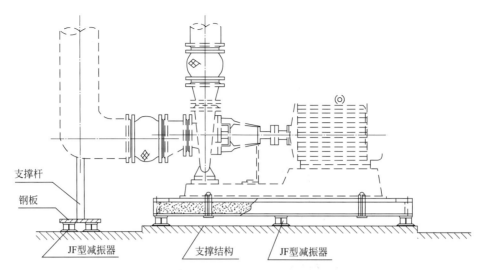

图 5.4-2　常规隔振方式减振器安装位置示意图

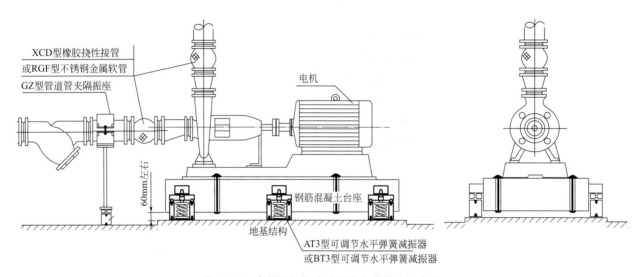

图 5.4-3　旁托隔振方式减振器安装位置示意图

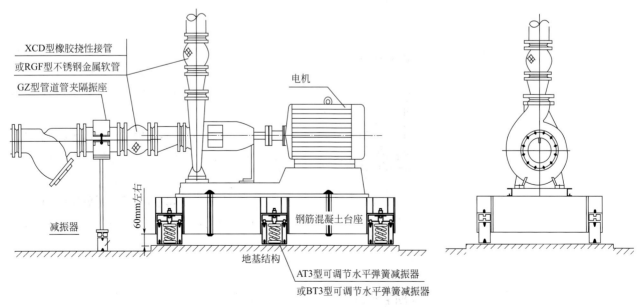

图 5.4-4　内嵌隔振方式减振器安装位置示意图

3）制冷机组、锅炉隔振

制冷机组通常选用阻尼弹簧复合减振器直接安装与设备和基础之间，数量按机组脚板选用。锅炉隔振每台选用可调节水平弹簧减振器，数量按锅炉设置要求选用。

4）冷却塔隔振冷却塔干扰频率有 2 种：

① 低频干扰：主轴转速 300n/min，干扰频率 5Hz；

② 高频干扰：冷却塔叶轮 3 片，900 次/min，干扰频率 15Hz。须选用减振器固有频率＜2Hz 的低频减振器才能全面隔离低频和高频的振动传递。减振器需设置限位拉杆，当冷却塔维护保养等需排空水的情况时，减振器不会无限顶升而拉损连接管道。

5）风机、吊挂式空调箱、风机盘管隔振

① 落地安装的暖通风机、风机箱按设备尺寸阻尼弹簧复合减振器，减振器工作载荷范围内固有频率 2～5Hz，阻尼比 0.045～0.065。

② 落地安装的消防风机、风机箱按设备尺寸选用可调节水平弹簧减振器，也可按设计要求不安装减振器。

③ 吊挂安装的暖通风机、风机箱及空调箱选用吊架弹簧减振器，减振器吊框上部为橡胶隔振，下部为弹簧隔振，具有双重复合隔振效果，见图 5.4-5 所示。

④ 吊挂安装的消防风机、风机箱，选用吊架弹簧减振器，也可按设计要求不安装减振器。

⑤ 风机盘管通常采用双橡胶垫圈，也可根据需求选择吊架弹簧减振器。

6）落地式空调机组（AHU/PAU）隔振

落地式空调机组一般选用 XSD-1 型橡胶隔振垫，载荷范围 150～550kg，竖向变形 2.5～4mm，固有频率 10～13Hz，邵氏硬度 45°，隔声量 26～33dB（A）。

7）柴油发电机组隔振

柴油发电机组隔振选用可调节水平弹簧减振器，最大载荷时挠度 50mm，固有频率 2.2Hz，阻尼比 0.035～0.065。

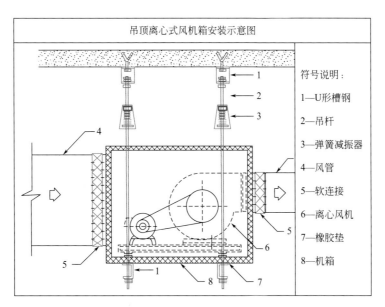

图 5.4-5　吊顶离心式风机箱安装位置示意图

（4）减振器安装要求

1）注意事项

① 使隔振元件受力均匀，设备振动受到控制，因此要求隔振基座有一定的质量和刚度；

② 降低隔振系统的重心位置，增加隔振系统的稳定性；

③ 提高隔振系统的刚度，减少其他外力引起的设备的变位或倾斜等不利影响，减少具有压力流体运输机械隔振时输出口的反作用力；

④ 控制和减少机组本身的振幅不超过允许范围，提高隔振效率；

⑤ 减少机械设备通过共振时，隔振系统的整体稳定性；

⑥ 便于隔振器安装，更便于调整隔振器位置使基座水平。

2）安装要求

① 应便于隔振器的安装、观察、维修以及更换所需要的空间；

② 有利于生产和操作；

③ 应尽可能缩短隔振体系的重心与扰力作用线之间的距离；

④ 隔振器在平面上的布置，应力求使其刚度中心与隔振体系（包括隔振对象及刚性台座）的重心在同一垂直线上；

⑤ 对于附带有各种管道系统的机组设备，除机组设备本身要采用隔振器外，管道和机组设备之间应柔性连接；管道与天花板、墙体等建筑构件连接处均应安装弹性接件（如弹性吊架或弹性托架），导电电线也应采用多股软线或其他措施；

⑥ 当隔振体系在高温、高湿度、水溅、腐蚀性气体以及油渍等不利工作环境下时，隔振器尤其是橡胶隔振器，要注意加防护措施，要避免日晒。

3）安装程序

① 施工前先将设备的实际尺寸与施工安装表中尺寸核对，如不符则应根据实际尺寸进行调整后再施工；

② 隔振器直接放置于隔振台座与支承结构之间；

③ 在台座下垫不少于 4 块高度稍大于隔振器高度的垫块，然后安装设备及管道柔性接头；

④ 在台座下按设计要求的位置放置隔振器，升起台座，卸去垫块。台座四角的减振器可定位固定。减振器直接放置于隔振台座与支承结构之间时，一般不需固定；

⑤ 安装完成以后，检查台座是否水平。发现不平时，应升起台座，移动中间隔振器的安装位置，直到台座水平（即台座两角点相对高差不大于 3mm）；

⑥ 调整台座水平时，台座的升起及下放均应平缓慢慢进行，切忌撬棒单面安装。

第 **6** 章

机电系统调试技术

　　超高层建筑机电系统具有多样性、智能化、复杂化的特点，机电系统调试难度大，机电系统调试技术是决定建筑设备系统良好运行的关键。

　　本章针对超高层建筑机电各子系统调试和系统间联合试运转的全过程调试技术，详细介绍了调试过程的主要内容和要求。其中，超高层建筑全过程调试技术全方面体现调试技术优势，降低因机电设计中的缺陷而引起的设计变更带来的影响，减少工期的延误，消除安装完工后的质量缺陷。超高层建筑机电系统全过程调试已经成为验证超高层建筑是否满足设计功能和使用功能的关键质量把控手段。本章主要介绍电气、给水排水、消防、通风空调、智能化系统调试技术以及超高层机电全过程调试技术等。

6.1 变风量（VAV）空调系统调试技术

1. 技术简介

变风量（Variable Air Volume，VAV）空调系统是保持送风温度不变，通过改变送风量来调节和控制某一空调区域温度的空调系统。由变风量空调处理设备、风道系统、变风量末端（VAVBOX）及自动控制系统组成。VAV系统风量的控制策略是VAV系统成败的关键，一般VAV系统控制策略有三种：定静压、总风量、变静压。VAV系统根据各区域的不同温度需求，经过系统计算，确定送入房间的风量，使房间环境达到舒适状态。在调试过程中，通过采用测试仪器对VAVBOX进行各项参数校验，解决了由于设备、系统阻力、安装等引起的监测参数与实际不符的问题，从而提高了空调系统控制精度，实现了传统的平衡与控制系统的有效结合。

2. 技术内容

（1）VAV空调系统的调试流程，如图6.1-1所示。

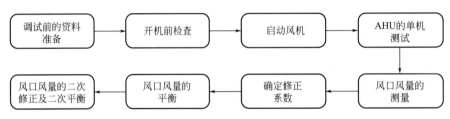

图 6.1-1　VAV空调系统的调试流程

调试时应保证最不利环路的VAVBOX在最大一次风量工况下运行，VAVBOX风阀100％开度。

（2）VAV空调系统风量平衡步骤及方法

风量平衡是变风量空调系统调试的核心，也是变风量空调系统功能实现的关键。风量平衡调试主要有以下几个步骤：

1）基准量化设定：在风系统施工前进行水力平衡计算，对管道尺寸、走向进行优化，预先设定管道风量、全压及静压值，建立量化的调试基准。

2）前期预调：对影响风量平衡、传感器测量精度，造成噪声、漏风量增加等问题进行有针对性的检查整改。

3）设备单机调试：对调试区域VAV系统的空调机组、排风机进行电流、转速、风压、噪声测试，如图6.1-2、图6.1-3所示，确认各设备性能参数达到设计要求。

4）变风量末端风量平衡调试：调节风机的总送风量达到设计值，使系统经过平衡调整后，变风量末端装置的最大风量调试结果与设计风量的允许偏差应为0～+15％，总风量与设计风量的允许偏差应为−5％～+15％，风口风量测量如图6.1-4所示。

5）VAV系统的一次风量二次平衡：在VAV空调系统的自控系统调试结束之后，要对一次风系统风量平衡的调试结果进行再次确认。检测值与实测值如果存在较大偏差，要分析原因，进行整改。

6）系统总排风量、新风量的调试：调节各机组排风和新风装置，使排风量与新风量能够达到设计要求的最大值。

（3）VAV空调系统自控系统调试步骤和方法

1）自控系统各基本单元单机调试：进行传感器初步校正，检测风阀、变频器能否按比例进行调节。

2）变风量末端基本控制要求调试：确定末端控制器单元在系统中工作的地址，设定VAVBOX的

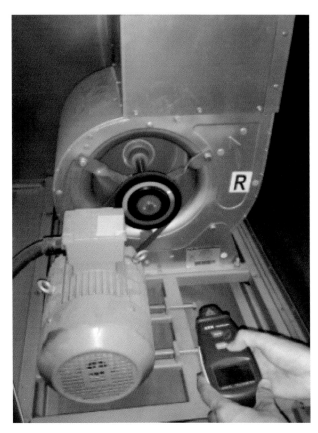

图 6.1-2　风机转速测量

图 6.1-3　系统风量测量

设计最大最小风量控制器单元参数，修正阀门启闭时间，对温控面板进行调校。

3）自控系统基础点位测试：下载 DDC 程序到准备调试的控制器，人为模拟制造故障，检查故障信号能否正常返回，消除故障后，故障信号能否自动消失。

4）新风量控制调试：调校 CO_2 传感器参数变化与新风机/阀的联动；确定过渡季全新风工况。

5）送风量控制调试：模拟最大风量需求，校验机组控制调节。

6）送风温度控制调试：调校 VAV 变风量空调系统与水系统的联动。

7）房间正压控制调试：测试排风机能否与新风量同比例变化，保证室内的正压；测试当变风量系统送风量变化时，回风量能否做出相应变化，能否保证房间的正常压差。

图 6.1-4　风口风量测量

8）VAV 控制系统整体调试：进行中央控制室对末端风量、温度的监视、启停和设定调试；测试整个控制系统的响应速度、稳定程度，对系统信息处理能力、系统总线的数据通信能力和系统的可靠性、容错性进行整体的校核和优化。

（4）系统带负荷运行及室内参数的测定

保证空调区域达到设计的温湿度是空调系统的最终目标，为确保调试效果，在室内负荷不能达到设计值时，进行人工模拟的带载调试。

1）室内温湿度测试：测试在空调设备及自控系统投入情况下，房间温湿度能否达到对应的温控器设置要求；当房间温湿度改变后，空调系统能否进行相应调整，并在新的温湿度下达到平衡。

2）各房间温湿度平衡测试：在空调水系统正常运行情况下，测试空调区域各房间温度能否达到设计参数，是否出现不同房间、不同楼层、不同系统冷热不均的现象。在部分房间负荷增大导致送风量最大仍不能满足要求时，相应空调水阀门能进行自动调节改变送风温度，同时负荷未发生变化的系统温度不受波动，仍保持稳定。

3）带载调试（图 6.1-5）：在调试时负荷未达到设计峰值时，在调试房间区域内使用加热器、加湿机、二氧化碳发生器等模拟设计负荷，测试变风量系统能否按照设计要求，进行自控调节运行。

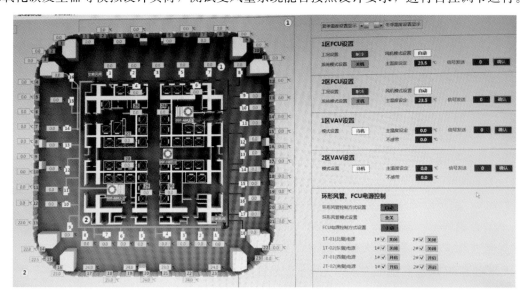

图 6.1-5　系统带载调试

6.2　空调系统水力平衡调节技术

1. 技术简介

超高层空调水系统运行中，水力失调是常见的问题，产生水力失调的原因归纳起来主要有两种：一是水泵等设备实际运行参数与设计要求不符；二是管网的流动阻力特性发生变化，导致管网阻抗发生变化。为确保各主干管流量满足设计要求，保证空调运行效果，需要对空调水系统进行水力平衡调节。

流量输配时受沿程阻力和局部阻力的影响，在供水管与回水管之间产生近端资用压差大、远端资用压差小的偏差，从而造成近端流量大、远端流量小的问题，通过系统的不断测试及调整，实现系统的流量平衡。在系统调试前，通过对水力平衡的仿真模拟，掌握管网的流量分配情况，校核深化设计，可提前预设阀门刻度。在空调水力平衡调试过程中，通过调整水力平衡设备，如平衡阀等，进行全面水力平衡系统联调，可以极大地改善系统的水力特性，保证在系统初调试时各个末端设备的流量同时达到设计流量，系统运行过程中各个末端设备的流量同时达到系统瞬时要求流量，从而既为空调系统的正常运行提供了可靠保证，又节省了能源，使系统经济高效地运行。

2. 技术内容

空调冷冻水系统的管路长、构成复杂，系统内清洁度要求高，因此，在管道安装完成后必须进行冲洗。空调水系统的冲洗采用闭式循环冲洗，冲洗前在冷水机组进出管处和系统各立管末端做旁通，关闭冷水机组、风机盘管、空调机组所有阀门。对系统进行灌水，排空系统内空气，开启水泵进行冲洗，在清洗时要求严格、认真，第一次循环 1h 后把水排掉，拆洗主管道过滤器，后续冲洗可 1～2h 排水一次，反复多次，直至水质洁净为止。水质洁净后关闭旁通阀，开启冷水机组、空调机组、风机盘管的进水阀，灌水排气后继续进行冲洗，直至水质洁净。冲洗时应保证管道内流速大于 1.5m/s。

（1）工艺流程

空调水系统调试流程，如图 6.2-1 所示。

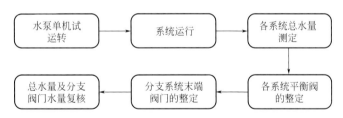

图 6.2-1　空调水系统调试流程

（2）关键技术介绍

全面水力平衡调试的概念：空调系统水力平衡调试分为静态水力平衡调试和动态水力平衡调试。

1）调试方法和步骤

① 总水流量、水泵前后压差调试

a. 开启循环水路上所有阀门，旁通阀门关闭。按照设计台数要求开启对应区段的循环水泵，待系统稳定运行 30min 后，开始测试。

b. 粗测总水流量是否满足设计要求，为下步调试工作做准备。

c. 使用超声波流量计测试换热站各空调主管的水流量，如图 6.2-2 所示。

d. 用压力表测试水泵进出口的压力。

总水流量的实测值和设计值的误差在 10% 以内。若水流量不能满足要求，分析可能原因，如管道

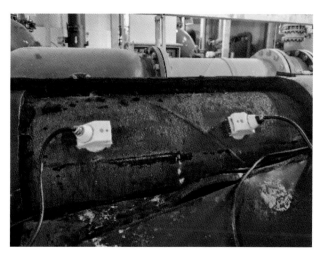

图 6.2-2 水流量测试

泄漏、阀门失灵、水管堵塞等，进行排查并解决问题。

② 静态水力平衡调试

首先根据空调水系统流程及各个静态平衡阀的位置图，绘制静态平衡阀分布流程图，如图 6.2-3 所示；

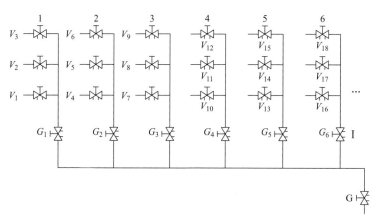

图 6.2-3 静态平衡阀分布流程图

对每一个并联阀组内的水力平衡阀的流量比（流量比为支路 i 实际流量与设计流量的比例，记为 q_i）进行分析，例如，对一级并联阀组 1 的水力平衡阀 $V_1 \sim V_3$ 的流量比进行分析，假设 $q_1 < q_2 < q_3$，则取水力平衡阀 V_1 为基准阀，先调节 V_2，使 $q_1 = q_2$，再调节 V_3，使 $q_1 = q_3$，则 $q_1 = q_2 = q_3$；

按步骤对一级并联阀组 2~6 号分别进行调节，从而使各一级并联阀组内的水力平衡阀的流量比均相等。

支管中各分支间平衡调整完后，再根据流量等比法，将 1~6 立管相互之间进行平衡，最终达到整个系统的平衡。

③ 动态水力平衡调试

a. 动态流量平衡阀的调试

目前大部分的动态流量平衡阀都是固定流量式的，在工厂根据系统的设计流量要求进行生产，出厂后在现场不需进行调节。

b. 动态压差平衡阀的调试

动态压差平衡阀的调试只需将压差设定值调节到设计压差值即可。动态压差平衡阀的设计压差由设计流量工况下两个取压点的压差所决定。

c. 动态平衡电动开关阀的调试

动态平衡电动开关阀的流量由工厂根据风机盘管的设计流量生产，在现场不需要进行调节。

d. 动态压差平衡阀与电动调节阀组合的调试

动态压差平衡阀与电动调节阀组合（图 6.2-4）的调试主要有两个工作，一是对动态压差平衡阀的最大流量根据需要进行设定，二是对电动调节阀的 PID 参数值进行设定。

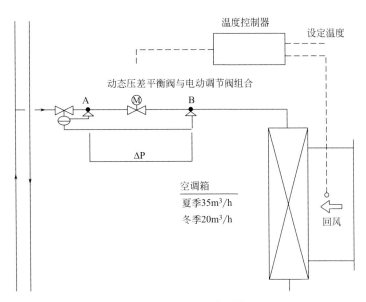

图 6.2-4　空调机组水系统图

e. 一体式动态平衡电动调节阀的调试

一体式动态平衡电动调节阀的调试主要有两个工作，一是对可调一体阀的最大流量值根据需要进行设定，二是对一体阀的 PID 参数值进行设定。

可调一体阀的最大流量设定：可调式一体阀根据执行器的形式又分为直行程最大流量可调一体阀和回转行程最大流量可调一体阀。

直行程最大流量可调一体阀是通过对阀门的最大行程进行限位来实现的。根据厂家提供的"最大流量-行程"对照表，由用户根据末端设备的设计流量对最大允许行程进行设定来实现对最大流量的设定。

回转行程最大流量可调一体阀是通过对阀门的最大回转角度进行限位来实现的，根据厂家提供的"拨位开关位置—最大流量"对照表，由用户根据末端设备的设计流量对允许最大回转角度进行设定来实现对最大流量的限定。

一体式动态平衡电动调节阀 PID 参数设定：由于一体阀内部采用了关键点定压差技术，电动调节阀芯两端的压差始终保持不变，因此一体阀的 PID 参数设定值与空调系统无关，不同位置及不同系统的 PID 参数均可选择同一数值，所以一体阀的 PID 参数设定相对简单。

6.3　分级供水调试技术

1. 技术简介

超高层建筑的给水系统与普通建筑的给水系统相比，超高层建筑垂直高度过高，因此分区的数量增多。超高层建筑的给水形式主要分为以下两大类：并联分区给水和串联分区给水。并联给水方式适用于高度低于150m的超高层建筑，串联给水方式适用于各种不同高度的超高层建筑。

给水系统调试项目分范围、分单位、分系统进行分别调试，并成立专门的调试小组，对系统调试工作进行正确的指导，并分析调试中出现的具体问题，针对问题进行详细的分析，提出解决的方案。在超高层建筑的调试过程中，从前期调试工作准备、调试内容、调试步骤及其相关注意事项等几个方面，以及不同给水方式的特点，总结了对给水系统工作参数及反应能力的调试。分级供水调试按照从低区到高区逐级调试，各区域调试相互独立，但又相互关联，通过调试保证供水系统能够自动启停补水。

超高层建筑串联分区的给水方式主要有以下四种，如图6.3-1～图6.3-4所示。

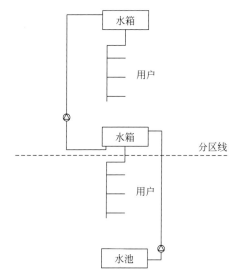

图6.3-1　水箱和水箱串联给水方式

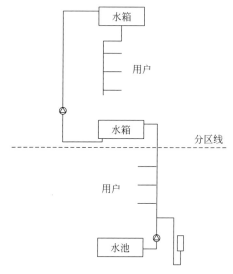

图6.3-2　变频泵和水箱串联给水方式

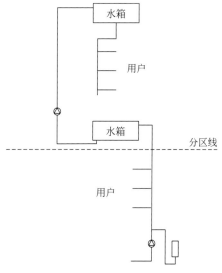

图6.3-3　无负压和水箱串联给水方式

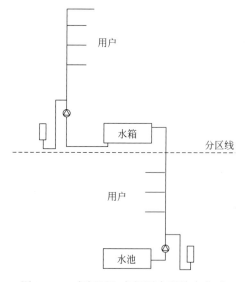

图6.3-4　变频泵和变频泵串联给水方式

2. 技术内容

（1）工艺流程，如图6.3-5所示。

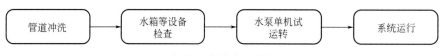

图6.3-5　超高层建筑分级供水调试流程

（2）关键技术

1）管道试压及冲洗

在管道安装完成后，分区逐段进行耐压试验，分区域进行系统冲洗。

2）水箱、减压阀等部件检查

对水箱进行补水、溢水等工况试验，检查减压阀安装正确，满足压力要求。

3）水泵的试运转前检查

① 检查水泵和其附属系统的部件应齐全，各紧固连接部位不得松动；

② 用手盘动叶轮时应轻便、灵活、正常，不得有卡、碰现象和异常的振动及声响；

③ 各润滑部位加注润滑剂的种类和剂量应符合产品技术文件的要求；有预润滑要求的部位应按规定进行预润滑；

④ 各指示仪表、安全保护装置及电控装置均应灵敏、准确、可靠；

⑤ 检查水泵电机对地绝缘电阻应大于 0.5MΩ；

⑥ 确认系统已注满循环介质。

4）水泵的启动和运转

① 水泵与附属管路系统上的阀门启闭状态要符合调试要求，水泵运转前，应将入口阀全开，出口阀全闭，待水泵启动后再将出口阀打开；

② 点动水泵，检查水泵的叶轮旋转方向是否正确；

③ 启动水泵，用钳形电流表测量电动机的启动电流，待水泵正常运转后，再测量电动机的运转电流，检查其电机运行功率值，应符合设备技术文件要求；

④ 各密封处不应泄漏；

⑤ 水泵在连续运行 2h 后，应用数字温度计测量其轴承的温度，滑动轴承外壳最高温度不得超过 70℃，滚动轴承不得超过 75℃；

⑥ 试运转结束后，应检查所有紧固连接部位，不应有松动；

⑦ 水泵主要用 6 个性能参数来衡量（图 6.3-6）：包括流量、扬程、电机轴功率、效率、转速及允许吸上真空高度。水泵在实际运行时并不一定以额定转速运行，水泵的其他性能参数也会随之发生变化，通常用特性曲线来表示各性能参数之间的关系。

图 6.3-6　水泵单机测试

5）系统试运行

超高层建筑的给水系统调试先按照分区单系统调试，调试符合要求后再进行整个给水系统的试运行。

系统供水前打开水泵进水阀门，起动泵组运转正常并且泵出口压力表有压力显示后，再打开泵出口阀门，向管网供水，管网内空气由系统最高点自动排气阀排出，管内空气排完后，管网压力稳定。同时，观察相应区段水箱进水情况良好，到达既定液位时，进水管路阀门关断及水泵的启停状态符合要求；当液位下降时，泵组能够自动启动，达到及时补水稳压的作用。

6）系统水压流量测试

在系统中，最不利用水点安装一块压力表，压力表读数要达到设计值；打开本系统各处用水点，其压力流水量达到设计要求为合格。

6.4 重力污废水系统调试技术

1. 技术简介

排水立管中带空气的水流是断续、非均匀的，下落时是气水混合的两相不稳定流，流量时大时小，满流和非满流交替。要保证排水管系安全可靠，首先要保证排水立管中的水流不形成柱塞流，因为在其运动的前段为正压，后端为负压，随着水塞的下落，管中的气压发生激烈变化，会形成正压喷溅或负压抽吸，对排水管系中卫生器具水封的稳定产生严重影响，导致排水管道系统不能正常工作，所以做好排水系统调试至关重要。

在超高层建筑重力污、废水系统调试过程中，通过不断进行模拟试验，最终形成了本项技术。在调试过程中重点要做好通球试验，水封检查，并注意排水噪声。

2. 技术内容

（1）重力污、废水系统调试流程，如图 6.4-1 所示。

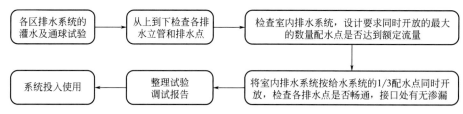

图 6.4-1 污、废水系统调试流程

（2）设备单机调试

成品油脂分离器单机调试要点：

1）调试前将油脂分离器注满水，观察是否有漏水现象；

2）检查废渣过滤舱的盖板是否密封（限位开关），并确保卡扣关闭；

3）检查整个设备的密封性；

4）检查电气连接是否符合相关规定；

5）如有需要，检查备用电源是否可行；

6）打开油脂分离器的控制面板，检查电源线的相序；

7）检查所有电源线是否已正确连接；

8）将主旋钮旋转至"ON""开启"档；

9）检查感应装置和所有电器旋钮的功能；

10）加热系统调试；

11）油脂提取：当分离出的油脂达到预先设置的最大储存量（见观察窗上标记）时，须手动开启球阀提取油脂。液态油脂会通过一根透明的管道，自动排入油脂收集桶。须手动关闭球阀，以停止油脂提取进程。为避免废水进入油脂收集桶，分离出的油脂不应完全提取至收集桶。

（3）系统调试

1）排水系统调试主要内容为排水管道系统的通水、通球试验。排水系统竣工后的通水试验，按给水系统 1/3 配水点同时开放，持续 30min，检查各排水点是否畅通，接口有无渗漏，管道及各接口不渗漏为合格。通水试验应根据管道布置，采取分层、分区段做通水试验，先从下层开始局部通水，再作系统通水。通水时在浴缸、面盆等处放满水，然后同时排水，观察排水情况，以不堵不漏、排水畅通为合格。

2）排水主立管及水平干管管道均应做通球试验，通球球径不小于排水管道管径的 2/3，通球率必须达到 100%。胶球应从排水立管顶端投入，并注入一定量水于管内，使球能顺利流出为合格。通球如遇堵塞应查明位置进行疏通。

3）压力排水

污废水进入室内集水井，由污水泵排至室外污水井进入市政污水管网。模拟排水情况，向集水井内排放水流，当集水井水位升至启动水位时，水泵自动运行，当水位降至低水位时，水泵停止运行，当水位达到高水位报警时，能够水位高位预警。

6.5　消防系统检测调试技术

1. 技术简介

超高层建筑消防系统主要包括消防水系统、消防电气防火系统和消防防烟排烟系统等子项工程，其中消防水系统主要由消火栓系统、自动喷水灭火系统、水喷雾灭火系统、大空间智能型主动喷水灭火系统和气体灭火系统组成，消防电气防火系统主要由火灾自动报警及联动控制系统、火灾应急广播系统、消防电话系统、火灾应急照明及安全疏散指示系统、防火卷帘门控制系统等组成。超高层建筑消防系统的调试是验证各消防相关系统是否能够正确有效运行的关键环节。

2. 技术内容

（1）消防电系统的调试

1）火灾自动报警系统调试，如图 6.5-1 所示。

① 调试前准备

整理好所有施工图纸，包括各楼层平面、系统图、接线图、安装图、设计变更记录和与调试相关的技术资料等，对相关设备的位置进行详细标注，整理好施工记录，包括隐蔽工程验收检查记录、中间验收检查记录、绝缘电阻、接地电阻的测试记录。准备好相关的调试设备和各种调试记录表格。

② 线路测试

将被校验回路中的各个部件装置与设备接线端子打开，然后对其进行查对。检查探测回路线、通信线是否短路或开路，采用兆欧表测试回路绝缘电阻，应对导线与导线、导线对地、导线对屏蔽层的电阻进行分别测试并记录。

③ 火灾报警控制器功能试验

报警控制器单机开通前，首先不接报警点，使机器空载运行，确定控制器是否在运输和安装过程中损坏。开机后带上探测器进行编码，并在平面图上作详细记录。对报警控制器进行功能测试，包括：火灾报警自检功能、消音与复位功能、故障报警功能、报警记忆功能、电源自动转换和备用电源的自动充电功能、备用电源的欠压和过载报警功能，并做好记录。

④ 现场部件调试

a. 火灾探测器的调试：应采用专用检测仪对探测器逐个检测，要求探测器动作准确无误。探测器发出报警或故障信号时，控制器应发出声光报警信号，记录报警时间；控制器应显示发出报警信号部件或故障部件的类型和地址注释信息。

b. 手动报警按钮的调试：可恢复的手动报警按钮，使用专用测试钥匙分别插入报警器进行试验，不可恢复的手动报警按钮采用模拟动作的方式使报警按钮动作，系统应能接收报警按钮发出的火灾报警信号。

c. 声光报警器的调试：从系统发出声光讯响器的鸣响信号，其对应的设备应鸣响。环境噪声大于60dB 的场所，声警报的声压级应高于背景噪声 15dB。

d. 消防电话系统的调试：对消防电话总机、分机和电话插孔分别进行测试。逐个试验各消防电话插孔，总机均显示每处电话插孔的位置，呼叫铃音及通话声音均清晰，群呼、录音功能均正常。

图 6.5-1　火灾自动报警系统调试

2）火灾应急广播系统调试，如图 6.5-2 所示。

图 6.5-2　火灾应急广播系统调试流程

检查消防中心至各楼层的火灾应急广播音频线到位。检查消防控制中心的消防广播模块及消防广播扬声器的电源线及音频线正确连接。打开消防广播模块及消防广播扬声器电源开关，对各楼层背景音乐作强切试验。

3）火灾应急照明及安全疏散指示系统调试

超高层建筑应急照明及安全疏散系统一般由消防应急照明灯具和消防应急标志灯具、应急照明集中电源和分配电装置及应急照明控制器组成。

① 消防应急照明灯具和消防应急标志灯具的调试

操作试验按钮或输入联动控制信号，系统内的灯具应在相应时间内转入相应应急工作状态；用照度计检查地面的最低水平照度值应符合设计要求；采用目测法检查应急标志灯具的安装位置和箭头指示方向与实际方向相符；灯具的应急工作时间不应小于本身标称的应急工作时间。

② 集中电源及其分配电装置的调试

检查集中电源和控制器的外接交流电源（应与消防电源连接）符合要求，用万用表测量输入电压在规定的范围内，电源接线严禁用插头连接；通电前用万用表测量线间、线与大地之间是否有交流、直流电压、线间是否短路；断开主电源，集中电源应能自动转入应急工作状态，且应急工作时间符合设计及规范要求。

③ 应急照明控制器的调试

通电前检查各部件安装是否牢固，是否符合有关标准要求，消防控制室是否符合要求，控制器是否可靠接地。应急照明控制器应能控制任何应急灯具转入应急工作状态，并有相应的指示；断开控制器主电，转入备电，控制器各项功能不应受影响；关闭控制器的主程序，系统内的应急灯具应能转入应急工作状态。

4）防火卷帘门控制系统调试

对各台卷帘门控制器进行现场手动操作试验，确定单台控制器工作正常。用秒表测试卷帘从上始点至全闭的时间，手动或电动启闭的平均升降速度均应满足设计要求。

（2）消防水系统的检测调试

消防水系统调试前应具备以下条件：消防水池注满水，供水阀门打开，所有消火栓出水口关闭，室外管网畅通，室外消火栓使用正常。消防水箱具备稳压、补压功能，各种泄水口、排水沟到位，具备放水、排水条件。

1）消火栓系统调试

① 水源测试。消防水池、水箱已储备设计要求的水量；给水管网及阀门应均无渗漏。

② 消防水泵调试。消防水泵在其 2 小时全负荷单机试运行合格后进行，利用临时管道进行调试，启动水泵机组，调节阀门开度，使管道压力符合设计值；调节管路安全阀，使安全阀启动压力值符合设计要求；检查各阀门及管件、焊口是否有渗漏现象。在消防控制室远程启/停消防水泵，水泵应能正常启停，且能向控制室正常反馈状态信号。

③ 稳压泵调试。分别将主备稳压泵打到自动状态，当达到设计启动条件时，稳压泵应立即启动；当达到系统设计压力时，稳压泵应自动停止运行；当消防主泵启动时，稳压泵应停止运行。使用计时器记录稳压泵 1h 内的启停次数，大于 15 次时，应采取防止稳压泵频繁启动的技术措施。

④ 系统最不利点消火栓试验。利用屋顶水箱向系统充水，检查系统和阀门是否有渗漏现象。启动稳压泵，检查屋顶试验层及低层消火栓口压力，如果静水压超过 0.5MPa 时，应增设减压阀减压。连接好屋顶试验消火栓水龙带及水枪，打开屋顶试验消火栓，并启动消火栓泵，此时消火栓水枪充实水柱应不小于 13m。

2）自动喷水灭火系统调试

自动喷水灭火系统分为闭式和开式自动喷水灭火系统，其中闭式自动喷水灭火系统分为湿式自动喷水灭火系统、干式自动喷水灭火系统和预作用自动喷水灭火系统，这里以湿式灭火系统为例，调试步骤和方法如下。

① 水源测试及调试准备。消防水池、水箱已储备设计要求的水量；系统供电正常；消防气压给水设备的水位、气压符合设计要求；湿式喷水灭火系统管网已充满水，干式、预作用喷水灭火系统管网内的气压符合设计要求；阀门均无渗漏；与系统配套的火灾自动报警系统处于工作状态。

② 消防水泵及稳压泵调试。与消火栓系统消防水泵及稳压泵调试步骤基本相同。

③ 湿式报警阀组性能试验。湿式报警阀调试时，在试水装置处放水，当湿式报警阀进口水压大于 0.14MPa、放水流量大于 1L/s 时，报警阀应及时启动；带延迟器的水力警铃应在 5～90s 内发出报警铃声，不带延迟器的水力警铃应在 15s 内发出报警铃声；压力开关应及时动作，并反馈信号。

④ 水泵接合器试验。从靠近喷淋系统水泵接合器的室外消火栓处接水龙带至水泵接合器，开启室外消火栓向水泵接合器充水，同时开启泄水阀，应有充足的水流流入地下。不合格的更换后重新试验。

⑤ 排水设施试验。开启排水装置的主排水阀，按系统最大设计灭火水量作排水试验，并使压力达到稳定。试验过程中，从系统排出的水应全部从室内排水系统排走。

⑥ 湿式自动喷水系统试验。当某一水流指示器分区严密性试验合格后，将湿式报警阀各阀门恢复至正常工作状态，开启其试验阀门放水，水力警铃应鸣铃报警，合格后关闭其试验阀门。开启末端检验装置，对该区域功能进行检验，稳压泵应能根据系统压力情况自动启停对系统补水，末端检验装置开启时，水力警铃应鸣响报警，符合要求后应关闭末端检验装置并停泵，将稳压泵调至检修状态。依次对各分区进行充水及调试，其程序相同。

3）大空间智能型主动喷水灭火系统调试

大空间智能型主动喷水灭火系统主要设置在超高层建筑首层及高层大堂、接待区、空中大堂和观光区等室内大空间的上空，能在发生火灾时自动探测着火部位，并主动喷水的灭火系统。其水系统部分的调试步骤和方法与自动喷水灭火系统基本相同。

就地使用现场应急控制箱对自动跟踪定位射流灭火装置进行调试，测试现场应急控制箱与所控分区内灭火装置间的信号通讯应正常；测试按下现场应急控制箱上、下、左、右操作按钮后，灭火装置动作正确；测试灭火装置报警后，现场应急控制箱报警地址信息正常；测试现场应急控制箱，自动手动状态下开、关电磁阀、启泵功能正常。

就地调试合格后，在集中图像信息管理控制系统中测试与现场应急控制箱的信号通讯应正常，远程控制灭火装置，其动作及连锁信号应正确，监控画面应同步且清晰可见。将测试火源置于自动跟踪定位射流灭火系统保护区内的任意位置上，点火，系统必须能够有效探测到火源的装置发现火源，启动相应的灭火装置，灭火装置开始扫描并锁定着火部位，手动及自动状态均应能顺利启闭电磁阀和启停消防水泵。

4）气体灭火系统调试

超高层建筑中气体灭火系统一般设置在网络设备机房、变配电室、UPS 电池室等重要场所，以 IG541 混合气体有管网组合分配系统为例，其调试步骤和方法如下。

① 灭火剂充装量及充装压力测试。用荷重测量仪检测，其损失量应不大于 10%，且同一防护区的贮存容器内充装灭火剂量和充装压力应相等。

② 系统模拟启动试验。对所有气体灭火装置逐一进行调试。按下手动报警按钮，观察警铃、蜂鸣器和闪灯都正常动作，电动气阀动作，消防中心接到火警信号；再利用探测器测试，观察警铃动作，消防中心接到报警信号（注意事先要确认已关闭气体或使用启动电压、电流的负载代替电动气阀）。

③ 系统模拟喷气试验。选任意一防护区，选择相应数量充有氮气或压缩空气的贮存容器取代灭火剂贮瓶进行试验。试验时，将防护区门窗打开，关断有关灭火剂贮存容器上的驱动器，打开控制柜电源并将控制开关板向"自动"或"手动"位置，系统接到相应报警信号后应能正常启动，试验气体能正常从防护区的每个喷口射出，同时防护区应有声、光报警信号。消防联动控制设备接到控制指令应立即启动或关闭风机、防排烟阀、通风空调设备，切断火场电源，声光报警应按程序规定动作。用秒表测定系统延时时间应在 30s 内，灭火剂释放显示灯应正常。

（3）消防防烟排烟系统的检测调试

防烟排烟系统的调试分为单机调试和联动调试两部分，所有的组件和系统均应全数调试并做好记录。

① 风机试运转。对风机进行点动，检查叶轮与机壳有无摩擦和异响，如有异响或风机反转应及时处理；风机启动后，对轴承温度、振动进行监控，经检查一切正常后，再进行连续运转。

图 6.5-3 消防防烟排烟系统风速调试

② 点动防火阀和排烟阀单体调试。逐个对电控防排烟阀做动作试验，手动、电动操作应灵敏、可靠，信号输出正确，阀门关闭严密，脱扣钢丝的连接不松弛，不脱落；逐个检查送排风口应牢固安装在指定位置上，与风道连接处应不松弛，不脱落。

③ 系统联动试运转。

正压送风口系统技术性能测试：将楼梯的门窗及前室或合用前室的门（包括电梯门）全部关闭。启动送风系统加压风机。在大楼选一层为模拟火灾层。测试正压值，然后打开火灾层及上下一层的防火门，测试三层同时开启时各门处的平均风速应能满足要求。

机械排烟系统技术性能测试：启动机械排烟系统，使之投入正常运行，若排烟机单独担负一个防烟分区的排烟时，应把该排烟机所担负的防排烟分区中的排烟口全部打开，如一台排烟机担负两个以上的防排烟分区时，则应把最大防排烟分区及次大的防排烟分区中的排烟口打开，测定通过每个排烟口的排气量。排烟口处风速不宜大于 10m/s，风速测试如图 6.5-3 所示。

6.6　消防联合调试技术

1. 技术简介

超高层建筑消防联合调试是全面验证消防设计可行性、施工符合度的重要手段，直接制约、影响建筑的使用安全和功能。消防联合调试应在建筑内部装修和系统施工完成后进行，现场应具备以下条件：现场装修完成，其他安装工程施工完毕；现场探测器、模块、声光报警、手动报警器、广播等设备安装完毕；自动喷水灭火、防烟排烟等有关系统已调试完毕。

本节结合火灾自动报警及联动系统，列出了检查联动控制系统能否正常工作的基本步骤和要点，详细分析消防火灾报警系统和消防设备联动配合调试的要点，着重阐述了该系统调试包括的内容及其各系统间的联动关系。

2. 技术内容

（1）消防联动逻辑关系，如图 6.6-1 所示。

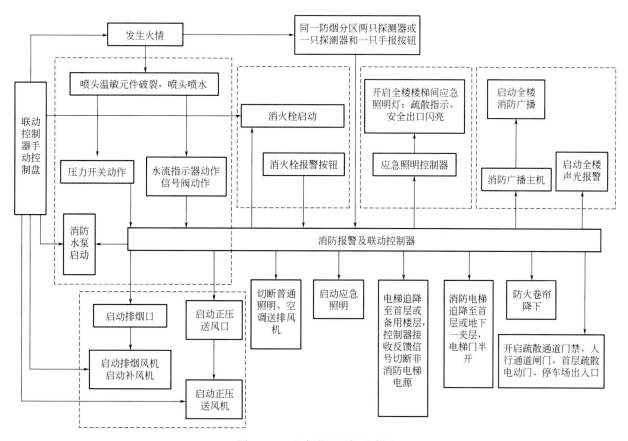

图 6.6-1　基本联调逻辑示意图

（2）消防联合调试

1）消火栓系统联合调试

① 联动控制

由消火栓系统出水干管上设置的低压压力开关信号作为触发信号，直接控制启动消火栓泵，不受消防联动控制器处于自动或手动状态影响。

消火栓按钮的动作信号作为报警信号及启动消火栓泵的联动触发信号，由消防联动控制器联动控制消火栓泵的启动。

② 手动启动

消防联动控制器设置为"手动"状态且多线联动控制盘处于"允许操作"状态时，直接通过多线联动控制盘上"启动""停止"键实现对消防泵（水泵控制柜处于自动状态）直接手动启动/停止控制。

③ 反馈信号

消火栓泵的动作信号反馈至消防联动控制器，实现对消火栓泵运行状态的监测。

2）自动喷水灭火系统联合调试

以临时高压湿式系统为例，其调试步骤和方法如下：

① 联动控制：由湿式报警阀压力开关的动作信号作为触发信号，直接控制启动喷淋泵（水泵控制柜处于自动或手动状态），联动控制不应受消防联动控制器处于自动或手动状态影响。

② 手动启动：消防联动控制器设置为"手动"状态且多线联动控制盘处于"允许操作"状态时，直接通过多线联动控制盘上"启动""停止"键实现对喷淋泵（水泵控制柜处于自动状态）直接手动启动/停止控制。

③ 反馈信号：水流指示器、信号阀、压力开关、喷淋消防泵的启动和停止的动作信号应反馈至消防联动控制器。

3）大空间智能灭火系统联合调试

① 联动控制：应由水炮红外和紫外探测火源作为触发信号，通过水炮联动控制器（水炮联动控制器处于自动状态）直接控制启动水炮消防泵。

② 手动启动：水炮联动控制器设置为"手动"状态，直接通过水炮联动控制器上"启动""停止"键实现对水炮消防泵（水泵控制柜处于自动状态）直接手动启动/停止控制。

③ 反馈信号：水炮动作信号、水炮消防泵的动作信号反馈至消防联动控制器。信号阀、水流指示器信号反馈至消防联动控制器。

4）气体灭火系统联合调试

① 联动控制：

a. 触发信号：由同一报警区域内一只感烟火灾探测器与一只感温探测器、一只感烟火灾探测器与一只手动火灾报警按钮或防护区外紧急启停按钮作为触发信号的报警信号。

b. 首个联动触发信号后，启动设置在该防护区内的火灾声光警报器，且联动触发信号应为防护区域内任意一感烟火灾探测器或手动火灾报警按钮的首次报警信号。

c. 第二个联动触发信号应为同一防护区域内与首次报警的感烟探测器相邻的感温火灾探测器或手动火灾报警按钮的报警信号，应发出联动控制信号。

d. 关闭防护区域的送（排）风机及送排风电动阀门；停止通风和空气调节系统及关闭设置在该防护区域的电动防火阀；联动控制防护区域开口封闭装置的启动，包括关闭防护区域的门、窗；设定不大于30s的延迟喷射时间；平时无人工作的防护区，可设置为无延迟的喷射。

e. 启动防护区外火灾声光报警器。

f. 切断防护区非消防电源，启动应急照明。

② 气体释放：

a. 首先联动开启防护区选择阀，再联动打开防护区启动阀。

b. 压力开关动作后，联动启动防护区外放气指示灯和声光报警器。

③ 手动启停：

防护区疏散出口门外设置紧急手动启动和停止按钮，手动启动按钮按下时，气体灭火控制器联动启动；手动停止按钮按下时，气体灭火控制器停止正在执行的联动操作。

④ 反馈信号：选择阀的动作信号；压力开关的动作信号。

5）防烟排烟系统联合调试

防烟排烟系统联动控制原理如表 6.6-1 所示。

防烟排烟系统联动控制 表 6.6-1

系统类型		触发信号	联动控制	反馈信号
消防防烟系统	前室	所在防火分区内的两只独立的火灾探测器或一只火灾探测器与一只手动火灾报警按钮的报警信号	消防联动控制器联动控制本层和上下楼层前室的正压送风口开启和正压送风机启动	正压送风口的动作信号、正压送风机启停信号
	楼梯间		消防联动控制器联动控制正压送风机启动	
消防排烟系统		同一防烟分区内的两只独立的火灾探测器或一只火灾探测器与一只手动火灾报警按钮的报警信号	消防联动控制器联动控制排烟口或排烟阀的开启,同时停止该防烟分区的空气调节系统	排烟口或排烟阀的动作信号、排烟风机启停信号
		排烟口或排烟阀开启的动作信号	消防联动控制器联动控制或排烟风机控制柜连锁控制排烟风机的启动	
		排烟风机入口总管 280℃ 排烟防火阀关闭信号	排烟风机控制柜连锁停止排烟风机运行	
消防补风系统		同一防烟分区内的两只独立的火灾探测器或一只火灾探测器与一只手动火灾报警按钮的报警信号	消防联动控制器联动控制排烟补风口的开启	排烟补风口的动作信号、补风机的启停信号
		排烟补风口开启的动作信号	消防联动控制器联动控制排烟补风机的启动	
		同一防火分区排烟口或排烟阀关闭信号	消防联动控制器联动控制排烟补风口关闭	
		同一防火分区排烟风机停止信号		

6）火灾警报和消防应急广播系统联合调试

① 由两只独立的火灾探测器或一只火灾探测器与一只手动火灾报警按钮的报警信号作为触发信号，同时启动或停止火灾声光报警器，并启动全楼广播。

② 消防应急广播的单次语音播放时间为 30s，与火灾声光报警器分时交替工作，采取 1 次火灾声光报警器播放和 1 次消防应急广播播放的交替工作方式循环播放。

③ 消防控制室应手动或按预设控制逻辑联动控制选择广播分区、启动或停止应急广播系统，并能监听消防应急广播。在通过扬声器进行应急广播时，应自动对广播内容进行录音。

7）消防应急照明和疏散指示系统联合调试

① 集中控制型应急照明和疏散指示系统：由两只独立的火灾探测器或一只火灾探测器与一只手动火灾报警按钮的报警信号作为触发信号，应由火灾报警控制器输出火警信号启动应急照明控制器，由发生火灾的报警区域开始，顺序启动全楼疏散通道的消防应急照明和疏散指示系统。

② 集中电源非集中控制型应急照明系统：由两只独立的火灾探测器或一只火灾探测器与一只手动火灾报警按钮的报警信号作为触发信号，由消防联动控制器联动应急照明配电箱，启动着火区域应急照明，并顺序启动全楼疏散通道的消防应急照明。

8）防火卷帘系统联合调试

① 以疏散通道防火卷帘为例，防火分区内任两只独立的感烟火灾探测器的报警信号应联动控制防火卷帘下降至距楼板面 1.8m 处；任一只专门用于联动防火卷帘的感温火灾探测器的报警信号应联动控制防火卷帘门降到楼板面。

181

② 手动控制方式：应由防火卷帘门两侧设置的手动控制按钮控制防火卷帘的升降，并应能在消防控制室内的消防联动控制器上手动控制防火卷帘的降落。

③ 动作反馈信号：防火卷帘门下降至距楼板面 1.8m 处、下降到楼板面的动作信号，应反馈至消防联动控制器。

9）电梯、非消防电源等相关系统联合调试

① 触发信号：报警区域内由两只独立的火灾探测器或一只火灾探测器与一只手动火灾报警按钮的报警信号。消防联动控制器应按设计文件的规定发出控制电梯停于首层或转换层、切断相关非消防电源、控制其他相关系统设备动作的启动信号，点亮启动指示灯。

② 动作反馈信号：电梯停于首层或转换层的动作信号；相关非消防电源切断、其他相关系统设备动作。

6.7 供配电保障调试技术

1. 技术简介

超高层建筑的一级负荷包括：应急照明灯、防排烟、消防控制中心、消防电梯、客梯电力等用电设备。超高层建筑是人流密集场所，如何保障一级负荷供电并验证供电设备可靠性和安全性是超高层建筑供配电系统调试的核心之一。

依照电气交接试验规范，严格把控电气产品质量和安装制作工艺质量，对供配电系统中的高低压配电柜、变压器系统进行严格的测试是供配电保障调试的根本。为尽早发现设计、设备和施工的缺陷，在供配电系统空载运行后还需进行假负载（假负载是替代终端在某一电路或电器输出端口，接收电功率的元器件、部件或装置，可以分为电阻负载，电感负载，容性负载等）进行满载测试，使用假负载可以满足所有回路的满载测试，包括变压器、柴油发电机的单机满载测试，通过测试可以直观的发现虚接发热的节点或元器件，参数比对可以明确设备的工作性能。通过严格的供配电系统元器件试验和假负载测试可以实现供配电系统的风险预估、发现、解决，从而提高供配电保障的成功率。

2. 技术内容

（1）工艺流程

工艺流程如图 6.7-1 所示：

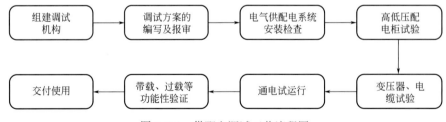

图 6.7-1 供配电调试工艺流程图

（2）关键技术

供配电系统是建筑最基本的装置设施，其高低压配电系统元器件的调试是调试施工的基础，而超高层电气系统中，因楼层高、系统多，调试时需分楼层、分系统调试，避免遗漏混乱。

1）电力变压器的调试

① 使用直流电阻测试仪测量绕组连同套管的直流电阻，1 600kVA 以下的变压器，各相测得值的相互差值不应大于 4%，1 600kVA 以上的变压器，各相测得值的相互差值不应大于 2%。使用变比测试仪

测量各分接头的变压比，电压等级在 35kV 以下，电压比小于 3 的变压器，变比允许误差为 ±1%，使用绝缘电阻测试仪测量高压对低压及地，低压对地绝缘电阻值及吸收比、各绝缘紧固件及铁芯接地线引出套管对地的绝缘电阻值，需满足 1kV/兆欧的要求。

② 检查变压器三相接线组别，与铭牌比较，不应有明显差别。使用交流试验变压器进行变压器绕组交流耐压试验，其值满足《电气装置安装工程 电气设备交接试验标准》GB 50150 的要求。

2）高压断路器的调试

① 测量绝缘电阻，使用回路电阻测试仪导电回路的回路电阻，使用开关特性测试仪测量分合闸时间及同期性，分合闸最低动作电压，使用高精度万用表测量分合闸线圈的绝缘电阻、直流电阻。

② 使用自带调节输出电压的开关特性测试仪进行操作机构动作试验，按照 65%～110% 电压可靠动作为宜，图例如图 6.7-2 所示。

③ 使用交流试验变压器进行交流耐压试验，10kV 耐压为 42kV。

图 6.7-2　高压断路器操作示意图

3）电流、电压互感器的试验

采用互感器特性测试仪测试，测得互感器变比精度误差应不高于互感器铭牌精度，极性也应与铭牌标注一致。还应测量二次绕组直流电阻和励磁特性曲线，应与出厂报告比较无明显差别。

4）高压电缆的调试

① 用绝缘电阻测试仪测量高压电缆绝缘电阻，电缆交流耐压采用串联谐振试验装置，试验电压为 2 倍额定对地电压，试验时间 10kV、20kV 为 15min，35kV 为 60min。

② 直流耐压采用高频直流发生器，试验电压为 4 倍对地额定电压，耐压时间需在最高电压稳定 15min。

5）高压柜综合保护器的调试

① 使用继电保护测试仪校验继电器的动作值和返回值，测量保护动作可靠性和动作时间，其值应满足《继电保护和安全自动装置基本试验方法》GB/T 7261 标准。

② 使用继电保护测试仪按照定值单进行整组试验。

6）避雷器的调试

① 用数字兆欧表测量绝缘电阻，使用工频交流耐压试验装置测量参考电压和持续电流，应符合现行国家标准《交流无间隙金属氧化物避雷器》GB 11032 或产品技术条件的规定；

② 使用高频直流发生器测量直流参考电压 0.75 倍下的直流泄漏电流。直流参考电压应符合产品技

术条件的规定。实测值与制造厂实测值比较，其允许偏差应为±5％，0.75 倍直流参考电压下的泄漏电流值不应大于 $50\mu A$，或符合产品技术条件的规定。

7）表和继电器的校验

表的校验符合《电流表、电压表、功率表及电阻表》JJG 124 之规定，继电器的校验符合《电气装置安装工程 电气设备交接试验标准》GB 50150 标准。

8）备自投系统等二次回路的调试

① 用万用表结合图纸检查二次接线是否正确、用数字兆欧表测量主线绝缘电阻需符合要求。

② 高压用继电保护测试仪模拟 PT 取样电压（需断开 PT 二次插头），低压用临时电模拟电源，分别模拟失电，装置应能准确备投，时间需在设计要求范围之内。

③ 模拟过流故障造成装置动作后，备自投应闭锁不动作。

9）动设备启动柜的调试

动设备启动柜包括空气开关的整定、保护定值的验证以及一、二次回路的校核与模拟试验，其中空开的定值整定按设计图纸给定值整定即可。保护定值应按实际保护电机额定铭牌输入，如马达保护器启动时间的整定应按实际负荷大小整定。

10）供配电带载测试

① 变压器满载、过载测试

变压器需采用假负载模拟满载运行，假负载采用电阻或电容式分别模拟有功或无功功率，容性假负载如图 6.7-3 所示。需随时观察变压器运行是否正常，采用热成像仪扫描变压器配电链路是否正常，包括变压器、电源接头、电缆等部件的发热扫描。

图 6.7-3　高压容性假负载带载测试

② 柴油发电机功能测试

a. 模拟并机测试自动加机减机功能逻辑验证（如有）。柴发暂态、稳态测试仪如图 6.7-4 所示；

b. 当负载增加到自动加另一个柴油发电机组时，验证柴油发机电系统能自动启动且能够并网到柴油发电机系统中带载运行；

c. 当负载减少到发电机组退出一台柴油发电机组时，验证柴油发机电系统能够自动退出一台机组，并自动停机；

d. 验证当一台柴油发电机组突发故障时，能够自动退出系统，并停止运行，其他柴油发电机组能正常运行。

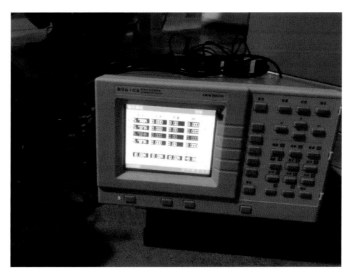

图 6.7-4 柴发暂、稳态测试仪测试图

6.8 智能照明系统调试

1. 技术简介

建筑景观照明是指既有照明功能，又兼有艺术装饰和美化环境功能的户外照明工程。超高层建筑景观照明已成为城市亮化美观的重要亮点，而智能照明系统根据环境及用户需求的变化，只需做软件修改设置或少量线路改造，就可以实现照明布局的改变和功能扩充。智能照明系统主要分为：系统单元、输入单元和输出单元。智能照明系统调试主要包括照明供电调试、智能调光以及照度的测试，针对整个照明系统，对硬件先进行静态的调试，在软件方面同步完成框架调试，然后将二者结合在一块进行整体动态调试。

2. 技术内容

（1）工艺流程

智能照明系统调试流程如图 6.8-1 所示。

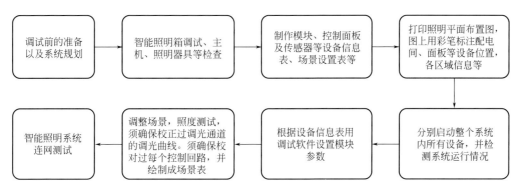

图 6.8-1 智能照明系统调试流程图

（2）关键技术

1）智能照明系统构成及作用

① 智能照明系统构成内容如图 6.8-2 所示。

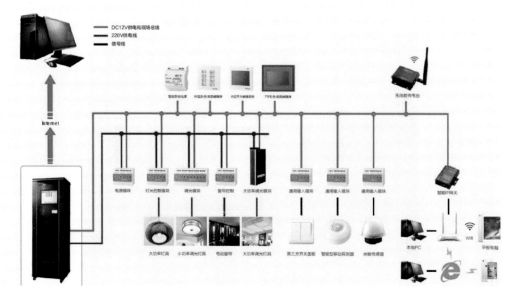

图 6.8-2　智能照明系统控制示意图

② 智能照明系统各模块主要功能

总线电源：为各功能模块提供电源，可以为多个设备供电，带总线复位、过流指示和短路保护。

开关驱动器：有 4 路、8 路、12 路三种规格，另外还有调光驱动器可选，可控硅调光和 0～10V 调光，用于对设备进行开关控制的驱动器，具有逻辑、延时、预设、场景、阈值开关等功能。

可控硅调光器：用于对设备进行开关和可控硅调光控制的驱动器，具有逻辑、延时、调光、预设、场景、阈值开关等功能。

0～10V 调光器：用于对设备进行开关和 0～10V 调光控制的驱动器，具有逻辑、延时、调光、预设、场景、阈值开关等功能。

智能面板：用于接受按键触动信号，可通过区分短按与长按并结合不同参数配置实现开关、调光、场景、窗帘控制、调温、报警等功能。

传感器：是一种能感受外界信号、物理条件（如光、移动）并将感应的信息传递给其他设备的装置（如调光器、开关驱动器），实现其功能。能监控是否有人移动，然后执行动作。

2）智能照明供电调试

① 调试前的检查

照明设备调试前需对外观进行检查，需无明显破损，照明元器件、配件需和清单一致，对设备有怀疑的可通电测试。电气管线敷设、穿线完毕，接线完成，绝缘测试合格。接线主要检查接线紧固，无漏线错线。测试前先用万用表检查设备绝缘情况后再通电测试。

② 照明控制箱内的元器件，应按《电气装置安装工程 电气设备交接试验标准》GB 50150 要求进行交接试验，主要包括互感器、表计精度校验，开关保护定值的整定。互感器采用互感器特性测试仪测量变比、极性与铭牌是否相符，开关带定值调节的需按照负荷实际情况以及图纸给定值整定。

③ 照明配电箱上电测试，由于工程的送电条件不确定，所以一般采用临时电源。把该照明配电箱进线开关断开，把正式进线拆除，接着接上临时电源，送上电源，打开箱内其中一路照明控制开关，再开启相关的照明灯具，正常后打开另一路照明控制开关。接着逐步打开照明配电箱内的全部开关。

④ 采用相同的方法调试第二个照明配电箱，逐步调试完顶层的所有照明配电箱，再往下层调试，采用相同的方法直至所有的照明配电箱全部调试完成。

⑤ 所有分段分区域分系统调试结束后，进行送正式电运行调试，先切断各区的照明控制箱开关，

配电间上锁；然后对照明主干线电缆、封闭母线空载送电，运行 24h 后做一次全面的检查，发现问题及时解决；由上往下逐层开始各回路送电，发现问题及时解决。箱体调试如图 6.8-3 所示。

3）智能调光调试

智能调光方法的可分为两种：模拟调光和数字调光，模拟调光是通过改变灯光回路中电流大小达到调光；数字调光是通过 PWM 脉冲宽度调制技术改变正向电流的导通时间以达到亮度调节的效果。调试内容如下：

① 按系统、按配电箱控制的区域分成各自独立的调试区域，从上到下，逐层逐区域进行调试。

② 驱动电源模块的调试，一般包括四个部分：

a. 电源变换：中压变低压、交流变直流、稳压、稳流。

b. 驱动电路：分立器件或集成电路能输出较大功率组成的电路。

图 6.8-3 智能照明控制箱调试

c. 控制电路：控制光通量、光色调、定时开关及智能控制等。

d. 保护电路：保护电路内容较多，如过压保护、过热保护、短路保护、输出开路保护、低压锁存、抑制电磁干扰、传导噪声、防静电、防雷击、防浪涌、防谐波振荡等。现场调试时，由于环境条件限制，调试人员可用万用表测量正常的电路电阻值，然后根据正常电阻值判断待测电路的正常与否，应无明显差别，电路的好坏最终还是以通电测试的结果为准。

③ 对输入、输出电压及指示灯的确认。输入电路通电时，用万用表电压挡测量输入电压，输出电压需按照出厂说明书要求测量，电压需在产品技术要求范围之内。

④ 各种冗余配置的调试，用人工模拟的办法确认各区域照明自动切换功能。开通数据通信，调出系统维护功能。

⑤ 中央控制软件的编程测试：通过中央服务器上对监控的照明设备进行直接开关控制调试。对设备故障报警功能调试。智能照明系统是 BA 系统的一部分。操作员可以通过 ORCAview 软件（一种强大的管理、调试、监控、编程于一体的操作软件，具有直观图形界面）对此系统进行管理。对亮度赋值、定时启停、人机界面的对象的绑定等等，均可实现。

⑥ 在完成整个系统的联调工作后系统运行稳定，进入试运行阶段。

a. 分步启动整个系统内所有设备。

b. 检测系统运行情况，如图 6.8-4 所示。

c. 对系统功能进行优化，完成智能照明各个支线调试，本地控制功能正常，满足设计要求。

4）照度的测试

室内照度测量应在没有天然光和其他影响被测光源下进行，应在清洁和干燥的场地上进行。采用光照度计测量，照度测量的区域划分成矩形网格，网格宜为正方形，应在矩形网格中心点测量照度，该布点方法适用于水平照度、垂直照度测量，垂直照度应标明照度的测量面的方向，其平均照度应满足设计要求。

5）智能照明系统亮化效果

智能照明系统亮化效果图如图 6.8-5、图 6.8-6 所示：

图 6.8-4 智能照明柜运行检查图

图 6.8-5　中国尊项目照明亮化效果图

图 6.8-6　某超高层建筑亮化效果图

6.9　等电位及接地测试技术

1. 技术简介

超高层建筑设备雷电损害风险程度远高于一般建筑，对于设备金属接地、等电位跨接，接闪器、引下线的防雷检测要求高于常规建筑。受楼高的限制，常规的测试方法诸如接地摇表测试法，其接地极和测试极的导线不够长（通常设备导线一般为20m），而且超高层建筑周围通常为水泥地面，无法打入电压电流探棒。通过一系列实践，本技术总结出了超高层建筑接地及等电位测试技术，有效解决了上述问题。

应用钳形接地电阻测试法测量时，不用辅助电极，不存在布极误差，直接用卡钳卡住被测金属导体，数据由显示屏直读。当不构成回路的接地点无法测量时采用间接测试法测量，先找出能测量位置的接地电阻，再以此为基准进行叠加测量。

等电位连接和接地这两种方法都是保障用电安全的重要手段，功能上相互补充。等电位连接分为总等电位连接、辅助等电位连接、局部等电位连接。其作用有雷击防护、静电防护、电磁干扰防护、触电保护等。

2. 技术内容

（1）初步检查

检查防雷、接地系统及等电位接地系统安装符合规范设计及安装图的要求；各接地系统电线、电缆、导线和端子连接紧固。具体检查内容如下：

1）系统电线、电缆、导线和端子连接紧固。

2）检查接地装置和接地连接点安装、导体的规格和敷设方法满足要求。

3）检查电涌保护器的性能参数、安装位置、安装方式和连接导线规格满足要求。

4）智能建筑的接地系统必须保证建筑内各智能化系统的正常运行和人身设备的安全。

（2）接地电阻测试

1）钳形接地电阻测试法

其基本原理是测量回路电阻，如图 6.9-1 所示。仪表的钳口部分由电压线圈及电流线圈组成。电压线圈提供激励信号，并在被测回路上感应一个电势 E。在电势 E 的作用下在被测回路产生电流 I。使用前先用设备提供的专用电阻校准仪器，校准无误后再开始测量 E 及 I，直接读取屏幕显示值，并通过 E/I 即可得到被测电阻 R。

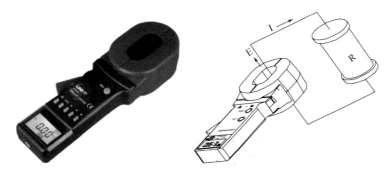

图 6.9-1　钳形接地电阻测试图

若建筑物的接地极互相独立，各接地极的接地电阻测量见图 6.9-2。

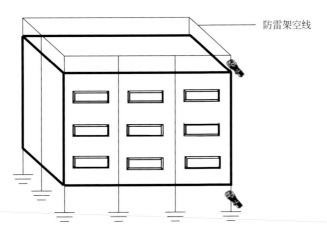

图 6.9-2　相互独立接地极接地电阻测试图

2）间接法测试方法

① 先测出已知点接地电阻

可以直接用线连接大地时，采用接地电阻测试仪直接测量，如图 6.9-3 所示，用专用导线将接地端子 E（C2、P2）、P1、C1 与探针所在位置对应连接，沿被测接地极 E（C2、P2）和电位探针 P1 及电流探针 C1，应直线距离为 20m，使电位探针处于 E、C 中间位置，按要求将探针插入大地。

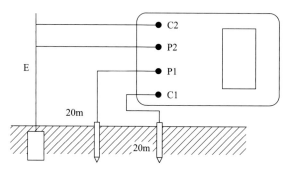

图 6.9-3　接地测试示意图

② 如测得一处接地电阻值，可以该处为基准点，测量下一点与基准点的相对值。测量时把 C1 \ P1 接到基准点，C2 \ P2 接到被测点，采用如图 6.9-4 方法测量：

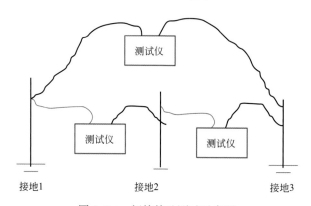

图 6.9-4　间接接地测试示意图

（3）等电位连接测试

超高层建筑一般在配电间、弱电间、设备机房、竖井、卫生间、设备机房、弱电机房、竖向管井局等设置等电位连接，建筑物内所有外露的金属导体均通过接地干线、保护干线和等电位连接干线与主等电位铜排导通接地，并利用结构内钢筋或钢结构等金属构件自然形成等电位连接。等电位测试技术特点是利用新型等电位测试仪测试，方法简单，操作便利，如图 6.9-5 所示。

图 6.9-5　等电位箱连接示意图

采用等电位电阻测量仪进行导通性测试，测试采用空载电压 4～24V 直流或交流电源，测试电流不小于 0.2A，可认为等电位连接是有效的，如发现导通不良的管道连接处，应设置跨接线。

1）线阻校验：

将两条测量线短接之后，进行线阻校验，线阻值自动显示储存，在以后的测量中会自动地将连接电阻值扣除。

2）单点测量：

测量线与被测量物接线完成后，进行单点测量，测量仪会自动地将测量数据存储在存储器中，测量示意图如图 6.9-6 所示。

图 6.9-6　接地等电位测试图例

6.10　雷电预警系统调试技术

1. 技术简介

雷电预警系统是集大气电场监测、雷电临近预警等诸多功能于一体的软、硬件高度集成系统，用电场传感器实时监测大气电场，当电场强度异常时，发出报警信息，并采取数据离散性等数学模型来分析报警，大幅降低误报。

而预防性防雷保护措施并不能替代外部直击雷防雷及内部感应雷防雷保护设备的功能。除主动预警以外，还采用浪涌保护器（SPD）防止雷击过电压，为各种电子设备、仪器仪表、通信线路提供安全防护的电子装置。

超高层雷电预警调试技术通过对主动防雷 SPD 的检测、大气电场仪、监控主机及管理软件的测试来保障雷电预警系统的顺利运行。超高层雷电预警系统调试技术内容主要包括：SPD 浪涌保护器测试、预警系统电源控制柜调试以及大气电场仪（监测探头、传感器）的测试。

2. 技术内容

（1）工艺流程

调试流程如图 6.10-1 所示：

图 6.10-1　雷电预警测试流程

（2）关键技术介绍

预防性防雷保护措施应该在雷电活动前开始，在雷电停止后预警结束。某项目雷电预警系统构成如图 6.10-2 所示：

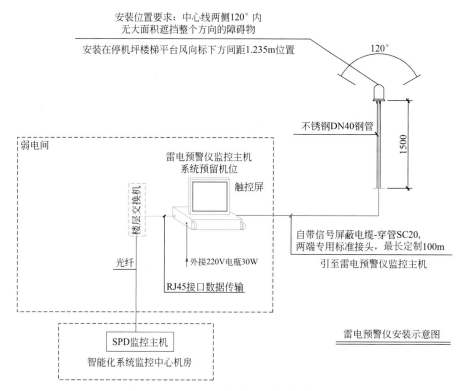

图 6.10-2　某超高层雷电预警系统构成图

1）SPD 浪涌保护器测试

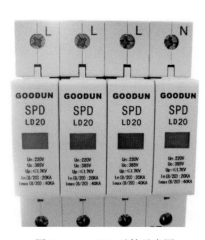

图 6.10-3　SPD 元件示意图

当电气回路或者通信线路中因为外界的干扰突然产生尖峰电流或者电压时，浪涌保护器能在极短的时间内导通分流，从而避免雷击对回路中其他设备的损害。SPD 元件按其工作原理分类，可以分为电压开关型、限压型及组合型。某款 4P 类型 SPD 图例如图 6.10-3 所示。

① SPD 类型

a. 电压开关型 SPD：在没有瞬时过电压时呈现高阻抗，一旦响应雷电瞬时过电压，其阻抗就突变为低阻抗，允许雷电流通过，也被称为"短路开关型 SPD"。

b. 限压型 SPD：当没有瞬时过电压时，为高阻抗，但随电涌电流和电压的增加，其阻抗会不断减小，其电流电压特性为强烈非线性，有时被称为"钳压型 SPD"。

c. 组合型 SPD：由电压开关型组件和限压型组件组合而成，可以显示为电压开关型或限压型或两者兼有的特性，这决定于所加电压的特性。

② SPD 现场测试

a. 电源避雷器（SPD）直流参考电压 UI（A）的测试：用仪器测出的 SPD 实测压敏电压与生产厂标称值比较，当误差大于±20%时，可判定 SPD 失效。也可与产品生产厂家提供的允许公差范围表对比判定。

　　b. 漏电流（1Ie）的测试：检测 SPD 的劣化程度，规定在 0.75U1mA 下测试。实测 1Ie 不应大于产品标称的最大值；如产品未标定出 1Ie 值时，一般不应大于 20A。

　　某类型防雷元件测试仪测试示意图见图 6.10-4 所示：

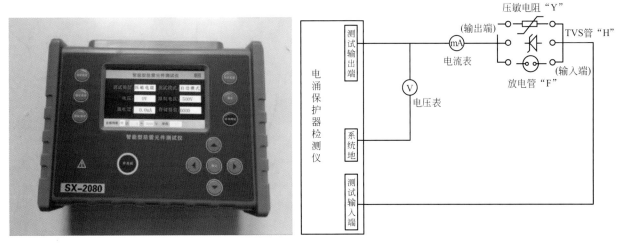

图 6.10-4　防雷元件测试仪测试示意图

　　2）雷电预警仪及配套设备的调试

　　① 预警系统电源控制柜的调试

　　预警系统同电源控制柜内空开、母线绝缘、互感器等元器件的测试方法内容与常规供配电系统元器件试验一致。需按照《电气装置安装工程电气设备交接试验标准》GB 50150 要求实施。其电源控制柜、机柜如图 6.10-5 所示：

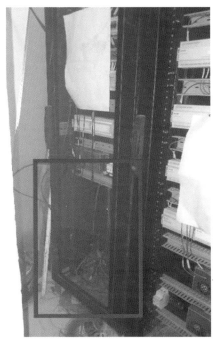

图 6.10-5　预警系统电源控制柜、机柜图例

　　② 大气电场仪（探头）的测试

　　某超高层项目采用的探头装置为一个纯电子式传感器，全天 24 h 工作，能够直接测量电场变化，能够有效地在预警范围内探测雷暴的形成（20km 半径）。探头的设计可以保护系统的测量免于气候的影

响，提高测量精确度和使用寿命。某款大气电场探头如图 6.10-6 所示。

图 6.10-6　某款大气电场测试探头图例

某超高层建筑雷电监测探头安装于室外停机坪风向标钢结构平台，高度 $H=1.5\text{m}$，在风向标顶接闪杆防护直击雷保护范围内，如图 6.10-7 所示。

图 6.10-7　电子式大气电场探测传感器探头安装位置

a. 调试前的检查：室外探头安装必须远离任何可能引起电场畸变的物体，例如树，金属建筑物或电源。

b. 测量精度与安装高度和海拔无关，在调校时无需对高度和海拔进行调校。

c. 电场的标定应当在一个已知数值的均匀电场中进行，根据处于不同电位的两块相互平行且有无限尺度的导电板之间存在均匀电场的原理，利用在两块相距为一定距离的平板电极间加上一已知的稳定电压，作为电场标定装置，平板间电场可根据 $E=U/d$ 算出。

③ 预警值的调整

a. 超高层建筑雷击各阶段预警值及预防措施如表 6.10-1 所示。

雷击各阶段预防措施表　　　　　　　　　　表 6.10-1

图例	预警级数	电压值	预防措施
	预警 3 级、强烈（云对地放电阶段）	7 000V	严重雷击危险，对即将在监测地发生的雷击进行报警。 三级预防措施 1. 擦窗机等设施归位，室外所有人员进入室内，直至雷暴过去，预警解除
	预警 2 级、中级、紧急（雷电形成，云内放电阶段）	4 000V	有雷击危险，对正在接近的雷暴或在本地生成的雷暴进行报警 二级预防措施 1. 启动备用电源，可断开的敏感系统。 2. 疏散外部人群，尤其是建筑物顶擦窗及维护、金属物附近等人员
	预警 1 级、初始（云内电荷分离）	3 000V	无雷击危险 一级预防措施： 1. 此时雷暴正在形成，提醒相关室外作业人员
	0 级（无预警）	/	无雷电危险 工作安排： 人员及配电系统正常工作

b. 管理软件的调试

管理软件触摸屏所有参数均可自行设置。把各级报警预警值输入管理软件中，如图 6.10-8 所示：

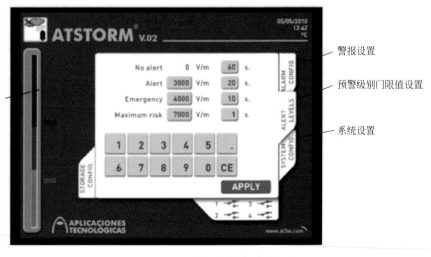

图 6.10-8　管理软件菜单设置图

管理软件还应显示的静态及动态数据主要有：雷电预警级别流水式显示条（动态）、当前静电场（动态）、继电输出报警（动态）、静电场变化图表（动态）。软件还应对 IP 地址、网关、子网掩码等网络设定。

6.11　智能化系统检测调试技术

1. 技术简介

超高层建筑智能化系统调试实施包含 IT 基础设施服务、综合安防管理系统、楼宇设备管理系统、信息设施管理系统、基于 BIM 的综合监控平台、智能化应急指挥调度系统、基于 BIM 的物业及设施管理系统和 APP 客户端软件以及智慧建筑云平台等系统的调试。

2. 技术内容

（1）调试目标

构建建筑智慧环境，有效节省各种资源，形成基于智能信息和绿色环保的全新智慧建筑生态环境。为智慧建筑营造一个人与自然和谐统一的环境，展示一个舒适、监控、环保、节能的人性化生活办公新概念，创造一个与环境相协调、能自身持续发展、具有高效率高性能的智慧建筑。

（2）调试前的准备工作

各系统的硬件设备以及服务器安装完成，各设备编号及地址信息已知，明确各系统的接口对接方式、对接协议，以及系统的调试要求，配备好充足的调试人员以及设备，调试前还应收集各系统的详细设计资料，详细了解系统设计以及要求。

（3）超高层建筑智能化系统的阶段计划

整体架构如图 6.11-1 所示。

（4）超高层建筑智能化系统各阶段步骤及方法

1）IT 基础设施服务

基础设施服务部分主要是基于虚拟机对所有内存、硬盘、CPU 资源进行分配，在物理机上配置出不同的虚拟机，然后在不同的虚拟机上运行各种底层服务和各种应用客户端。具体包括 IT 基础设施环境搭建；虚拟机的分配与安装；底层软件的安装；各虚拟机上数据库安装。

2）综合安防管理系统（二级平台）

综合安防管理系统（SMS）包括：综合安防管理集成平台服务端及客户端软件、出入口控制系统（智能门禁及速通门控制、人脸识别及访客管理、电梯控制、停车场管理等）、入侵报警、电子巡查管理、视频监控等相关安防专业监控管理系统软件，以及第三方数据的综合安全监控和管理。

综合安防管理系统调试之前，应先进行各个单系统调试，单系统调试符合要求后，方可进行跨系统调试，最后才能进行整系统调试工作。包括：人脸识别系统调试、电梯控制系统调试、保安巡更管理系统调试、门禁系统调试、速通门系统调试、会议室门禁灯光窗帘控制系统调试、防爆安检系统调试、视频安防监控系统调试、停车场管理系统调试、访客管理系统调试。

3）楼宇设备管理系统（二级平台）

楼宇设备管理系统（二级平台/BAS）包括：集成智能化系统物联网上连接的楼宇设备智能化各应用系统监控电子地图图形页面的浏览、实时信息的交互、数据的共享、系统间的控制联动等。

建筑设备监控系统调试包括：空调系统监控调试、新风系统监控调试、送/排风系统监控调试、热交换系统监控调试、制冷系统监控调试、给水排水系统监控调试、电扶梯系统监控调试、高低压供电系统监控调试、燃气报警系统联合监控调试、能源管理系统联合调试等。

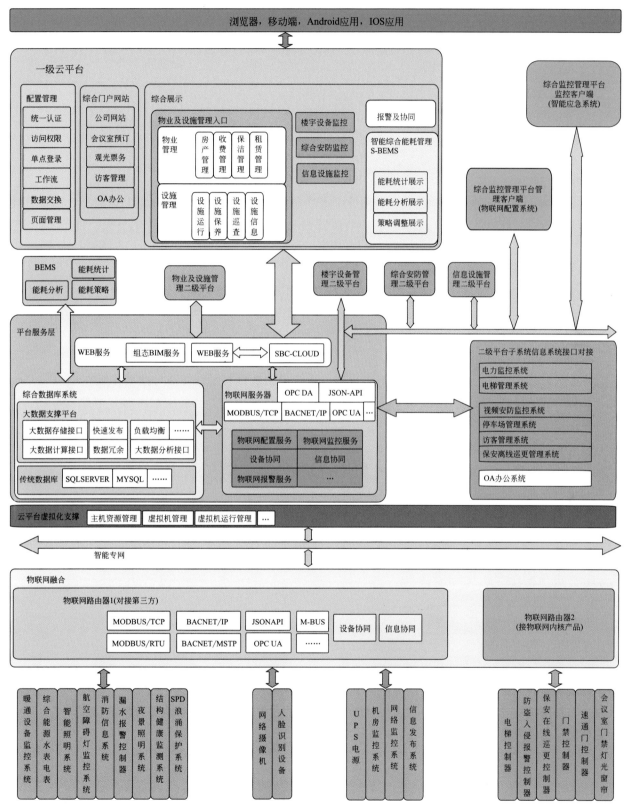

图 6.11-1　超高层建筑智能化系统调试架构图

4）信息设施管理系统（二级平台）

信息设施管理系统调试之前，应先进行各个单系统调试，单系统调试符合要求后，方可进行跨系统调试，最后才能进行整系统调试工作，包括：UPS 电源系统调试、智能化数据机房动力及环境监控系统调试、信息发布系统调试。

5）基于 BIM 的综合监控平台

基于 BIM 的综合监控平台以客户端形式与 Web 两种形式进行配置及展示，应具备的功能包括：

① 与四个二级平台数据互通；

② 与综合能耗管理系统数据互通；

③ 可以跨平台使用；

④ 展示需要监控的界面、参数、参考资料；

⑤ 主要用于各种监控室和非监控室环境，监控室值班人员直接通过客户端查看。而非监控室人员，如某些重点监控区域的状态，只需用浏览器登录即可查看；

⑥ 分专业分区域进行展示，显示所有系统中需要展示的监控内容和报警能力，设定和查阅被监测对象的参考资料。利用组态地图、3D 地图进行数据直观展示，使用 BIM 模型中的族信息和模型信息，展现模拟仿真功能、海量实时信息的监控能力。

6）智能化应急指挥调度系统

智能化应急指挥调度系统由应急指挥场所、应急基础设施、基础支撑平台、数据库系统、智能应急系统、应急系统前端展示、法律与标准规范以及安全保障体系等构成，根据系统功能要求进行相关的配置与调试。

7）基于 BIM 的物业及设施系统

物业及设施管理系统用于物业、设施的管理。系统分为前台与后台，前台主要提供给普通用户使用，具有一般的浏览、查询功能；后台主要提供给管理人员使用，具有管理、审批、增加、删除等功能，根据系统功能要求进行前台功能、后台功能的配置与调试。

8）App 客户端软件

基于移动客户端的 App 软件是以移动手机形式对智能建筑内所对接的第三方智能子系统数据集成展示、预警告警、故障申报及信息查询进行展示。

App 软件同时支持 Android 和 iOS 两个平台操作系统。

移动客户端 App 软件按照使用人员不同的身份权限，分为普通账号和管理账号，管理账号可对普通账号终端用户会议或访客的预约、故障单据的申请等进行审核管理。手机用户通过装载在手机中的 App 软件进行相关显示、查询及操作。

9）智慧建筑云平台

智慧建筑云平台包括综合能耗分析、设备分类、消息管理、综合业务集成管理、应用管理、企业管理、工作流、WEBBIM 库、物业及设施服务、OA 办公、门户网站等部分以及最终的综合展示平台。

综合展示分析系统将大楼所有智能化系统收集到的信息通过统计分析后，以图表的形式进行展示，帮助管理者直观的查看到整栋大楼的整体状况，直观了解到大楼系统的情况，能及时对大楼的情况进行处理，有针对性的发布应对措施，对大楼整体发展与维护做出规划。其进行收集分析的信息包括：楼宇设施信息、综合安防、信息设施信息、物业设施信息。

6.12 智能化联合调试技术

1. 技术简介

超高层建筑智能化联合调试主要作用在于各单系统调试完成后，需要跨系统的联合调试，能够有效地组织各个单系统的联合调试，对系统之间的接口和联动关系进行验证，实现智能化功能。

2. 技术内容

（1）调试目标

对各专业各系统进行整合调试，使各系统达到联动功能，有效地监视或控制各设备的状态，以智能化推进绿色建筑，节约能源，降低资源消耗和浪费，减少污染。实现智能化各应用系统之间信息资源的共享和管理，各应用系统的互动操作、快速响应与联动控制，以达到自动化监视与控制的目的。

（2）调试前的准备工作

联合调试涉及多个专业，点多、面广，因此要在调试领导小组的统一指挥下进行，组织协调是对联合调试的考验，具体应做到以下几点：

1）电气专业应提前送正式电并保证联合调试期间的电源。

2）联调中涉及的相关专业应保证自身专业系统的正常运行，如出现故障应及时处理。

3）各相关专业在联合调试期间，应安排专职的调试人员在相关区域巡查，并保持联系通畅。

4）发现问题及时汇报给所在小组负责人，并按负责人指示进行应急操作。

5）建立联合调试例会制度，协商和解决出现的问题。

（3）超高层建筑智能化联合调试的调试流程，如图 6.12-1 所示。

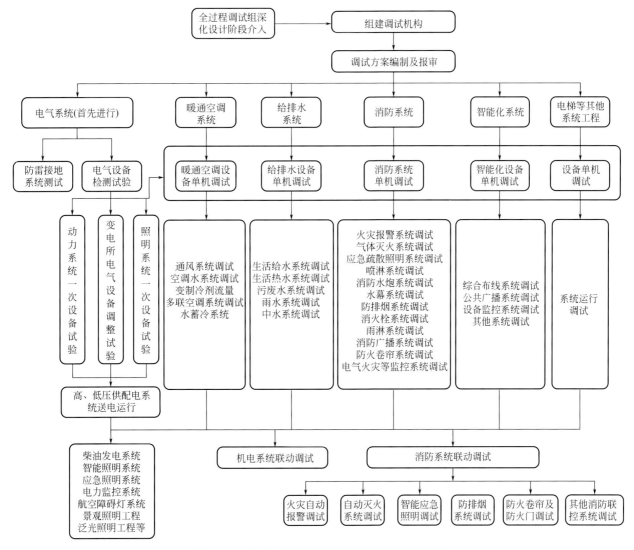

图 6.12-1　超高层建筑智能化联合调试的调试流程

智能化系统多而复杂，主要考虑分步分项来实施调试，各系统调试方案报验以后，首先实施调试的是综合布线系统、计算机网络系统、机房系统。当以上三个系统完成后，对其他各子系统先进行前端设备调试，再对单个子系统整体调试，最终智能化系统之间、智能化与机电相之间进行联合调试。

（4）智能化跨系统联合调试

联合调试内容包含：人脸识别系统与门禁系统、速通门系统的联合调试；防盗入侵系统与门禁系统、智能照明系统联合调试；电梯系统与门禁系统、智能照明系统、暖通系统联合调试；防爆安检系统与视频安防监控系统、电梯系统联合调试；停车场系统与门禁系统、电梯系统、智能照明系统、暖通系统联合调试；访客系统与门禁系统、速通门系统、电梯系统联合调试；消防系统与停车场管理系统、视频监控系统的联合调试；漏水报警系统与视频监控系统、电力系统联合调试等。

1）人脸识别系统与门禁系统、速通门系统的联合调试内容：

通过人脸高清抓拍设备与录入的人脸照片实时比对，通过刷脸识别人员身份及权限，联动门禁系统和速通门打开相关通道门。

2）防盗入侵系统与门禁系统、照明系统联合调试内容：

① 当发生入侵报警事件后，可联动入侵报警区域的电子地图，显示该报警区域；

② 自动将故障信息发送到相关责任人员的手机、邮箱上；

③ 联动入侵报警区域的摄像头，监控中心的显示屏上弹出与报警点相关的摄像机图像信号，操作人员可通过操作云台和可变镜头（球机）监视报警区域的情况，支持录像回放；

④ 联动门禁管理系统封闭相关通道；

⑤ 夜间发生的报警事件，系统将会联动报警区域的灯光，开启照明。

3）门禁系统与电梯系统、智能照明系统、暖通系统联合调试内容：

① 收集到用户刷卡信息后，可自动联动智能照明系统切换场景、联动呼叫电梯、联动暖通设备监控系统启停空调机组、VAV设备、风机盘管等；

② 当门禁发出报警信息，如非法闯入报警，可联动门禁区域的电子地图，显示该报警点的位置信息；自动将异常信息发送到相关责任人员的手机、邮箱上；

4）防爆安检系统与视频安防监控系统、电梯系统联合调试内容：

① 配置联动策略，当运行状态异常时，可联动摄像机进行抓拍，通过短信、邮箱发送异常信息到相关负责人；

② 当遇到紧急情况时，可远程控制阻车器（电动升降柱、电动路障机）的升降。

5）停车场系统与门禁系统、电梯系统、智能照明系统、暖通系统联合调试内容：

① 配置联动策略，当VIP用户车辆进入后，联动呼叫电梯到停车场，联动暖通设备监控系统启停空调机组、VAV设备、风机盘管，联动改变智能照明系统场景等；

② 远程联动停车场闸门打开、关闭。

6）访客系统与门禁系统、速通门系统、电梯系统联合调试内容：

① 访客预约后，可授权访客出入权限，配合门禁、速通门、电梯控制等使用；访客登记领卡后，将取得门禁、速通门、电梯等出入权限；访客离开后权限自动取消。

② 访客凭证除普通卡外，还可支持身份证、人脸、二维码等。

7）消防系统与停车场管理系统、视频监控系统的联合调试内容：

当发生火灾报警时，可联动停车场道闸打开，同时发短信或者拨打电话给指定人员，联动重点监控区域的摄像头，监控中心的显示屏上弹出与报警点相关的摄像机图像信号。

8）漏水报警系统与视频监控系统、电力系统联合调试内容：

发生漏水报警后，可以联动关闭对应阀门、联动摄像机直接进行抓拍图像。同时，可自动发短信或者拨打报警电话给指定人员，若发生在机房位置，可联动关闭对应位置的设备电源。

6.13　机电全过程调试技术

1. 技术简述

超高层机电全过程调试主要分为：建筑机电设计、施工、交付和试运行四个阶段，超高层机电全过程调试技术把调试作为一个独立的过程，开始于设计阶段，并且用调试文件记录被调试系统的性能状况，使其符合设计意图。通过一系列的措施尽早发现问题，避免出现返工，缩短工期；通过深化图纸会审、工厂验收测试、施工期间的质量检查和现场测试、试运行和验收测试，保证部件、设备及系统满足功能性需求。

2. 技术内容

（1）工艺流程

全过程调试工艺流程及目的如图 6.13-1 所示。

图 6.13-1　全过程调试技术流程图

（2）每个阶段实施内容如下：

1）设计阶段

设计阶段：该阶段调试工作主要目标是尽量确保设计文件满足和体现业主项目要求。应清楚介绍满足业主项目要求的设计意图及规范、设备系统及部件的描述，还应配合施工方深化设计，从调试技术的视角完善深化设计。

该阶段主要工作为：按要求建立调试项目团队，确认调试团队各成员的职责和工作范围；建立具体项目调试过程工作的范围和预算；指定负责完成特定设备及部件调试过程监督和抽检工作的专业人员；召开调试团队会议并记录内容；收集调试团队成员关于业主项目要求的修改意见；制定调试过程工作时间表；确保设计文件的记录和更新。

调试人员应及时更新设计文件，更新包括：备选的系统、设备及部件；系统及相关组件的选型计算；设备系统及部件的设计运行工况；设备及部件的技术参数；标准、规范、技术规程、法规及其他参考文献；业主要求和指令；其他所要求的信息。水系统水管管径核算如图 6.13-2 所示。

调试人员复查设计文件是否符合业主项目要求，应做到以下四项：

① 复查设计文件的总体质量，包括图纸完整性、易读性、一致性和完成程度。

② 复查电气、空调、自控等各专业之间的协调情况。

③ 复查业主项目要求有特殊要求的专业。

④ 复查设计详细说明书同业主项目要求及设计文件的适用性和一致性。

2）施工阶段

该阶段调试工作主要目标是确保机电系统及部件的安装满足业主项目要求，调试工程师通过检查确保施工阶段业主项目要求中所涉及的每一项任务和测试工作的质量。

此阶段又可分为工厂化验收阶段、安装检查、工地测试等过程。

图 6.13-2　水系统水管管径复核

① 工厂化验收阶段

对电气系统、空调系统、弱电智能化等系统的核心设备在出厂前进行性能验证，就测试与验证发现的问题在工厂进行整改纠正，避免或减少设备故障对现场施工的延误，是业主设备采购合同验收的重要标志。电气配电柜工厂检查如图 6.13-3 左图，电气设备雷电冲击试验如图 6.13-3 右图所示，工厂化验收表如图 6.13-4 所示。

图 6.13-3　全过程调试电气系统设备工厂验收图

交付和运维阶段：该阶段调试工作目标是确保机电系统及部件的持续运行、维护和调节要求及相关文件的更新均能满足业主项目要求。

② 安装检查阶段

调试人员根据编制的一系列规范且严格的检查表，检查现场安装情况与设计图纸是否相符，确认现场电源条件、现场安全状况符合运行调试工作的要求。

设备的安装质量对系统的安全运行影响重大。调试人员需以质量把控的角度，对设备的安装工艺，内部的安全距离及防护措施，维护空间，巡检空间，在线维护、备品备件的更换等方面进行检查，安装检查是全过程调试的重要工作之一。安装检查阶段检查表如图 6.13-5 所示。

③ 工地测试阶段

该阶段调试工作主要目标是确保机电系统及部件的安装满足业主项目要求，调试人员需确保施工阶

图 6.13-4　全过程调试工厂化验收表

图 6.13-5　全过程调试安装检查表

段业主项目要求中所涉及的每一项任务和测试工作的质量。

该阶段调试主要工作为：协调业主代表参与调试工作并制定相应时间表、更新业主项目要求；根据现场情况，更新调试计划；组织施工前调试过程会议，制定调试过程工作时间表；确定测试方案，建立测试记录；定期召开调试过程会议；定期实施现场检查；监督施工方的现场测试工作；核查运维人员的培训情况；编制调试过程进度报告；更新机电系统管理手册。各系统具体调试技术参见本章 6.1-6.12 章节调试内容。工地测试阶段测试如图 6.13-6 所示。

图 6.13-6　工地测试阶段测试图

3）交付和试运行阶段

在项目基本竣工以后，开始交付和试运行，至保修合同结束为止。该阶段调试工作的目标是确保机电系统及部件的持续稳定运行、维护和调节及相关文件的更新。

此阶段主要工作为：协调机电总包的质量复查工作，充分利用调试专业知识和项目经验使得返工数量和次数最小化；进行机电系统及部件的季度测试；进行机电系统运行维护人员培训；完成机电系统管理手册并持续更新；进行机电系统及部件的定期运行状况评估；召开经验总结研讨会；完成项目最终调试过程报告。试运行阶段图例如图 6.13-7 所示。

图 6.13-7　工地试运行阶段测试

第 7 章

临永结合施工技术

临永结合将建筑物竣工后的永久设施提前至施工阶段临时使用，避免重复设置、减小消耗，为施工提供必要的防护和便利，并纳入项目建设管理范畴。临永结合施工技术对于超高层建筑尤其适用，由于超高层建筑设备层多、管井空间小，若按照常规施工技术，前期需要安装临时的排水管、消防水管、电缆和风管等管线，工程量大，占用了施工空间，不可避免的对正式管线的施工造成影响，且投入成本高，后期的拆除也会造成经济上的浪费，并影响施工工期。

合理的使用临永结合施工技术能够达到绿色节能、降本增效的显著效果。通过对多个超高层项目的应用探索，总结了临永结合的消防水系统、排水系统、供配电系统、通信系统、通风系统的应用技术，本章就以上技术以北京中信大厦（中国尊）工程为背景进行了介绍，为超高层中的临永结合施工技术提供指导。

7.1　消防水系统临永结合施工技术

1. 技术简介

超高层建筑高度高、施工周期长，施工期间现场环境复杂，施工人员数量多，疏散逃生困难大，一旦发生火灾后果不堪设想，因此对施工期临时消防系统的规划和实施提出了更高的要求。如何实现正式消防和临时消防的无缝对接，达到安全可靠、工期保障、降本增效的目的，采用"临永结合"消防系统施工技术，将建筑物竣工后的永久消防设施提前至施工阶段临时使用是其中一种较合理的解决方案。"临永结合"消防系统施工技术即将超高层建筑中的正式消防系统提前施工，部分正式消防系统在施工阶段临时使用，避免了临时消防与正式消防系统转换的空档期，确保了工程建设全周期的消防安全。

北京中信大厦（中国尊）项目结合工程现场完成情况，提前进行消防系统施工的专项策划，制定详细的实施方案，在施工过程中设有专职人员形成管理小组，跟踪过程管理和协调，明确总包机电管理和消防专业分包公司之间的管理细则，分工负责，明确责任，通过实施取得了良好的效果。此技术合理使用正式管道和设备，减少了后续临时管道和设备的拆除量，避免了临时设备及管道安装影响精装修收口工作，节约了施工期间临时消防设备和材料投入量。

2. 技术内容

（1）工艺流程

"临永结合"消防水系统施工工艺流程如下：

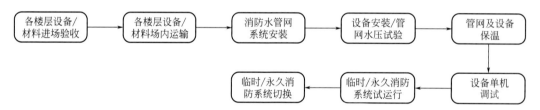

（2）"临永结合"消防水系统技术的实施可分为以下几个阶段：

1）现状分析

本阶段的主要任务是结合项目实际情况，对施工现场临时消防需求进行分析，进行初步规划。

2）临永结合

结合上一步的规划，与项目的正式消防水系统进行结合，利用正式消防转输泵房及消防管网，局部设置临时管道及阀门，形成"临永结合"消防水系统技术方案的专业图纸。

3）深化设计

根据上一步形成"临永结合"消防水系统技术方案的专业图纸，确认其涉及的区域，完成相应区域的深化设计后，出具"临永结合"消防水系统施工图纸。

4）施工验收

根据"临永结合"消防水系统施工图纸进行采购及安装工作，系统验收完成后投入使用。

5）转换翻新

"临永结合"消防水系统的临时水泵、管道及阀门拆除和转换，局部进行翻新，项目正式消防系统投入使用。

（3）"临永结合"消防水泵的控制

超高层建筑消防系统大多采用分级供水的形式，对各区段的供水泵及转输水泵的控制要求较为严格，因此"临永结合"的消防水泵的控制要求也要达到正式水泵的要求，水泵控制柜需要按照下述工作原理进行设计，并完成控制功能。

1）临时高压系统供水时控制柜工作原理

① 消防控制柜具有常规电控柜的保护功能。

② 消防稳压泵具有手自动两种工作方式。

a. 手动控制：配电盘就近控制，按钮控制消防稳压泵启动停止。

b. 自动控制：消防稳压泵设定压力下限启动，设定压力上限停止，并可实现两台稳压泵的故障互投自动轮换。

③ 消防主泵具有手自动两种工作方式。

a. 手动控制：是配电柜就近控制，按钮控制消防泵启动停止。

b. 自动控制：消防泵设定压力下限启动并在系统水流量为零时或设定压力扬程上限停止。

c. 主备泵切换：可实现两台临时消防泵的故障互投、自动轮换。

④ 控制柜具有水泵吸水低水位保护功能。

2）消防转输供水时控制柜工作原理

① 消防转输泵控制柜具有常规电控柜的保护功能；

② 消防转输泵具有手自动两种工作方式。

a. 手动控制：是配电盘就近控制，按钮控制消防转输泵启动停止。

b. 自动控制：消防转输泵受所供水水箱液位控制，设定低液位启动高液位停泵；另一种停泵条件，就是转输泵扬程高于转输泵扬程设定上限时停止运行。

c. 主备泵切换：实现两台转输泵的故障互投、自动轮换。

③ 控制柜具有水泵吸水低水位保护功能。

④ 控制柜提供水箱溢流保护功能。

（4）永久消火栓系统的成品保护

1）消火栓箱的成品保护

临时消火栓箱门封堵，非火灾情况严谨使用，发生火灾时砸碎消火栓箱的玻璃，使用消火栓进行灭火。

2）管道及阀门的成品保护

管道和阀门外敷电伴热带加 B1 级橡塑保温（外缠保温专用胶带），达到防冻和成品保护的目的。

3）消防泵房设备的成品保护

消防泵房严谨非操作人员进入，消防泵房设 24h 人员值班，进入人员实施登记制度。

（5）"临永结合"消防水系统转换技术

1）临时消防泵与正式消防泵的转换

① 施工中的临时消防泵安装完成投入使用（一用一备），临时消防泵利用预留水泵位置（不占用正式消防水泵空间），安装时在正式消防泵位置预留进出口管道接口阀门，为切换做准备。

② 正式消防泵进场后就位安装，并与预留管道接口阀门完成接驳，阀门开启，利用夜间进行调试，调试完成后，正式消防水泵作为临时消防水泵的备用泵使用。

③ 正式消防泵投入使用（一用一备），临时消防泵接口管道阀门关闭，临时消防泵拆除，完成临时消防泵与正式消防泵的转换。

2）临时消火栓与正式消火栓的转换

① 本方案结构阶段采用临时消火栓，装饰阶段采用正式消火栓。

② 转换时，以竖向区域内的消火栓立管转换为基本单元，原则每次转换只进行一个竖向立管消火栓的转换，转换前将该立管泄空（其余三支消防立管处在正常消防保护状态），待此竖向立管完成转换

后进行下一个竖向立管消火栓转换。

③ 转换需泄水时，提前确定排水措施。

3）临时高压供水系统超压部分及转输立管上设置减压阀组（一用一备）；结构阶段使用临时消火栓（不占用正式消火栓位置），装饰阶段临时消火栓换成正式消火栓。设置的临时消火栓出口水压力大于0.50MPa 时，采取减压稳压消火栓。

"临永结合"消防水系统转输泵房见图 7.1-1。

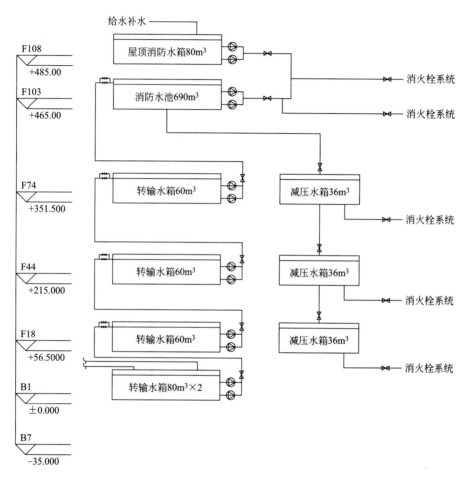

图 7.1-1 "临永结合"消防水系统转输泵房

（6）"临永结合"消防系统的施工及管理责任界面划分

临时消防与永久消防转换工作一般由施工总承包单位、消防专业分包单位共同完成，需将界面划分明确，保证及时高效完成相关工作。

1）施工总承包单位负责范围

① 负责各区域及室外临时消防系统的实施。

② 负责整个施工阶段临时生产用水实施及维护。

③ 负责消防转输水箱提供补水接口，消防专业分包单位负责接驳。

④ 负责在各区段提供临时消防水泵电源箱，消防专业分包单位完成后续接驳。

⑤ 负责提供消防泵房临时排水接口，消防专业分包单位负责接驳。

⑥ 负责自施范围内的临时设施的拆除。

⑦ 施工总承包单位在临时消防水系统使用结束后，施工总承包单位委托消防分包对有磨损或损坏的正式消防系统材料与设备进行"翻新"，"翻新"完成后由监理单位组织施工总承包单位及建设单位对

正式消防系统联合验收，经验收合格后，由施工总承包单位移交给机电总承包单位进行消防系统后续的安装及调试工作。

2）消防专业分包单位负责范围

① 负责加强施工期间消防措施方案的实施，按照施工总承包单位的要求完成自施范围内系统的运行管理、维护及成品保护工作。

② 根据监理验收意见及施工总承包单位委托，对有磨损或损坏的正式消防水系统材料与设备进行"翻新"，配合完成监理单位组织的对正式消防系统的联合验收工作。

③ 负责在正式消防转输水箱提供临时生产用水接口，后续工作由施工总承包单位负责。

④ 负责提供备用临时取水点（消火栓提供备用临时取水点）。

⑤ 负责临时电源箱与临时消防控制柜的接驳。

⑥ 负责自施范围内的临时设施的拆除。

⑦ 负责泵房排水管道与施工总承包预留排水接口接驳。

（7）与传统的临时消防系统相比，"临永结合"消防水系统施工技术具有以下优点：

① 安全可靠："临永结合"消防水系统与正式消防水系统可以无缝转换，消除施工期间的临时消防系统与正式消防系统转换的消防保护"空白期"，确保了项目从施工到竣工的全阶段消防安全。

② 节约成本："临永结合"消防水系统施工技术大大减少了临时材料的使用量以及安装、拆除所需的人工，取得经济效益显著。

③ 缩短工期："临永结合"消防水系统施工技术中大量的正式设备、管线、阀门等提前施工，既节省了后续的安装时间，又可以有效的解决传统技术中临时系统与永久系统交叉影响，延误工期的弊端。

④ 质量可控：以往项目采用的临时消防系统，仅服务于项目的施工阶段，后期需拆除，使用的材料品质不高、施工过程管控不严，往往要经过反复维修、拆改，耗费人力、物力并影响施工进度。"临永结合"消防水系统施工技术采用的正式材料，施工过程受到各方监督检查并执行严格的验收流程，质量可以得到保障。

7.2 排水系统临永结合施工技术

1. 技术简介

建筑工程的发展逐渐呈现出地下室面积大、地下层数多的趋势，因此对于建筑物的排水系统提出更高的需求。以往在建工程采用临时排水、排污系统的做法在实用性、经济性等方面存在不足，亟需开发更经济、合理的排水及排污技术，"临永结合"排水系统施工技术便是解决此问题的合理方案。

北京中信大厦工程地下室建筑面大、层数多，其地下室管道排布密集、情况复杂，不适宜增设大量的临时管道，应用"临永结合"排水技术解决了施工阶段地下室排水、排污需求；同时采用 BIM 技术，解决了临时管线布置和机电及装饰专业的空间交叉的问题。"临永结合"排水技术和 BIM 技术的应用可以大量减少临时系统的投入及后续的拆除工作量，做到了不影响机电及装饰专业的后续施工，节约成本、节省工期。

2. 技术内容

（1）工艺流程

现状分析 → 临永结合 → 深化设计 → 施工验收 → 转换翻新

1）现状分析：结合现场情况，对排水及排污需求进行分析，合理选取排水及排污点，进行初步规划。

2）临永结合：与项目的正式排水及排污系统进行结合，局部设置临时管道及阀门，形成整个地下室"临永结合"排水及排污方案的专业图纸。

3）深化设计：根据排水排污系统专业图纸，确认其涉及的区域，完成相应区域的深化设计后，出具"临永结合"排水及排污技术方案的施工图纸。

4）施工验收：根据施工图纸进行采购及安装工作，系统验收完成后投入使用。

5）转换翻新：拆除设置的临时管道及阀门，局部进行翻新，项目正式排水、排污系统投入使用。

（2）关键技术介绍

本技术的实施，其核心是最大限度地将正式排水及排污系统应用于施工阶段，局部设置临时的管道及阀门，满足需求的同时，大量减少后续拆除工作量。

1）首先需要研究地下室排水原理和地下室排水分析及重点防水区域。

① 地下室排水原理

a. 平层的废水通过各层设置的正式地漏及正式立管将各层排水汇集至底层集水坑。

b. 雨水通过环形坡道雨水沟和正式雨水立管汇集至雨水集水坑。

c. 核心筒内电梯基坑积水通过导流管排至对应集水坑。

d. 底层集水坑内的废水和雨水通过正式排水管道及正式排水泵在B1M层出户排至市政管道。

② 地下室排水分析及重点防水区域

a. 地下室排水分析（表7.2-1）

地下室排水分析表 表 7.2-1

序号	地下室排水来源分析	所占比例	备注
1	自坡道流入雨水	30%	
2	施工生产用水排水	30%	
3	结构窗井孔洞	20%	
4	墙外积水渗漏	10%	
5	其他	10%	

b. 地下室重点防水区域（表7.2-2）

地下室重点防水区域 表 7.2-2

序号	地下室重点防水区域	备注
1	楼层最低点	
2	短时间内大量排水点——坡道雨水集水坑	
3	正在使用的临时电梯的基坑和将要投入使用电梯的基坑	
4	地下室的变配电室及重要设备机房	

2）方案的选择和优化（表7.2-3）

方案的选择和优化 表 7.2-3

序号	项目	内容	备注
1	方案概述	通过正式的排水和压力排水系统，在正式的排水集水坑内通过临时的排水泵将废水排至室外管路	

序号	项目		内容	备注
2	方案	集水	1）平层的废水通过 B1～B7 层设置的正式地漏及正式立管将各层排水汇集至 B6/B7 层集水坑。 2）雨水通过环形坡道雨水沟和正式雨水立管汇集至 B6 层雨水集水坑。 3）核心筒内电梯基坑积水通过导流管排至对应集水坑。	
3		排水	B6/B7 层集水坑内的废水和雨水通过正式排水管道及正式排水泵在 B1M 层出户排至市政管道（市政未开通前排至临时室外管道）	

3）地下室排水方案的阶段划分

根据工期安排，将本工程地下室排水方案分为三个阶段：

① 第一阶段：市政管网开通前

利用正式排水系统（管道及地漏）汇水至相应集水坑，再通过集水坑内临时泵及正式压力排水管道排至 B1M 层，B1M 层局部设置临时管道与室外临时管道相连并设置防倒流措施，见图 7.2-1。

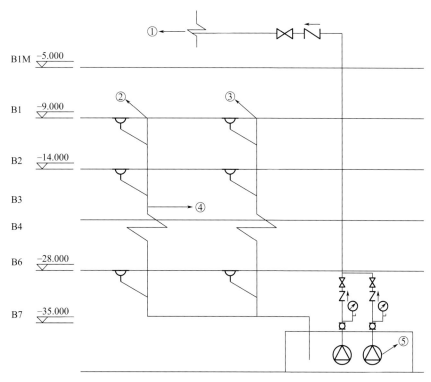

图 7.2-1　第一阶段示意图

注：①接室外东侧临时管道；②排水系统 F-12、13、14；F-19、20、21；③管井地漏排水
④正式管线；⑤集水坑和正式潜水泵

本阶段在 B1M 层使用的临时排水管道，在室外排水接口处使用三通连接，需要设置止回阀或阀门进行控制，正式管道切换时为避免影响使用可以使用三通和阀门进行转换操作，同时在冬季时要对管道做好电伴热及保温措施，以免发生管道冰堵影响使用。

另外，备用临时潜水泵加消防水带接临时电的方式，对没有设置固定潜水泵的集水坑或其他的积水区域进行临时排水措施准备。

② 第二阶段：市政管网开通后

拆除 B1M 层局部临时管道，安装正式出户管道排至室外，见图 7.2-2。

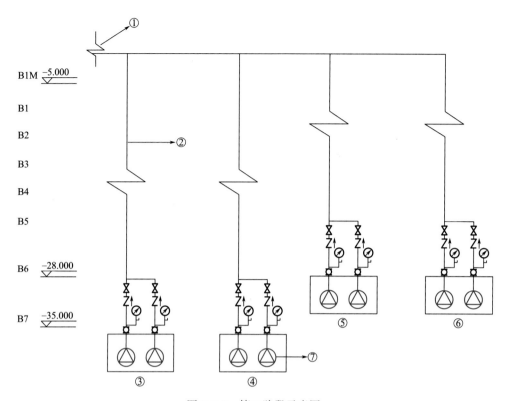

图 7.2-2 第二阶段示意图

注：①接市政管道；②正式管线；③管线 WWP-B7-13 \ 16 \ 22 \ 39；④管线 WWP-B7-1 \ 4

⑤管线 RWP-B6-2；⑥管线 RWP-B6-1；⑦临时潜水泵

③ 第三阶段：竣工交付前

本阶段将临时的潜水泵替换为正式潜水泵，转换成正式系统，见图 7.2-3。

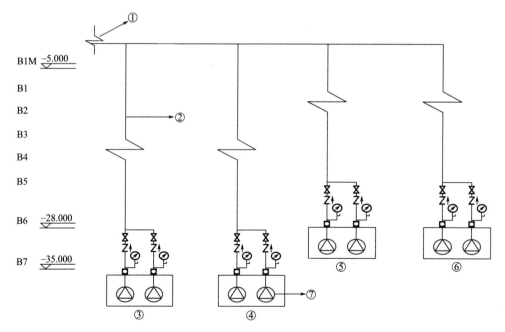

图 7.2-3 第三阶段示意图

注：①接市政管道；②正式管线；③管线 WWP-B7-13 \ 16 \ 22 \ 39；④管线 WWP-B7-1 \ 4

⑤管线 RWP-B6-2；⑥管线 RWP-B6-1；⑦正式潜水泵

临永结合排水技术，要结合现场实际情况灵活的应用实施，并不局限于本技术所介绍的部分，提前做好策划，选择适用的范围，采用正式排水系统，制定切实可行的方案和详细措施，过程中加强管理，做好成品保护以及系统转换和恢复。

7.3 供配电系统临永结合施工技术

1. 技术简介

超高层建筑供配电系统中电源点的选择及分配必须考虑线路损耗导致的末端电压不足情况，确保最优的供电半径，因此在工程建设初期，需策划部署，合理安排正式工程设施的施工工序（如消防设施、电梯、变配电设施等），采用"临永结合"的方式供电，合理组织安装临时供电设施，预先考虑临时供电与正式供电设施的接驳转换方案。施工供配电"临永结合"技术优化了施工工序，将施工阶段的临时电力线路与运营阶段的外部电源供应统筹安排、综合考虑、统一建设，实现了"以空间换时间"的目标，符合创新、节能、增效的目的，最大限度地避免资源重复投入和浪费。

在北京中信大厦（中国尊）项目中，"临永结合"供配电系统利用现场临时电源接入项目正式供电系统，将临时高压电源接入正式高压配电室，通过高压配电室供电至正式变配电室，形成临电源＋正式配电的供电模式，经过合理的计算与调配，达到为项目安全供电、缩短工期的目的。通过应用实践取得了良好的效果，并总结完善了本技术，已在其他超高层建筑上得到了推广应用。

2. 技术内容

（1）供电系统介绍及现场用电情况统计

1）以北京中信大厦（中国尊）项目为背景进行介绍，现场临时电源由高压箱式配电站、3台630kVA箱式变电所（编号1♯、2♯、3♯）和2台500kVA箱式变电所（编号4♯、5♯）组成，变压器总容量为2890kVA，综合功率因数取0.8，电源供电有功功率约2 312kW。临时高压箱式配电室和2台500kVA箱式变电所位置在建筑物首层东北角，3台630kVA箱式变电室位于建筑物31层。

2）现场正式供电系统设备统计表（表7.3-1）

正式供电系统设备统计表　　　　　　　　表7.3-1

序号	变电室编号	变压器容量(kVA)	供电范围与用途	高压室供电范围	柴发供电范围
1	B5G	2×1 250	地下停车用电	HV1	EG1(1 500kVA/400V)
2	B2B	2×1 600	中信银行用电		
3	B5RP1	4×1 250/0.66kV	双工况冷冻机组		
		2×1 600	冷冻机房		
4	B5RP2	2×2 000	冷冻机房		
5	B5Z1T	2×2 000	Z1 用户区用电	HV2	EG3～4(2×1 500kVA/400V)
6	B2Z1P	2×1 250	Z1 公共区用电		
7	M2Z2P	2×1 000	Z2 公共区用电		
8	M2Z2T	2×1 250	Z2 用户区用电		
9	M3Z3T	2×1 250	Z3 用户区用电		
10	M3Z3P	2×1 250	Z3 公共区用电		
11	M4Z4T	2×1 250	Z4 用户区用电		
12	M4Z4P	2×1 250	Z4 公共区用电		

序号	变电室编号	变压器容量(kVA)	供电范围与用途	高压室供电范围	柴发供电范围
13	M5Z5T	2×1 250	Z5 用户区用电		
14	M6Z5P	2×1 250	Z5 公共区用电		
15	M6Z6T	2×1 250	Z6 用户区用电		
16	M7Z6P	2×1 250	Z6 公共区用电	HV3	EG5～6(2×2 500kVA/10kV)
17	M7Z7T	2×1 250	Z7 用户区用电		
18	M8Z7P	2×1 250	Z7 公共区用电		
19	M8Z8P	2×1 250	Z8 公共区用电		

3）现场用电情况统计表（表 7.3-2）

现场用电情况统计表　　　　　　　　　表 7.3-2

序号	负荷名称	功率(kW)	备注
1	施工用电	约 400	
2	施工用正式电梯	约 620	额定功率 1 033.4kW，$K_x=0.6$
3	消防泵(补水)	约 60	估算
4	B2～B7 铁塔用电	32	长期
5	变配电室送排风机	约 100	长期(根据温度人工控制)
6	调试用电	约 1 042	调试用电总量
7	合计	2 234	小于临时电源的 2 312kW，满足要求

（2）技术要求

1）通过合理的用电计算，保证满足现场供电需求。以现有临电容量，通过分区布设、错时分配，来确保方案中的供电电源满足施工供电需求。

2）供电质量的保障。电源点的选择及分配必须考虑线路损耗导致的末端电压不足情况，确保最优的供电半径，使电压降最小。

3）线路定测。施工过程中要对电力线路的路径、跨越进行优化，尽可能确保线路在满足安全运行的前提下路径最短。

（3）"临永结合"供配电方案

在保证现场供电需求情况下，根据项目前期的总体策划分析和在进度过程中多种方案的讨论与研究，最终确认采用此两个阶段的供电方案。

1）第一阶段供电方案，见图 7.3-1。

由于项目临时用电负荷重心转至高区，原临时线路无法满足供电需求，且临时线路占用正式工程安装空间，需要拆除以便为正式工程提供作业面；为提高现场临时用电的安全性、可靠性，用电负荷应尽量靠近变配电室（主要是施工用电，涉及施工用正式电梯特别是跃层电梯、消防泵以及业主办公层的供暖设备），同时满足正式工程机电系统调试的条件，将现场临时高压电源接入正式工程高压配电室，然后通过高压配电室逐步供电至 19 个正式变配电室，并将接驳在临时线路的正式机电设备逐步转入正式供电线路。

现场 10kV 临时高压箱式配电站有一路 100A 的备用开关，将项目 HV3 高压配电室进线接驳在此开关上，以便给高区（M5Z5～M8Z8 变电室）供电，同时对 M6Z6T 变电室抢工以便为高区跃层电梯提前供电。施工总包拆除首层一台 500kVA 箱式变电所，以便空出 10kV 临时电高压箱式配电站的 50A 高压开关，将接驳在 150A 高压开关上的 31 层的三台变压器线路移至 50A 高压开关，这样空出来的 150A 高压开关用来接驳项目 HV1 与 HV2 高压配电室进线。

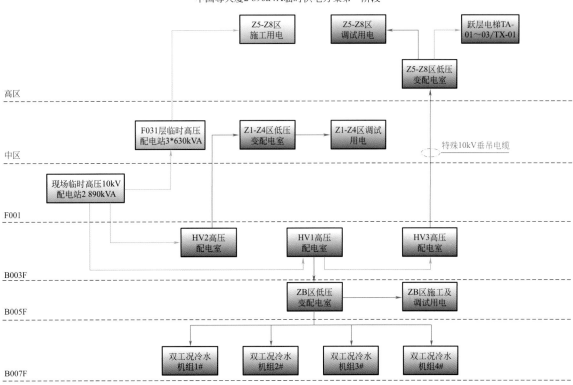

图 7.3-1　临时供电方案第一阶段

2）第二阶段供电方案，见图 7.3-2。

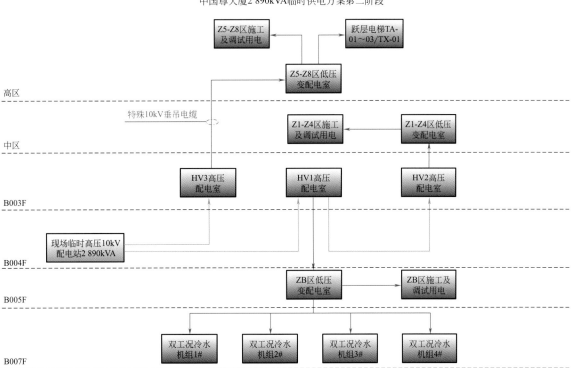

图 7.3-2　临时供电方案第二阶段

随着调试工作不断进展，工程进入收尾阶段，施工总包首层另一台 500kVA 和 31 层 3 台 630kVA 箱式变电所陆续拆除，施工总包根据需要向机电总包申请，在就近的正式变配电室的低压成套配电柜备用开关接驳临时二级配电箱。消防联动调试和验收时现场临时电源容量若不够，采用正式系统柴油发电机组补充供电。

3）用电量控制措施

为了保证现场"临永结合"的用电容量得到有效控制，防止临时高压配电柜发生跳闸事故，采取以下措施：

① 用电容量动态管理，控制实际用电容量不超过 2 890kVA；

② 施工总包报送施工用电量，机电总包汇总、统筹分配；

③ 安排人员每天上下午高峰时段进行临时高压柜使用电流的记录；

④ 为了保证正式系统三个高压站的进线电流不超过临时高压馈线开关电流（100A 和 150A），且总电流不超过 167A，采用拆除 B5Z1T 和 B2B、B2Z1P 三台高压进线柜的小变比电流互感器（150/5 和 100/5）来替换三个高压配电室进线与母联大变比电流互感器（1 500/5、1 000/5、600/5、800/5），以达到控制电流的目的。

采用临永结合供配电技术，正式电梯、正式消防系统等均可作为临时设施使用，以及各正式系统的调试工作均可提前进行，不再受以往传统的各正式系统、正式设备均需正式电的入网方可进行供配电，有效的保证了工期，对调试、验收起到了积极作用。

7.4　通风系统临永结合施工技术

1. 技术简介

超高层建筑的地下室，在施工阶段往往会设置临时施工加工场地、施工材料的储备仓库及机具的周转场所。因正式机电系统无法投入使用，因而会存在空气流通差、灰尘多、环境潮湿等状况，进而影响到施工生产和材料的存储。以往多数工程会采用简易的风管及临时通风设备进行通排风处理，后期再进行拆除。此方案虽然能达到改善空气流通及环境潮湿的效果，但对于人工及材料方面都存在一定的浪费，临时管线及设备也达不到实际的运行效果，且不利于正式管线的施工。"临永结合"通风系统利用原设计中的排风系统进行排风，依靠负压差和空气的流动性进行自然补风，从而实现地下室局部或全面的通风换气，以此来解决地下室环境，为施工生产创造条件。将 BIM 技术应用至"临永结合"通风系统中，解决了临时管线布置和机电专业的空间交叉的问题，减少临时系统拆改工作量。"临永结合"的技术最大限度地使已安装的正式通风系统投入到临时施工中，减少临时风管使用量，同时减少了临设通风系统占用空间对后期安装的影响。且工程运行管理人员在施工期即可参与通风系统的运行管理，为后期运维积累了管理经验，同时可以达到节约成本及缩短工期的效果。

2. 技术内容

（1）临时通风系统介绍（表 7.4-1）

通风系统统计表

表 7.4-1

序号	楼层	拟投入的排风系统	设计排风量
1	B7	MEF/B7-1	42 550
2		MEF/B7-2	29 700
3	B6	PEF/B6-1	23 800
4		PEF/B6-3	23 800

序号	楼层	拟投入的排风系统	设计排风量
5	B5	PEF/B5-1	23 800
6		PEF/B5-3	23 800
7	B4	PEF/B4-1	23 800
8		PEF/B4-3	23 800
9	B3	PEF/B3-1	23 800
10		PEF/B3-3	23 800
11	B2	PEF/B2-1	21 000
12		PEF/B2-3	21 000
13	B1	PEF/B1-1	23 900
14		EF/B1-4	9 700

以北京中信大厦（中国尊）项目为背景进行介绍，在 B007 层西侧利用西南角巨柱西侧风机房里的正式排风机（MEF/B7-1）加正式排风管，通过排-09 井道进行机械排风。东侧利用东南角巨柱东侧的正式排风机（MEF/B7-2）和正式排风管通过排-06 井道进行机械排风，布置见图 7.4-1。

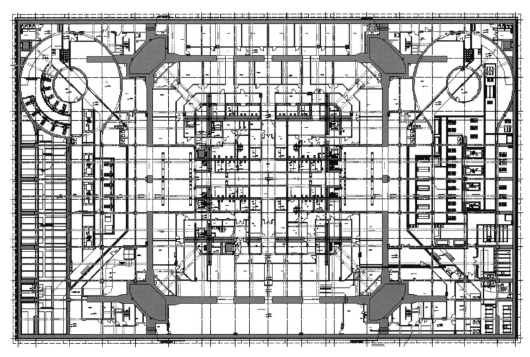

图 7.4-1　B007 层通风平面布置图

在 B006～B002 层西侧利用西南角巨柱西侧风机房里的正式排风机和正式排烟管，通过排-09 井道进行机械排风。东侧利用东南角巨柱东侧的正式排风机和正式排烟管通过排-06 井道进行机械排风，布置见图 7.4-2。

在 B001 层西侧西南角巨柱东侧风机房里使用正式排风机（EF/B1-4）和正式排烟管，通过排-08 井道进行机械排风。东侧利用东南角巨柱东侧风机房里的正式排风机（PEF/B1-1）和正式排风管通过排-06 井道进行机械排风，布置见图 7.4-3。

（2）临时通风系统运行管理

B7 层的排风机为长期运行状态，其他楼层根据空气品质和潮湿程度，适时开启风机，一般情况下隔层开启风机，以半天为周期调换开启。当室外空气干爽时，可全部开启排除地下室潮气。当室外空气

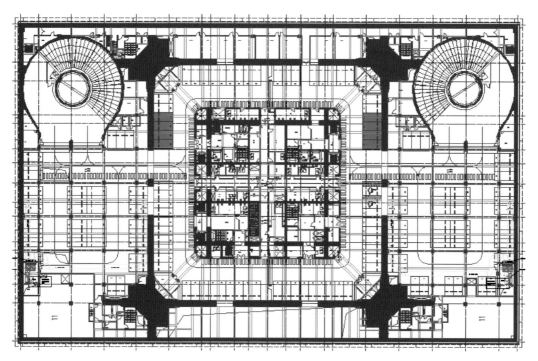

图 7.4-2 B006-B002 层通风平面布置图

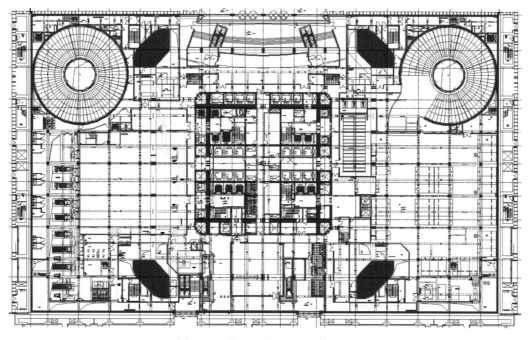

图 7.4-3 B001 层通风平面布置图

相对湿度较大时可以全部停止运行,具体开启运行时间,结合现场灵活掌握。

(3)临永方案的对比

通过北京中信大厦(中国尊)项目临永结合通风系统的实施,从各个角度与传统的临时系统通风方案进行对比,其优点突出,有效地解决了地下室的空气质量问题,改善了地下室施工环境,为生产加工和材料保管提供了良好的条件,也为地下室的施工创造了便利条件,取得较好的效果。详见表 7.4-2。

序号	项目	临时系统通风方案	正式系统通风方案
1	材料成本消耗	较小	大
2	维护成本	成本高	成本低
3	维修保养	复杂	简单
4	专业配合	复杂	较简单
5	建设及转换	困难	较简单
6	机电施工周期	较短	长
7	成品管道更换	可能涉及	不涉及
8	安全性	满足相关规范要求	满足相关规范要求

临永通风方案对比表　　　　　表 7.4-2

7.5　通信系统临永结合施工技术

1. 技术简介

手机作为现代通信的重要工具，已经成为现实版的千里眼和顺风耳。以手机信号为代表的通信系统已经像水、电、气一样的成为重要的基础设施工程。中国尊项目位于北京市朝阳区光华路，由地下 7 层至地上 108 层组成，建筑面积约 420 200m²，其中 B7-B2 为车库和物业用房，B1-F108 为办公和观光。由于建筑结构原因，通常存在室外信号的覆盖盲区，信号质量差。国内对于这种超高层建筑的临时通信因没有手机信号覆盖的情况，一般采用建立临时对讲基站加以泄漏电缆的拓扑结构为建筑施工提供通讯服务。采用这种方案会使得民用频点集中，通常会造成信号干扰及公用频道占用，进而影响通信质量，使通信质量难以进行把控和整治，且施工过程中人员多，使用通信频繁且数据量较大，现有条件无法满足现场施工管理需求。所以应采用光路高速干线的升级方案，此方案的支干线部分几乎与正式通信方案相差无几，所以最终决定选取临永结合的方案使支干线光路系统冗余即可实现永临同存的临永结合方案，使正式线路也拥有应急冗余量提高系统稳定性，缩短后期维护时间，降低后题维护成本，一举两得。

当然为满足从地下 7 层至地上 108 层的通信需求，我们对干线系统、分布系统、POI 合路器、BBU 到 RRU 光缆路由及相关配套等进行重新设计，同时满足三家运营商主流网络制式。随着核心筒结构升高，弱电井二次砌筑完成、分区桥架安装、线缆敷设、竖井内设备安装及供电同步施工，在不影响工程进度的情况下提供可靠优质的通信服务。这套通信系统共采用全向吸顶天线 4 676 副，定向壁挂天线 128 副，对数周期天线 823 副，多系统合路器（POI）187 个，无源器件共需要 4 897 个，完成了三大运营商的频率覆盖，满足现场的通信能力和质量要求。

2. 技术内容

（1）干线系统的冗余敷设

本工程的干线系统由光纤分配系统进行承载，因为光纤接口可以很方便地转换为其他形式接口使用灵活且通信质量好，线材线芯数量对价格不敏感，施工成本几乎集中于人工机械费用，所以采取敷设光纤对数大于设计使用数量的方式，使用部分冗余光纤实现临时通信的干线传输，因光纤较为脆弱容易损坏且不易修复和发现，采取冗余敷设的方式利用正式的光纤线路承载临时通信的同时也为正式通讯提供一个备选线路保障，使更换线路更加便捷迅速，提高整体系统的稳定性，降低运营维护成本，多重备份多重保险。

（2）室内分布系统总体建设方案

进行室内覆盖，分布系统共涉及 3 家运营商 7 个通信系统，总覆盖面积约 420 200m²，分布系统设计难度主要在系统合路上，为避免各系统间干扰，方案采用 POI 合路器进行多系统合路后，共用同一套分布系统，B2-F108 采用核心筒集中布放、办公区采用随走随分双支路覆盖，B7-B3 采用随走随分单支路覆盖（车库客流量小）电梯采用单支路对数周期天线覆盖，见图 7.5-1。

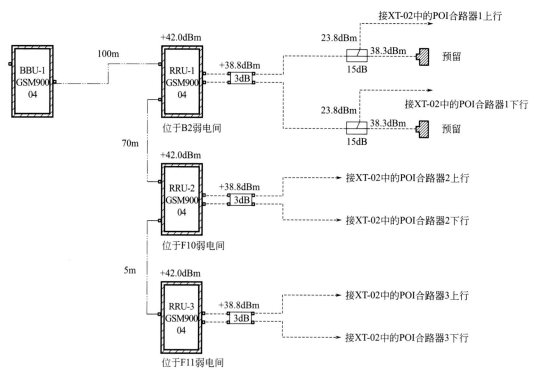

图 7.5-1　弱电间设备连接示意图

其中：Z1-Z7 区：主要为办公、会议区；

由于建筑结构基本相似，为核心筒＋办公区的方式，所以室内分布系统采用双支路（核心筒集中布放＋办公区随走随分）方式进行覆盖，以中间楼层图纸举例说明，见图 7.5-2。

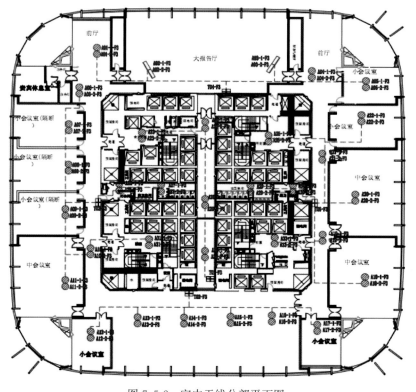

图 7.5-2　室内天线分部平面图

中国尊外墙墙体为钢筋水泥材质，设计思路为平层采用全向吸顶天线覆盖，电梯采用漏缆覆盖，车道采用定向壁挂天线覆盖，本方案三家运营商的 BBU 安装在地下二层通信机房，187 套 POI 分别安装在 C2 弱电竖井，见图 7.5-3。

图 7.5-3　POI 设备

多系统接入平台（Point of Interface，简称 POI），指位于多系统基站信源与室内分布系统天馈之间的特定设备，它相当于性能指标更高的合路器，具有将多系统基站信源进行合路并输出给室内分布系统的天馈设备，同时反方向将来自天馈设备的信号分路输出给各系统信源的作用，见表 7.5-1、表 7.5-2。

POI 下行单元技术指标　　　　　　　　　　　表 7.5-1

项目名称	频段	单位	明细及标准
频率范围	电信 CDMA800	MHz	870-880
	电信 FDD-LTE(2.1)	MHz	1 920-1 935&2 110-2 125
	移动 GSM900	MHz	930-954
	移动 TD-LTE(E)	MHz	2 320-2 370
	联通 WCDMA	MHz	2 130-2 165
	联通 SDR	MHz	1 830-1 860/1 735-1 765
插入损耗	电信 CDMA800	dB	≤1.5
	电信 FDD-LTE(2.1)	dB	≤3.0
	移动 GSM900	dB	≤1.0
	移动 TD-LTE(E)	dB	≤1.0
	联通 WCDMA	dB	≤3.0
	联通 SDR	dB	≤1.5
驻波比	全频段	dB	≤1.3（基站侧端口）

续表

项目名称	频段	单位	明细及标准
端口隔离度	电信 CDMA800＜-＞电信 FDD-LTE(2.1)	dB	≥80
	电信 CDMA800＜-＞移动 GSM900	dB	≥80
	电信 CDMA800＜-＞移动 TD-LTE(E)	dB	≥80
	电信 CDMA800＜-＞联通 WCDMA	dB	≥80
	电信 CDMA800＜-＞联通 SDR	dB	≥80
	电信 FDD-LTE(2.1)＜-＞移动 GSM900	dB	≥80
	电信 FDD-LTE(2.1)＜-＞移动 TD-LTE(E)	dB	≥80
	电信 FDD-LTE(2.1)＜-＞联通 WCDMA	dB	≥40
	电信 FDD-LTE(2.1)＜-＞联通 SDR	dB	≥80
	移动 GSM900＜-＞移动 TD-LTE(E)	dB	≥80
	移动 GSM900＜-＞联通 WCDMA	dB	≥80
	移动 GSM900＜-＞联通 SDR	dB	≥80
	移动 TD-LTE(E)＜-＞联通 WCDMA	dB	≥80
	移动 TD-LTE(E)＜-＞联通 SDR	dB	≥80
	联通 WCDMA＜-＞联通 SDR	dB	≥80
单端口最大承载功率	全频段	W	平均 100W,峰值 500W
互调	/	dBc	−145@2×43dBm
输入端口数	全频段	个	6
ANT 端口数	全频段	个	1
端口阻抗	全频段	Ω	50
端口形式	全频段	-	N-F 型
工作温度	全频段	℃	−20℃～+50℃
工作湿度	全频段	%	0～95%
机械冲击	全频段	G	4G
振动	全频段	PP	5～20Hz 0.2PP 12～100Hz 1.4PP
MTBF	全频段	h	＞100 000

POI 上行单元技术指标　　　　　　　　　　　　　　　　　　　表 7.5-2

项目	指标
插入损耗	
电信 CDMA800	＜5.5dB
移动 GSM900	＜5.5dB

续表

项目	指标
联通 GSM900	<5.5dB
移动 DCS1800	<6.0dB
电信 LTE1800	<6.0dB
联通 SDR	<6.0dB
电信 LTE2100	<6.0dB
联通 WCDMA	<6.0dB
移动 TD-F&A	<5.5dB
移动 LTE2.3	<5.5dB
隔离度	
移动 GSM900/联通 GSM900	>25dB
移动 DCS1800/LTE1800&SDR	>25dB
电信 LTE1800/联通 SDR	>25dB
电信 LTE2000/联通 WCDMA	>25dB
电信 LTE2000/联通 WCDMA	>25dB
电信 LTE1800/移动 TD-F&A	>50dB
联通 WCDMA /移动 TD-F&A	>50dB
TD-F&A/电信 LTE2100	>50dB
其他端口间	>80dB
信源端驻波比	<1.3
互调抑制@RX Band	
电信 LTE1800	<−140dBc
联通 SDR	<−140dBc
电信 LTE2100	<−140dBc
联通 WCDMA	<−140dBc
功率容量	200W

POI 系统与运营商合路器对比还具有如下特点：

1）充分考虑室分覆盖环境特征，将 POI 体积缩小，厚度减薄，增加了 POI 安装的便利性和实用性；

2）系统具有整体监控功能，维护方便；信号合路损耗小；

3）功率容量大；三阶互调性能好；可以预留端口，方便升级；

4）运营商使用的传统合路器只能进行单一系统接入，POI 满足不同系统、目前兼容各家运营商所有频段。

（3）无源器件应用

1）室内分布系统中使用的无源器件选型满足国家标准及铁塔公司相关规范要求。

2）应根据分布系统中不同使用位置所需要的器件指标要求（功率容限、互调抑制、隔离度要求等），合理选择使用无源器件，保证分布系统性能。

3）在进行室分系统设计时，应核算本站点信源的总功率，以在适当位置选用相应品质等级的室分器件。一般情况下，功率容限大的器件应用于靠近信源的位置，功率容限较小的应用于靠近室分天线的位置。考虑到后续扩容需求，信源功率可保留一定的余量。

4）应合理设置无源器件的安装位置及组合方式，将信号源或有源设备的功率有效分配至各天线，满足各天线点的输出功率要求。

5）在互调抑制度要求高的场景应避免使用高功率容量的负载，采用耦合器（功分器）和低功率容量的负载。

（4）缆线应用

1）缆线选型应根据缆线用途，考虑传输损耗、频率适用范围、机械和物理性能等性能指标，合理选择缆线类型。

2）应合理设置缆线路由，满足分布系统要求。

3）分布系统设计时原则上主干馈线中长度超过30m的应使用7/8馈线，平层馈线中长度超过50m的应使用7/8馈线，原则上不允许使用8D/10D馈线。

4）耦合型漏泄电缆工作频带较宽，耦合损耗较大，方向性较差，每一开口槽辐射输出的信号较弱，覆盖范围较小，通常用于电梯井等窄小环境的多系统覆盖区域。辐射型漏泄电缆方向性较强、辐射信号较强，相比耦合型漏泄电缆覆盖传播距离更远，通常在较宽范围的环境中使用。

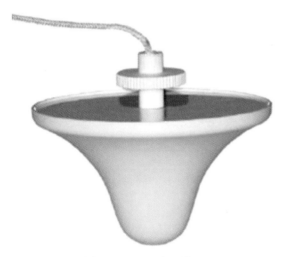

图 7.5-4　P室内天线图

（5）室分天线应用，见图7.5-4。

室内天线优点：

1）结构应牢固可靠，便于安装、使用和运输；

2）采用螺钉紧固的方式紧贴于建筑物载体表面安装；也可采用特殊孔位挂靠于建筑物载体表面；

3）表面清洁，无变形、无毛刺、无伤痕；

4）具有防烟雾、潮湿、大气中二氧化硫的能力。

室内天线使用要求：

1）室内分布系统中使用的天线应满足相应的国家标准及相关规范要求；

2）天线选择应基于覆盖需求，结合建筑环境、方案可实施性等综合选取，普通天线类型包括：全向吸顶天线、定向吸顶天线、定向板状天线、对数周期天线等；另外对于有特殊需求的场景，可以通过选择赋形天线等特殊天线满足覆盖需求；

3）对于层高较低，内部结构复杂的室内环境，宜选用全向吸顶天线，宜采用低天线输出功率、高天线密度的天线分布方式，以使功率分布均匀，覆盖效果良好；

4）对于较空旷且以覆盖为主的区域，由于无线传播环境较好，宜采用高天线输出功率、低天线密度的天线分布方式，满足信号覆盖和接收场强值要求即可；

5）对于建筑边缘的覆盖，在具备施工条件的物业点，可采用定向天线由临窗区域向内部覆盖的方式，有效抵抗室外宏站穿透到室内的强信号，使得室内用户稳定驻留在室内小区，获得良好的覆盖和容量服务，同时也减少室内小区信号泄漏到室外的场强。如建筑一层出入口处、楼宇沿窗区域等；

6）对于电梯的覆盖，可采用三种方式：一是在各层电梯厅设置室内吸顶天线；二是在信号屏蔽较严重的电梯，或电梯厅没有安装条件的情况，在电梯井道内设置方向性较强的定向天线；三是在电梯轿厢内增设发射天线，布放随梯电缆；

7）对于小区分布场景，天线选择应综合考虑网络性能、工程实施条件、天线美化与隐蔽等多方面需求，结合建筑特点进行选型和方案设计，优先选择高增益定向天线实现室外对室内的良好覆盖；

8）采用双缆合路方案的室内分布系统，两个单极化天线或泄漏电缆应尽量采用 1.5m 以上间距，如实际安装空间受限，间距应不低于 0.5m。

（6）系统安装工艺要求

手机信号覆盖系统主要用电设备包括 RRU，由于本方案同时将移动、电信、联通三家运营商的移动 GSM900、移动 TDD LTE2.3G；联通 WCDMA、FDDLTE1.8G；电信 800M 和 FDDLTE1.8G，FDDLTE2.1G 等多制式信号进行合路，所以 RRU 众多，需要合理规划设备排布，具体设备安装布置图见图 7.5-5。

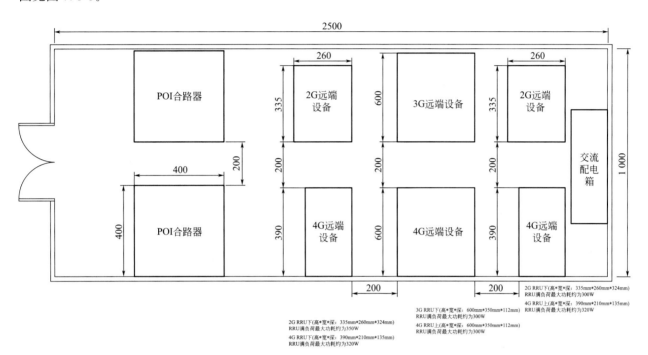

图 7.5-5　弱电井内设备安装布置图

1）设备安装要求

安装在弱电竖井内的功分器、耦合器等统一安装在托盘上并做好固定，然后进行连线。覆盖系统设备陆续安装，陆续检查，正确无误后方可加电测试，全部调测完成后，进行系统调测和全网联测。壁挂式分布系统设备对墙做固定，设备底部离地面的高度、设备周围的净空要求按设备的相关规范执行。设备间能提供至少一个带保护接地的电源，见图 7.5-6。

2）天线布置及安装要求

① 天线的安装应牢固，保证经过长期使用，天线的朝向、倾角不变化。

② 天线的安装支架应为金属件，并做防锈处理。

③ 天线必须安装在手不能轻易触及处，但应保证能方便地对其他进行维护检查。

图 7.5-6　通信机房信源机柜

3）线缆布放要求

馈线及 GPS 馈线均为射频同轴电缆。当馈线需要弯曲时，要求弯曲角保持圆滑，其弯曲曲率需要满足如下规定（表 7.5-3）。

馈线布防要求表   表 7.5-3

线径	二次弯曲的半径	一次性弯曲的半径
7/8"	360mm	120mm
3/8"	150mm	50mm
1/2"普通	210mm	70mm
1/2"超柔	120mm	40mm

线缆馈线穿镀锌管或走线槽；线缆在走线架、竖井和天花板中布放时，应用固定材料（扎带等）进行固定，与设备相连的馈线或跳线应用线码或馈线夹进行固定。线缆应避免与强电、高压管道和消防管道一起布放走线，确保无强电、强磁干扰。线缆必须按照设计的要求布放，要求走线合理，安装牢固，不得有交叉、扭曲、裂损的情况。系统的线缆、端接点、安装信道均应给出标识，线缆的两端均要标明相同记号。

4）供电与接地要求

室内分布系统设备使用 220V 交流/48V 直流供电。电源从邻近的电源配电箱或开关电源设备引出。重要站点采用铁锂电池为信源设备提供备电。室分系统必须有良好的接地系统，并应符合保护地线的接地电阻值。采用联合接地的方式时，电阻值不应大于 4Ω。各种线缆在进入机房时，必须有完善的防雷措施。

（7）GSM 对讲机的推广使用

GSM 对讲机集手机和对讲机的优点于一身，既能像手机一样即时通话而不需要支付高额的手机通话费用，又能像对讲机一样实现群组通话而不需要事先约定通信频率。不通话时双方的对讲机无需处于开机状态，既节约了对讲机的电量消耗，又避免了噪声干扰，有通话要求时，通话各方只需激活对讲机模块，整个通话过程中都不需要经过 GSM 网络，大大节省了通话费用，同时通话的质量也能得到保证，与其他现有系统相比更具优势。

与传统对讲机相比，普通无线对讲机的耗电量较大。一般对讲机的工作时间为 8~10h，而 GSM 对讲机只在用户需要通话的时候才打开对讲机模块，减少了对讲机模块在待机时的电量消耗，提高了使用时间。

与普通手机相比手机通信费用较高，而 GSM 对讲机不产生通话费用，GSM 对讲机实现了一对多通话，施工人员之间通过 GSM 对讲机联络就很方便。GSM 对讲机是通信终端之间直接进行通信，不受网络覆盖范围影响，在手机信号不好的地方也能通话。

与 PoC 相比 GSM 对讲机的一组通话仅分配一个信道，所有用户信道共享。PoC 的实现方式是上行信道抢占，每个组呼成员各自分配一个下行信道的方式，下行信道不能共享，而小区信道数有限，如果所有用户均在同一小区，则带来网络拥塞、业务性能下降的问题。

GSM 对讲机除了普通 GSM 手机和对讲机的所有功能之外还有一些特殊的功能：PTT 电话簿：实现群组、联系人列表的管理。与手机原有的电话簿分离，使用单独的电话簿，PTT 电话簿管理功能类似于手机的电话簿管理，可以对电话簿中联系人进行添加、编辑、删除，还可以对联系人进行分组。呼叫管理：呼叫管理分为发起方和接收方。在发起方，用户可以选择通话对象，通话对象可以是单个或多个联系人，也可以是群组；在接收方，当用户收到一个建立连接请求后可以选择通话或拒绝。

（8）关键点、创新点

本工程采用多系统合路方案，选用七进二出型 POI 多系统合路单元集成建设移动 GSM＋TD-LTE 网络、联通 WCDMA＋FDD-LTE 电信 800M＋FDD1.8G＋FDD2.1G 网络等七套网络制式的室内覆盖系统。为减少覆盖系统中不同网络制式间的干扰，设计思路采用分布系统，以提高 4G 网络速率。

POI 后只需建设单套分布系统即可同时解决三家运营商的多制式信号覆盖问题，相比各自建设分布系统，施工更方便，资源使用更少，节省现场空间使用，后期维护更方便。

在电梯井道内设置方向性较强的定向天线，优质的 GSM 信号与信号覆盖配合更先进方便的 GSM 对讲机使得施工过程中通信通畅亦可以在使用过程中检验方案的可行性与稳定性，相辅相成临永结合相得益彰，取得业主的认可。

在施工验收前提前投入使用部分设备以保障项目内部通信流畅同时可以检验系统运行的可行性和在使用过程中进行极端测试来确保系统的稳定性，以事实说话有理有据说服力强。

第 **8** 章

绿色节能技术

　　积极倡导节约能源、推动可持续发展是我国经济和社会发展的一项长远战略方针，也是当前一项极为紧迫的任务。绿色建筑作为实施可持续发展战略的任务之一，已被广泛关注，建设绿色节能型建筑已成为城市建设的重点发展方向，而机电工程节能是绿色建筑节能的重要组成部分。

　　本章针对超高层建筑的特点，介绍了综合建筑能源管理系统技术、冰蓄冷施工技术、舒适空调系统集成创新技术、动态 UPS 飞轮储能技术、智能照明控制技术、室内引风式冷却塔技术等机电绿色节能技术，探讨超高层建筑机电绿色节能新思路。

8.1 综合建筑能源管理系统

1. 技术简介

超高层建筑体量大、功能区域多，出于建设目标的前瞻性考虑，面对机电设备数量庞大、种类多、新技术应用较多的问题，需要做好整体性的能源分类规划。同时，从今后的运行管理及运行费用管理的角度来看，机电系统的各类设备，必然存在不同种类或层次与级别的能源消费，因此后期运营阶段的节能管理非常重要。

针对将来各类设备的运行管理，以下问题亟待解决：

1）如何加强能源消费总量的管理，降低运行成本；

2）如何加强分类分项的能源消费管理，做到分项能耗指标合理；

3）符合绿建三星及 LEED 运行管理要求的指标及运行数据的管理；

4）如何解决保证环境舒适度符合设计指标、与节能目标协调一致性的问题；

5）如何从专业的管理角度，对运行数据进行分析，加强和促进设备参数管理，设备控制管理。

通过对综合能源管理系统的调研及深化考虑，根据工程实际情况，在 BEMS 系统的基础上，建立一套有效可靠、符合超高层建筑特点的综合能源管理系统，实现运行管理期的利益最大化需求。主要解决和实施的内容如下：

1）建立能源管理体系，即时掌握能源输入与能源消费情况；

2）建立能源消费数据、能耗指标、能效的可视化分析监控手段；

3）建立建筑设备分析评估体系，对设备的分析更加专业化；

4）建立专业的分析评估流程，节能分析更加专业化；

5）建立清单评分体系，方便客户快速查找异常；

6）建立节能验证体系，提供分析评估与验证的手段。

2. 技术内容

（1）BEMS 系统概述

BEMS（Building Energy Management System）系统的设立，旨在通过对建筑物消耗的各类能源总量，各分项、分级、分区域的能耗数据收集，对建筑物设备运行的相关参数的数据收集，对应建筑物的室内外环境参数的数据收集。在数据收集和蓄积的基础上，经 BEMS 系统软件的各种计算数据、分析逻辑、流程、图表、预测数据、评估报表等手段，为建筑设备运行管理者提供直观依据。

采用 BEMS 系统，建立动态的能耗分析与能效评估系统，适时监控与分析各类能源的使用情况，对能耗数据进行管理、查询和分析，使运行管理者能直观、方便、快速地了解能源使用情况，优化经济运行控制策略，减少能源浪费，提高能源使用效率，实现低能耗绿色建筑的目标。BEMS 的系统构成见图 8.1-1。

（2）技术内容

BEMS 系统具有 4 个技术功能，见图 8.1-2。

1）内置专家经验，9 大评估系列

根据超高层建筑设备的特点，对节能潜力大的暖通设备，提供了专项评估的功能设计，可以实现包括分项计量统计、各项指标分析、各项控制功能分析等方面的 9 个大类的功能性评估。9 大功能性评估见图 8.1-3。

各类评估数据、图表数据，可按时、日、月、年等时段分类，即时向用户显示。

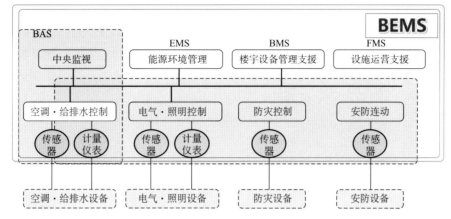

图 8.1-1　BEMS 系统构成图

图 8.1-2　BEMS 系统的 4 个技术功能

图 8.1-3　9 大功能性评估

2）清单指标一览，自动诊断评分

为便于查看同类别各子系统内运行存在的问题，根据专家经验内置了评分标准，向管理者提供指标化的评分管理列表。

通过系统提供的一览清单的设计，便于用户快速按指标评分，从海量的设备管理中快速查找问题设备。系统界面清单见图 8.1-4。

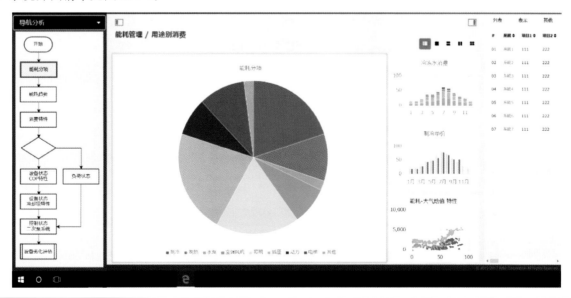

图 8.1-4　系统界面清单

3) 分析流程导航

根据运行管理要求，对于问题的发现及诊断，在管理软件中内置了节能分析经验，建立评估分析导航流程。管理者根据内置的分析流程图，可以按照流程提示，发现问题并逐级查找分析问题原因。该图表同时可向管理者提供问题提示。分析流程导航见图 8.1-5。

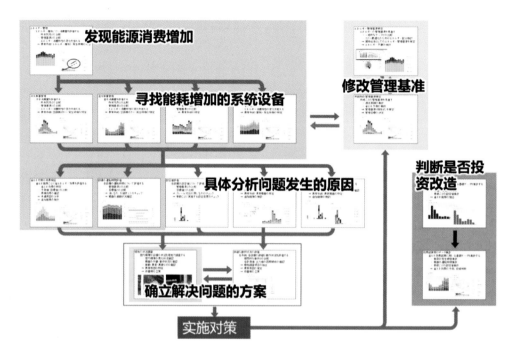

图 8.1-5 分析流程导航图

4) 能耗数据积累，节能分析预测

经过 2～3 年数据积累后，系统可提供预测数据。能耗预测见图 8.1-6。

图 8.1-6 能耗预测

（3）主要功能参数，见表 8.1-1

主要功能参数表　　　　　　　　　　　　　　　　　　　　　表 8.1-1

主功能项	子功能项目	功能描述
数据功能	自动收集功能	根据预设周期采集
	手动录入功能	预留手动录入功能
	数据升级处理功能	自动分时段处理形成时、日、月、年数据
	数据蓄积存储	分时数据分库存储管理
	数据逻辑演算功能	能耗数据分类分项计算
	数据条件过滤功能	设备与能耗信息关联
	数据存储周期	分时数据 4 年,其他 15 年
显示功能	基于 B/S 的 WEB 功能	可浏览器显示图表数据
	图表类别	折线图、填充线图、组合折线图、棒图、层叠图、饼图、散布图、直方图、色卡图、空气线图,复合图形等
	图表显示的过滤	选定时间段的不同期间比对
	信息提示功能	设备参数、图纸等提示信息,按需显示
	一览清单表功能	按类别进行的指标、能耗等,以一览清单显示及可选择
	流程引导功能	以流程图方式指导管理分析
	预测提示功能	根据数据积累提示预测
数据安全	数据安全网络安全	冗余存储、异地存储、云存储
	用户管理	用户注册、分级授权等
评估功能	能源管理评估	能源分类、分项管理及评估,及异常发现
	室内环境评估	根据温湿度、CO_2、PM2.5 等的评估及异常发现
	设备使用管理评估	设备运转及设定管理评估及异常发现,效果验证
	空调控制状况评估	设备控制状态的评估及异常发现,效果验证
	冷热源及输送控制评估	设备控制状态的评估及异常发现,效果验证
	节能对策评估	节能改良对策的对比验证
	设备效率评估	主要设备单体或系统的效率
	蓄冰系统评估	蓄冰能力及成本验证
	自然冷却评估	自然冷却及效果验证
报表功能	当前显示图形的报表	即时按规定报表打印
	预设格式的报表	预订报表格式批量打印
	自定义格式的报表	用户自定义报表打印
信息发布	数据展示功能	数据接口提供上级展示

8.2　冰蓄冷永磁同步变频技术

1. 技术简介

冰蓄冷技术是我国电力需求侧管理行之有效的重要技术手段之一,各级政府和电力系统高度重视并不断推出优惠政策,引导社会企、事业单位广泛采用。冰蓄冷冷源系统利用夜间电网低谷电力全力制冷并以冰的形式蓄存,在白天用电高峰将冰融化为大楼空调提供冷量,从而达到转移高峰电力负荷的移峰填谷作用。超高层建筑由于其设备容量大,用电负荷高,采用冰蓄冷系统技术有效提高了能源利用效率。冰蓄冷技术是一项环保节能新技术,具有良好的社会效益和经济效益。

由于超高层建筑冰蓄冷系统结构组成比较复杂，须在现有施工图基础上进行深化设计。乙二醇溶液与环境的温差大，保温层应严密尽量减少冷损失。冰盘管的安装质量关系到整个系统能否有效运行，施工中要严格保护。系统对管道洁净度要求较高，这对冲洗提出了更高的要求。自控系统承担着将各主要设备以及其他子系统组合成一个可运行的、有功能的"有机整体"的重要使命，因此自控系统的调试是建筑节能的重点。

2. 技术内容

（1）冰蓄冷的工作原理及流程

冰蓄冷是先将水制成冰，运用冰融化时释放出的冷量来满足中央空调制冷的需求。现在运用的几种冰蓄冷设备有冰盘管式、冻结式、冰球式等，其蓄冷原理如下：

1）冰盘管式，是运用金属盘管，将盘管伸入蓄冰槽内，使冰直接结在蒸发盘管上。运用时，使中央空调回水直接冲蚀槽内的冰，使冰融化而放出冷量。

2）冻结式，是运用塑料管或金属管，将管道伸入蓄冰槽内，并在管内通以冷水机组制出的低温二次制冷剂，使蓄冰槽内的水冻结成冰。运用时，将中央空调负荷端流回的温度较高的乙二醇溶液通过管内，使管外的冰融化而释放出冷量。

3）冰球式，冰球式蓄冷又称容器式蓄冷，是运用塑胶球作容器，球内充入一定量的水，球内留出相应的空间（留心不要布满，满足水结冰时的胀大空间）放入蓄冰槽内，以乙二醇水溶液与球内的水进行热交换，使球内的水结成冰。运用时，让中央空调负荷端流回的温度较高的乙二醇溶液通入球内，使冰融化而释放出冷量。

（2）冰蓄冷系统特点

1）转移制冷机组用电时间，起到转移电力高峰期用电负荷的作用。

2）冰蓄冷系统的制冷设备容量和装设功率小于常规空调系统，一般可减少30％～50％。

3）冰蓄冷系统的一次出资比常规空调系统要高。假设计入供电增容费及用电集资费等，有可能出资相对或添加不多。

4）冰蓄冷系统的工作费用因为电力部门施行峰谷电价政策，比常规空调系统要低，分时电价差值愈大，得益愈多。

5）冰蓄冷系统制冷设备满负荷工作比例增大，状况安稳，提高设备运用率。

6）冰蓄冷系统不一定节电，而是合理运用峰谷段的电能。

（3）冰蓄冷系统运行策略

1）主机优先模式，各区基载主机各投入一台。

① 充分利用夜间低谷电，双工况制冷主机在夜间全力蓄冰；

② 高峰电时段少开甚至不开制冷主机，并尽可能减少制冷主机的启停次数；

③ 确保当天低谷电期间储备的冰量在当天白天供冷时充分融完；

④ 当前处于运行状态的制冷主机应尽量使其运行于能效比较高的区域；

⑤ 合理设定冷却水供水温度，优化制冷主机的供冷冷凝工况。

2）根据设计院提供的设计日逐时冷负荷表，见图8.2-1，参考当地峰谷电价政策，结合设备配置情况和相关单位意见，分为以下几种情况运行策略配置：

① 100％夏季冷负荷运行策略（主机优先模式，白天不限制主机台数）；

② 100％夏季冷负荷运行策略（主机优先模式，白天开三台双工况主机）；

③ 75％夏季冷负荷运行策略；

④ 50％夏季冷负荷运行策略；

⑤ 25％夏季冷负荷运行策略；

⑥ 临时供冷运行策略。

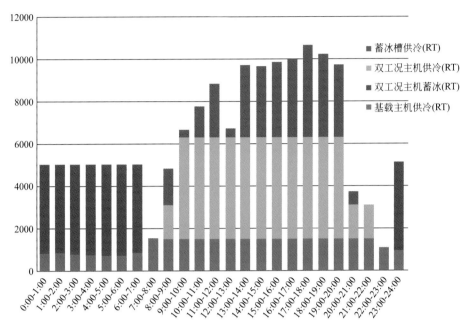

图 8.2-1　日逐时冷负荷表

（4）冰蓄冷主要系统流程

1）蓄冷系统

蓄冷系统采用蓄冷装置与制冷主机串联布置的方式，制冷主机位于蓄冷装置的上游，以便于释冷温度的稳定，满足建筑物供冷的需求。

2）乙二醇溶液系统

乙二醇溶液系统采用闭式系统，其溶液浓度为 25%。系统采用二级泵方式，以适应不同工况的运行要求；另外，系统的补液定压采用自动方式，其装置设在冷冻机房内。

3）冷水系统

乙二醇溶液系统与冷水系统采用间接连接方式。联合供冷时，乙二醇溶液经板式热交换器，为建筑物提供低温冷水。

（5）冰蓄冷运行工况控制方法

"Super modes" 的控制方法指的是乙二醇系统在不同运行工况下的优化控制方法，需要根据不同工况，切换相应电动阀门，在不同工况下还需要根据不同的控制目标参数对系统内不同执行机构的动作发出控制指令，并严格按照制冷主机所需的设备连锁关系进行设备联动控制。本系统可提供的系统运行工况包括：

1）双工况主机制冰（＋基载主机供冷）工况，见图 8.2-2。

2）冰槽单融冰供冷工况，见图 8.2-3。

3）融冰＋基载主机供冷工况，见图 8.2-4。

4）主机与蓄冰槽联合供冷工况，见图 8.2-5。

5）主机供冷工况，见图 8.2-6。

6）冷却塔直接供冷工况，见图 8.2-7。

（6）冰蓄冷主要施工技术

1）冰蓄冷系统施工深化设计

冰蓄冷系统系统结构组成比较复杂，并且其供冷量占总冷量一定比例，所以必须在现有施工图基础上，进行深化设计工作。

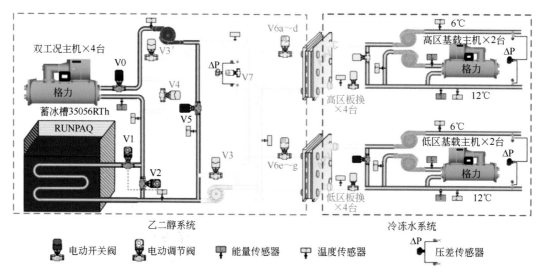

图 8.2-2　双工况主机制冰（＋基载主机供冷）工况

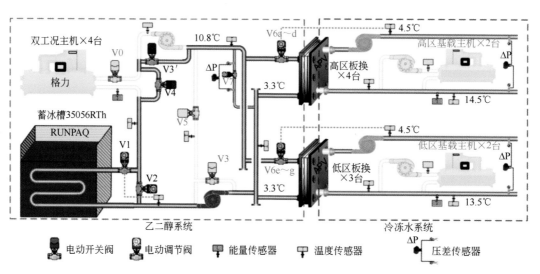

图 8.2-3　冰槽单融冰供冷工况

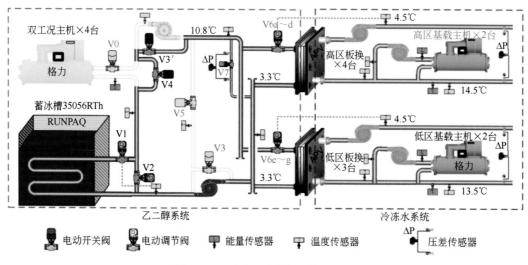

图 8.2-4　融冰＋基载主机供冷工况

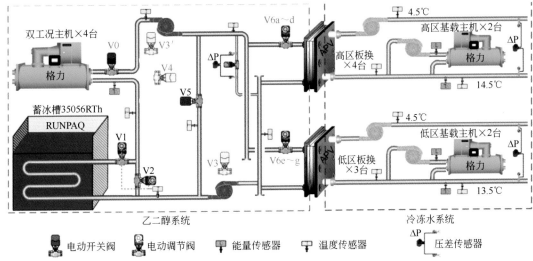

图 8.2-5　主机与蓄冰槽联合供冷工况

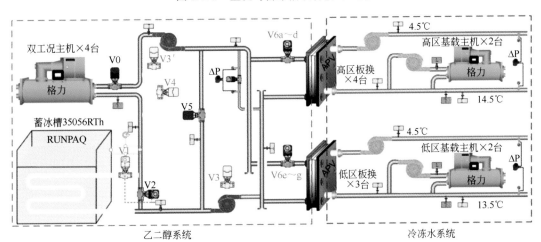

图 8.2-6　主机供冷工况

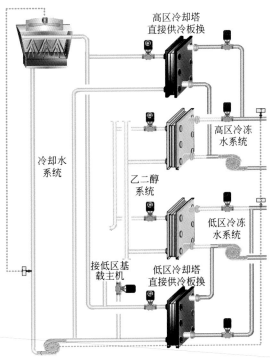

图 8.2-7　冷却塔直接供冷工况

2）蓄冰槽防水与保温

乙二醇溶液在蓄冰过程中与四周环境的温差大，假如蓄冰槽本体隔热效果不好，在平时的运行中会造成非常大的浪费，所以蓄冰槽的本体的保温厚度应大于标准工况的冷冻水的保温厚度，保温层应严密，尽量减少冷损失。

3）冰盘管安装

冰盘管是冰蓄冷系统的核心部位，冰盘管的安装质量关系到整个系统能否有效运行，施工中不允许被碰撞，造成损坏，要严格保护。下面以中国尊项目为例，介绍冰盘管吊装过程。

a. 吊装口负六层蓄冰盘管临时平台制作：

蓄冰盘管需先由吊装孔吊运至负六层，平移至蓄冰槽上部预留吊装孔吊装进入蓄冰槽，需要在吊装孔负六层制作一个临时的吊装平台，如图8.2-8所示。

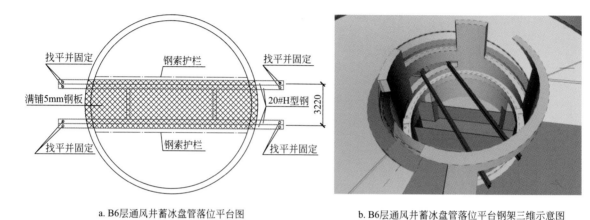

a. B6层通风井蓄冰盘管落位平台图   b. B6层通风井蓄冰盘管落位平台钢架三维示意图

图8.2-8　临时平台搭设示意图

b. 蓄冰盘管吊装至负六层临时平台的过程如图8.2-9所示。

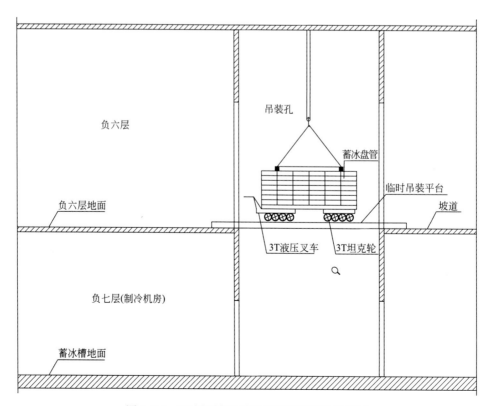

图8.2-9　B6层预留孔蓄冰盘管吊装落位示意图

c. 负六层蓄冰盘管搬运，如图 8.2-10 所示

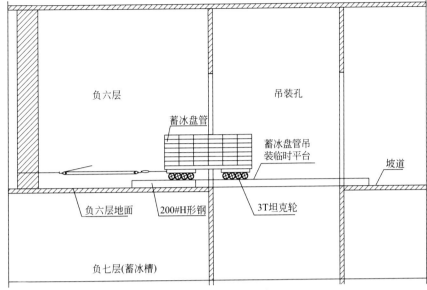

a. B6层冰盘管水平搬运示意图(1)

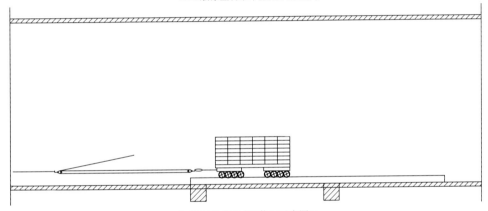

b. B6层冰盘管水平搬运示意图(2)

图 8.2-10　B6 层冰盘管水平搬运示意图

d. 负六层蓄冰盘管吊装至负七层蓄冰槽内，见图 8.2-11 所示

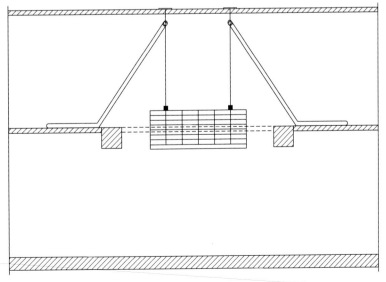

图 8.2-11　蓄冰盘管吊装落位示意图

e. 负七层蓄冰槽内蓄冰盘管搬运

根据现场条件，蓄冰槽内盘管就位顺序为先就位角落中的盘管，然后再就位中间位置盘管，如图 8.2-12 所示。

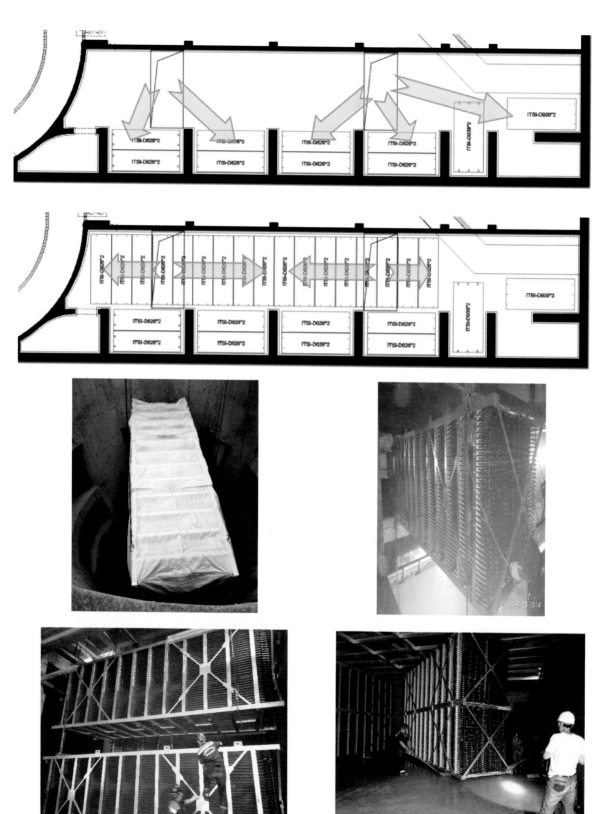

图 8.2-12　蓄冷盘管就位示意图及现场实施图

4）系统的清洗

冰蓄冷系统对管道洁净度要求较高，特别是乙二醇系统，管道必须冲洗干净。此外，由于蓄冰盘管易发生堵塞，这就给冲洗提出了更高的要求。

5）自控系统调试

自控系统对于冰蓄冷中央空调冷源系统的意义正如同大脑对于人体的意义，承担着将冰蓄冷系统内各主要设备以及其他子系统组合成一个可运行的、有功能的"有机整体"的重要使命。中央空调系统能耗中最主要的组成部分为冷源机房内的能耗，因此冷源自控系统是建筑节能的重点。加之本工程中央空调冷源系统采用了相对复杂的冰蓄冷建筑节能技术，故冰蓄冷空调自控系统的成功与否将直接影响冷源系统的运行且直接决定建筑能耗水平的优劣。

（7）冰蓄冷主要技术指标

下面以中国尊项目为例，介绍冰蓄冷系统主要技术指标。

1）各区段冷冻水供回水温度，见表 8.2-1。

区段冷冻水供回水温度一览表　　　　　　　　　　　　　　　　　　表 8.2-1

冷冻水供回水温度（℃）	建筑区段
4.5/13.5	地下室
4.5/14.5	低区
5.7/15.7	中区
6.9/16.9	高区

2）蓄冰槽主要技术参数，见表 8.2-2。

蓄冰槽主要技术参数表　　　　　　　　　　　　　　　　　　表 8.2-2

序号	项　目	技术要求
1	蓄冰装置类型	(2×2 组)939 RTH、(2×25 组)626 RTH
2	总蓄冰量	35056 RTH
3	残冰率	0
4	蓄冰时乙二醇进出口温度	进口温度：−6℃ 出口温度：−2.6℃
5	融冰时冰槽 进出口温度	出口温度：3.3℃ 进口温度：10.8℃
6	压降	44kPa
7	使用寿命	25 年
8	载冷剂	25％抑制性乙烯乙二醇水溶液

（8）永磁同步变频技术

在交流异步电动机中，转子磁场的形成要分两步走：第一步是定子旋转磁场先在转子绕组中感应出电流；第二步是感应电流再产生转子磁场。在楞次定律的作用下，转子跟随定子旋转磁场转动，但又"永远追不上"，因此才称其为异步电动机。如果转子绕组中的电流不是由定子旋转磁场感应的，而是自己产生的，则转子磁场与定子旋转磁场无关，而且其磁极方向是固定的，那么根据同性相斥、异性相吸的原理，定子的旋转磁场就会拉动转子旋转，并且使转子磁场及转子与定子旋转磁场"同步"旋转。这就是同步电动机的工作原理。

根据转子自生磁场产生方式的不同，又可以将同步电动机分为两种：

一是将转子绕组通上外接直流电（励磁电流），然后由励磁电流产生转子磁场，进而使转子与定子磁场同步旋转。这种由励磁电流产生转子磁场的同步电动机称为励磁同步电动机。

二是直接在转子上嵌上永久磁体，直接产生磁场，省去了励磁电流或感应电流的环节。这种由永久磁体产生转子磁场的同步电动机，就称为永磁同步电动机，如图 8.2-13 所示。

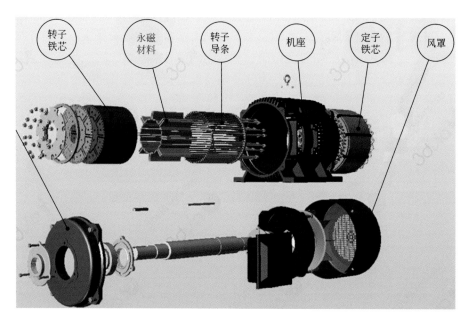

图 8.2-13　永磁同步电机构造图

随着新型电机控制理论的发展和稀土永磁材料的研发，永磁同步电机得以迅速推广应用，永磁同步变频离心式冷水机凭借节能等优势也逐渐成了明星产品。

永磁同步变频离心式冷水机组节能省电的秘诀在于中央空调的"心脏"——压缩机的技术革新。电机是驱动压缩机运转的动力源，相比传统的三相异步电机，永磁同步变频离心式冷水机采用高速永磁同步变频电机，启动电流小，是三相异步电机的启动方式——星三角启动方式所用电流的 1/5 左右。在机组运行的范围内，电机效率均达到 96％以上，最高效率可达 97.5％，大大提高了机组满负荷与部分负荷的运行能效。

高速永磁同步变频电机为压缩机提供了更为高效的驱动方式，而压缩机装置的改进则进一步降低机械损失，让运行更加高效可靠。传统中央空调的齿轮传动压缩机由增速齿轮及轴承等部件组成，结构较为复杂，可靠性差；同时，齿轮相互咬合运转容易产生机械损失和较大的噪音，且齿轮传动压缩机的体积也要比同冷量直驱结构的压缩机大。永磁同步变频离心式冷水机组的压缩机采用直驱双级叶轮，取消了常规离心机的增速齿轮和 2 个径向轴承，大大减小机械损失的同时，使得压缩机结构更加简单，转动部件少，运行更可靠。由于采用了无增速齿轮装置，压缩机的整体尺寸小，体积与重量仅为相同冷量齿轮传动压缩机的 40％，噪声也比传统机组降低 8dBA 以上，如图 8.2-14 所示。

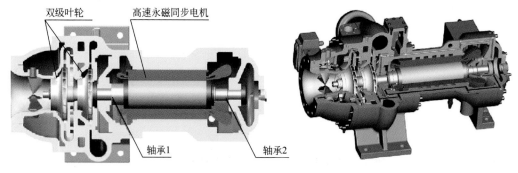

图 8.2-14　永磁同步电机＋双击叶轮

　　一般来说，暖通设备在使用中产生节能效益的同时还要保障机组的高效制冷。永磁同步变频离心式冷水机组采用双级压缩补气技术，相比单机制冷循环系统循环效率提高了 5%～6%，制冷能力更强。相比单级压缩，双级压缩的叶轮出口气流较小，运行范围更宽：机组可在冷却进水温度 12～35℃ 稳定运行。在 10%～100% 负荷范围内，通过变转速适应不同的负荷状态，它还可减小导叶节流损失，提高机组全工况性能。此外，双极压缩能够降低了压缩机转速，使得压缩机运行更可靠，使用寿命增长，如图 8.2-15 所示。

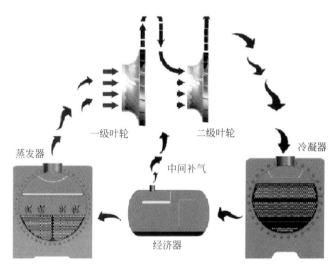

一级叶轮　　　二级叶轮

蒸发器　　　　　中间补气　　　冷凝器

经济器

图 8.2-15　双级压缩补气

　　高速永磁同步变频电机采用螺旋环绕的制冷剂喷射冷却技术，对电机的定子、转子充分冷却，电机温度场均匀，可控制负荷时电机发热量小，能充分利用低冷却水温时的高效运行；部分负荷时发电机热量小，能充分利用低冷却水温时的高效能条件，可在冷却进水温度 12℃ 条件下高效运行。

　　变频器是通过调节电机工作的电源频率方式控制交流电动机的电力控制设备，通过内部 IGBT 的开断来调整输出电源的电压和频率，根据电机的实际需要来提供其所需要的电源电压，达到节能和调速的目的。永磁同步变频离心式冷水机组标配机载变频器，通过对不同单元的改进提升变频器的运转效果与机组配合度。针对压缩机封闭系统的需求，变频器采用高速永磁同步无位置传感器精确控制技术，无需探头即可感知电机转子位置，时刻精确监测电机角度位置，提高可靠性。四象限变频器采用 PWM 可控整流四象限变频技术，使变频器输出平滑的正弦波，使得功率因素达 0.99 以上，提高电机效率。工程电器设备配置电流可降低 10%，且不需要功率补偿器等附加设备，减少工程项目的初投资，如图 8.2-16 所示。

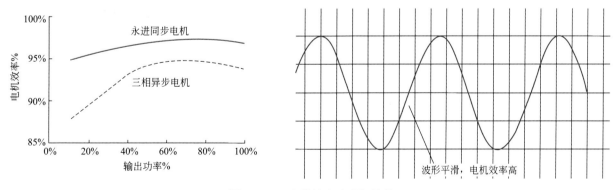

图 8.2-16　电机输出功率与效率

　　采用专为压缩机研制的永磁同步变频调速电机，独特的内置式转子磁路结构及系统优化磁路设计，确保电机高转速下的可靠性及效率，电机效率最高达 97.5%。电机螺旋环绕冷却方式，使电机冷却更加充分，内部温度均匀，确保电机运行高效可靠。大功率高速永磁同步电机专用机载绿色变频器：针对压缩机封闭系统需求，采用无位置传感器技术，取消位置传感器，提高可靠性；首次实现了大功率高速永磁同步电机的位置精确估算，确保机组全速度范围的稳定调速；采用四象限 PWM 整流技术，提高母线电压，功率因数高达 0.998，效率达 97%；采用独特的谐波最优的 PWM 分段同步调试技术，使三相输出电流不平衡率低于 2%。

8.3　舒适空调系统集成创新技术

1. 技术简介

节能环保已经成为这个时代最主要的特征之一。中央空调作为现在使用得最为普及的一项现代技术，在给人们带来了美好的生活享受的同时，也给节能环保带来了极大的挑战。节能成为中央空调行业必须面对的一个极为严峻的问题，尤其是超高层建筑中央空调工程，节能问题更为突出。

根据超高层建筑的特点及实际情况，下面以中国尊项目为例，介绍一种"冰蓄冷＋大温差＋低温送风＋变风量＋PLC"的空调系统集成创新技术，该技术经济效果好，且达到了节能的目的。

2. 技术内容

（1）冰蓄冷系统

冰蓄冷系统利用夜间制冷，白天放冷，一方面减少了热能势差，可以节省一部分电能，另一方面错开了用电高峰期，合理利用峰谷电价，降低运行费用。国际先进的永磁同步变频冰蓄冷机组，COP 高达 6.46，IPLV 高达 9.57。

（2）大温差空调水系统

空调水通过三级换热，由冰槽供冷 3.3℃，经板换依次换热成 4.5℃、5.7℃和 6.9℃的空调冷水，且采用 10℃大温差供回水，能源利用率高，可减少空调机组送风量，如表 8.3-1 所示。

大温差空调系统分区表 表 8.3-1

空调水系统	供冷温度℃	送风温度	区域
冰槽供冷	3.3	/	/
冷冻水换热	4.5/13.5 4.5/14.5	≥9.5	地下室 低区
中区换热站	5.7/15.7	≥10.7	中区
高区换热站	6.9/16.9	≥11.9	高区

（3）变风量系统

1）变风量系统采用第 2 代叶轮测速可变多孔阀片的节能型 VAV-BOX，如图 8.3-1 所示，叶轮式风速传感器避免了堵塞测速孔，测量数据稳定且精度高（1~12m/s），可感知微弱风速；可变式多孔叶片使气流稳定，整流效果好，多孔叶片气流整流效果见图 8.3-2，具有线性控制性能；风管无需变径，压力损失小（可减少约 100Pa），运行更节能。

2）风量自平衡一体化送风系统（Flexible Air Supply Unit 简称 FASU），是一种辅助流量分配末端装置，FASU 单元工厂化生产，各支路风量平衡性好，安装方便，节约施工成本，节省工期，也有利于办公区二次装修的空调末端配合调整。风量自平衡一体化送风系统如图 8.3-3 所示。

3）采用防结露、吊顶贴附射流型空调风口，可保证最佳的气流扩散，避免冷风直吹，舒适性更高；且风口压损低（比常规射流型低温风口减少 80%），更加节能。贴附型低温风口如图 8.3-4 所示。

图 8.3-1　第二代 VAVBOX

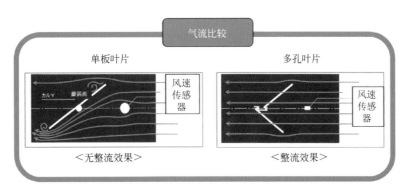

图 8.3-2　多孔叶片气流整流效果

图 8.3-3　风量自平衡一体化送风系统

（4）一体化窗边风机盘管系统

近年来国家愈发重视超高层建筑绿色低碳及创新技术的应用，对建筑施工的模块化提出了更高的要求。以往在建筑中使用的窗边风机盘管存在空间占用率大，机电与装饰界面施工工序繁琐，亟需对窗边风机盘管进行更经济、合理的创新研究。在超高层外框筒外区采用创新研发的大温差窗边风机盘管，运行噪音低，结构超薄占用空间少。窗边空间狭窄，架空地板支架错综复杂，将机电与装饰界面合二为

图 8.3-4　贴附型低温风口

一，使现场施工交叉、时间等复杂因素变为简单，符合建筑模块化潮流，也是工法创新的典范。一体化窗台风机盘管系统见图 8.3-5。

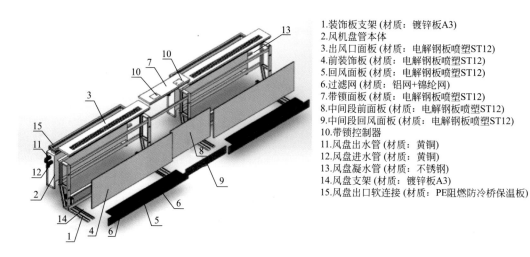

1.装饰板支架 (材质：镀锌板A3)
2.风机盘管本体
3.出风口面板 (材质：电解钢板喷塑ST12)
4.前装饰板 (材质：电解钢板喷塑ST12)
5.回风面板 (材质：电解钢板喷塑ST12)
6.过滤网 (材质：铝网+锦纶网)
7.带锁面板 (材质：电解钢板喷塑ST12)
8.中间段前面板 (材质：电解钢板喷塑ST12)
9.中间段回风面板 (材质：电解钢板喷塑ST12)
10.带锁控制器
11.风盘出水管 (材质：黄铜)
12.风盘进水管 (材质：黄铜)
13.风盘凝水管 (材质：不锈钢)
14.风盘支架 (材质：镀锌板A3)
15.风盘出口软连接 (材质：PE阻燃防冷桥保温板)

图 8.3-5　一体化窗台风机盘管系统

　　窗边风机盘管机组过滤器清洗方式，见图 8.3-6。每台风机盘管安装 2 只过滤网（序号 6），清洗过滤网时，把下端回风口面板（序号 5）移开，可从风盘底部直接从侧面抽出过滤网。

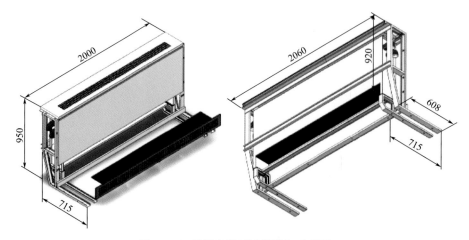

图 8.3-6　风机盘管过滤器清扫示意图

一体化窗边风机盘管系统安装效果如图 8.3-7 所示。

图 8.3-7 一体化窗边风机盘管系统安装

（5）一体化集成空调机组技术

超高层的空调系统采用一体化集成空调机组。风机段与消声器集成设计，上下叠放，整体消声，如图 8.3-8 所示。

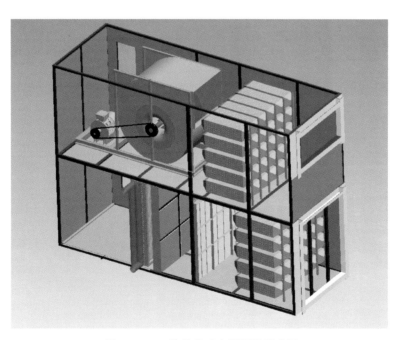

图 8.3-8 一体化集成空调机组示意图

20 000m³/h 的空调机组噪声为 52.1dB，创国际先进。机组内设旁通阀，过渡季运行更节能。整体漏风率 0.32%，远低于国家标准 0.5%。

设置五道空气过滤器，采用"新风端设 G4 板式初效过滤，空调机组送风端设 G4 板式初效过滤＋双驱静电中效过滤＋F7 中效袋式过滤"的过滤方式，PM2.5 过滤效率可达 99.8%，使室内 PM2.5 可控制在 $50\mu g/m^3$ 内，如图 8.3-9 所示。

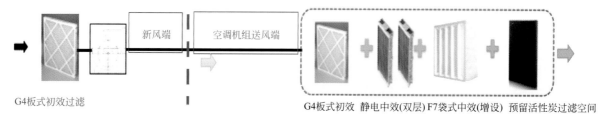

G4板式初效过滤　　　　　　　　　　　　　　　G4板式初效　静电中效(双层)　F7袋式中效(增设)　预留活性炭过滤空间

图 8.3-9　机组空气过滤示意图

集成化空调机组安装如图 8.3-10、图 8.3-11 所示。

图 8.3-10　标准层空调机房安装

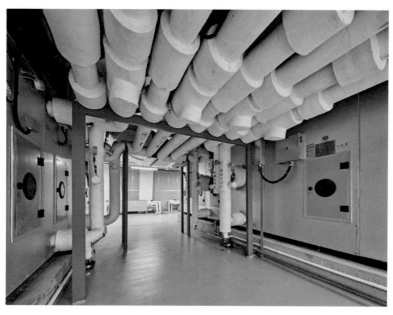

图 8.3-11　非标准层集成空调机组安装

（6）暖通监控节能控制策略

超高层暖通监控系统创新采用 PLC 控制器，工业 4.0 技术，可按大厦不同负荷需求自主编程，节能性好、可靠性高，可实现数据统计及运算。暖通监控架构见图 8.3-12。

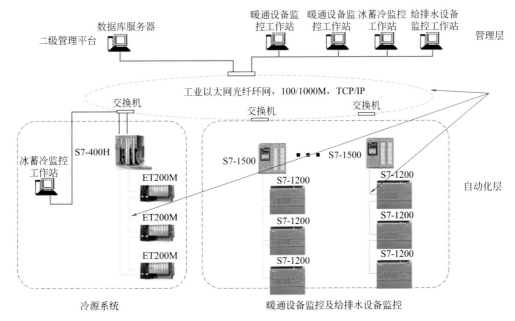

图 8.3-12　暖通监控架构图

总风量＋变静压的变风量节能控制；过渡季节新风比运行，最大新风比可达 70％；空调热回收系统；环形空调风管分区温度控制；大空间分层空调系统；冷却塔直接供冷系统；根据 CO_2 浓度进行新风量调节等多种技术集成和运行策略，实现空调系统舒适节能运行，提升大厦品质。暖通监控系统控制界面见图 8.3-13。

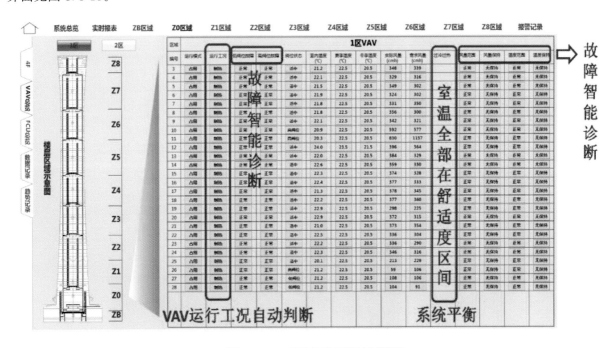

图 8.3-13　暖通监控系统控制界面

总结：

工程自投入使用以来，各系统运行良好，节能效果显著，居住舒适度高。经实测，沙尘、雾霾等天气时，室内 PM2.5 均值 $11\mu g/m^3$，PM10 均值 $15\mu g/m^3$（室外 P2.5 均值：$479\mu g/m^3$，PM10 均值 $4\,927\mu g/m^3$），室内空气质量优，践行了绿色健康理念，将绿色节能新技术融入建筑生命周期，打造了高品质的居住空间。

8.4 室内引风式冷却塔应用技术

1. 技术简介

冷却塔就是将循环冷却剂从系统中吸收热量排放至大气中，以降低温度的装置；其冷却借着水蒸发或热交换的过程来完成，并使冷却剂可以继续循环使用，从经济效益上来说，减少了成本的浪费。冷却塔又分开式冷却塔和闭式冷却塔。

开式冷却塔的冷却原理是，通过将循环水以喷雾方式，喷淋到玻璃纤维的填料上，通过水与空气的接触，达到换热，再由风机带动塔内气流循环，将与水换热后的热气流带出，从而达到冷却。

闭式冷却塔与开式冷却塔最大的不同点在于：闭式冷却塔将被冷却介质通过盘管与管外的冷却水或空气进行热交换，形成了封闭循环系统，避免了被冷却介质与空气接触而导致污染及损失，从而造成被冷却介质的浪费、设备堵塞等故障而影响正常使用。

2. 技术内容

（1）关键技术介绍

1）引风双层横流布置，风阻小，更加节能。与传统的鼓风式冷却塔区别：引风式双层冷却塔结构紧凑，满足设备层安装高度；塔体内负压，有效降低飘水率，提高冷却塔的热力性能，有效防止细菌滋生，运行环境更加清洁。引风双层横流布置结构如图 8.4-1 所示，BIM 模型及安装效果图如图 8.4-2 所示。

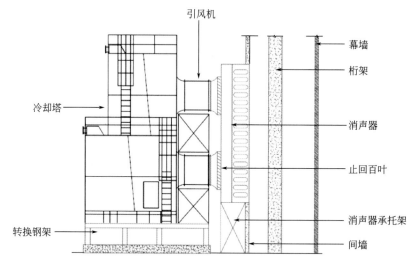

图 8.4-1　引风双层横流布置结构

图 8.4-2　引风式冷却塔 BIM 模型及安装效果图

2）采用多叶高静压、直接驱动、变频电机的轴流风机，运行更加节能，噪声低，如图 8.4-3 所示。

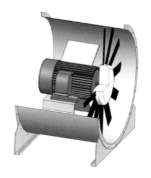

图 8.4-3　多叶高静压轴流风机

3）集水底盘为强化玻璃钢，水盘水深 800mm，有足够蓄水量和深度，以避免冷却塔在开启时产生涡流，停止操作时水量出现溢满现象。集水底盘结构如图 8.4-4 所示。现场实物图如图 8.4-5 所示。

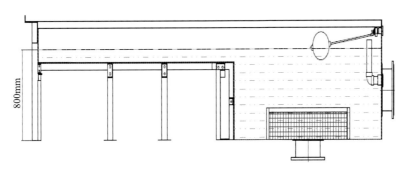

图 8.4-4　集水底盘结构

图 8.4-5　现场实物图

4）通过增大风量、多台冷却塔风量组合控制和热水盘管加热器等措施来有效除雾，如图 8.4-6 所示。

5）将闭式塔优化为开式冷却塔配板式热交换器，采用板式热交换器来代替闭式冷却塔内的盘管，热交换率比盘管更有效，板式热交换器更容易清洗及维护，可集中布置，占地面积较少而且易于保养，节省成本，如图 8.4-7 所示。

6）在出风口加装有效长度 1200mm 阵列消声器，如图 8.4-8 所示。其效果优于普通片式消声器，经计算，消声量达 28.6dB，由于冷却塔区域湿度较高，消声材料离心玻璃棉会变形，所以在消声器内包裹一层防水透气膜，经消声器厂家测试，包裹防水透气膜对消声器的消声量基本没有影响。

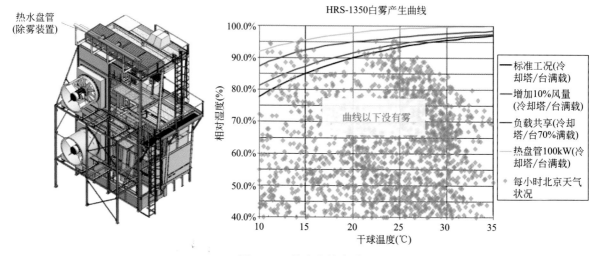

图 8.4-6　热水盘管除雾

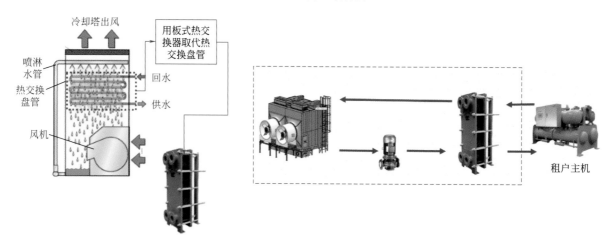

图 8.4-7　冷却塔原理图

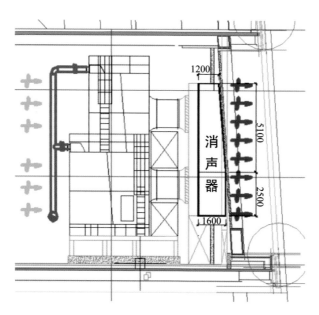

图 8.4-8　消声器安装示意图

总结：

工程自投入使用以来，运行安全稳定，维护方便，机外余压及噪声经检测均满足要求，消音措施科学合理并经过第三方权威机构审核，同时符合清华大学建筑物理实验室对现场进排风效果的 CFD 模拟结果，进排风效果好，冷却性能优，项目运行情况良好。

8.5 动态 UPS 飞轮储能技术

1. 技术简介

伴随云时代的来临，大数据吸引了越来越多的关注。如何建设高效、节能的数据中心成为运营商关注的焦点。供电节能是数据中心节能的重要组成部分，飞轮 UPS 以其可靠性高、体积小、能耗低、无污染等优势得到了广泛关注。

目前国内数据中心主要采用传统蓄电池 UPS 对设备进行不间断供电。由于存在故障率高、占地面积大、维护成本高、维护周期长等问题，传统蓄电池 UPS 成为数据中心供电短板。超高层建筑采用一体式动态飞轮 UPS 供电系统，为数据中心带来节能高效的解决方案。降低了数据中心能耗、节省数据中心供电系统的占地面积和维护成本，促进数据中心的节能减排。

2. 技术内容

（1）一体式动态飞轮 UPS 供电系统架构

采用一体式动态飞轮 UPS 系统对数据中心机房供电，当市电中断后，由储能设备（飞轮）提供临时有功功率给负载供电。当飞轮转速达到设置门限值时，通过自带的柴油发电机组启动，提供后续负载运行所需的有功功率，如图 8.5-1 所示。

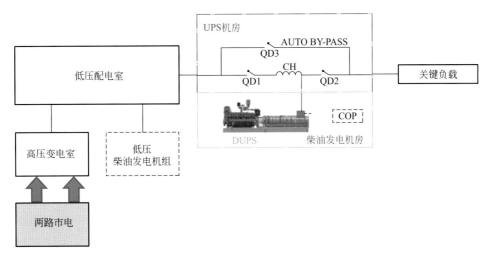

图 8.5-1 一体式动态飞轮 UPS 供电系统架构

（2）系统工作原理

1）一体式动态飞轮结构示意图如图 8.5-2、图 8.5-3 所示。

2）NO-BREAK KS® 系统运行模式

① 正常运行模式

市电正常情况下，线路开关 QD1 和 QD2 处于合闸状态，自动旁路开关 QD3 处于分闸状态，关键负载有功功率能量由市电通过扼流线圈提供，负载的无功功率由一直旋转（1 500RPM）的电动机（发电机）提供，电动机（发电机）负责稳压、稳频，扼流线圈负责隔离输入输出侧谐波，飞轮以 3 000RPM 旋转储存动能，线路正常运行。运行原理图如图 8.5-4 所示。

② 紧急运行模式

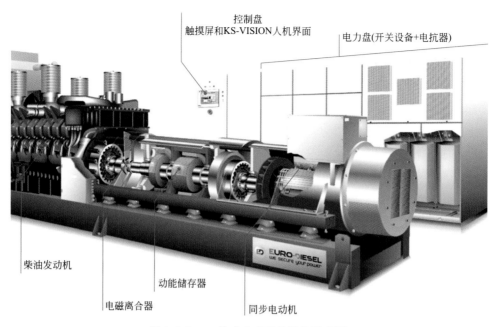

图 8.5-2　一体式动态飞轮结构示意图

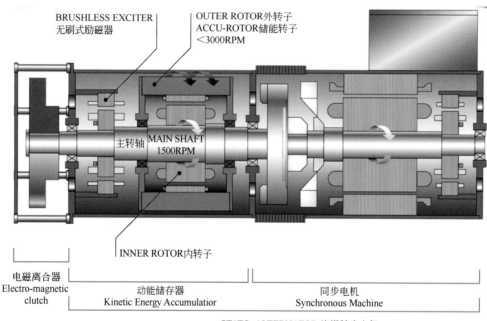

图 8.5-3　一体式动态飞轮结构示意图

　　市电中断后，线路开关 QD1 自动分闸，开关 QD2 保持合闸状态，自动旁路开关 QD3 分闸状态，关键负载有功功率能量由飞轮通过电动机（发电机）提供，负载的无功功率由一直旋转的电动机（发电机）提供，飞轮转速由 3 000RPM 降速释放动能转换为电能，当飞轮降速至一定门限值后，系统自带柴油发电机组启动，由柴油发电机组保证关键负载的持续供电，同时给飞轮储能。市电恢复后，线路开关 QD1 自动合闸，柴油发电机组停止运行，系统恢复正常市电供电模式。运行原理图如图 8.5-5 所示。

　　③ 正常-应急-正常模式转换下飞轮及柴发转速变化，如图 8.5-6 所示。

　　3）KS-VISION 触摸屏人机界面

　　控制柜配备 12" 彩色触摸屏，以太网（Ethernet）连接至可编程序逻辑控制器（PLC），动态网络协定地址（dynamic IP address）供外部连接，前控制盘面板具有 USB 接口，操作便捷。触摸屏操作界

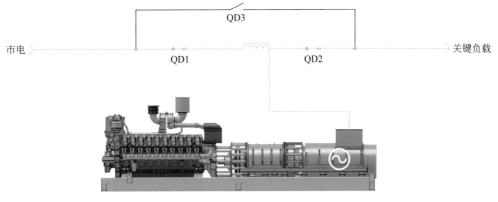

图 8.5-4　正常运行模式原理图

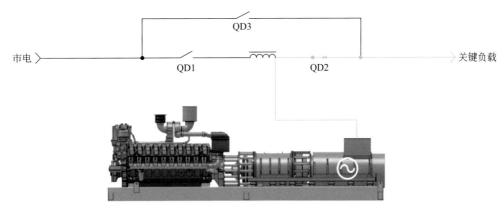

图 8.5-5　紧急运行模式原理图

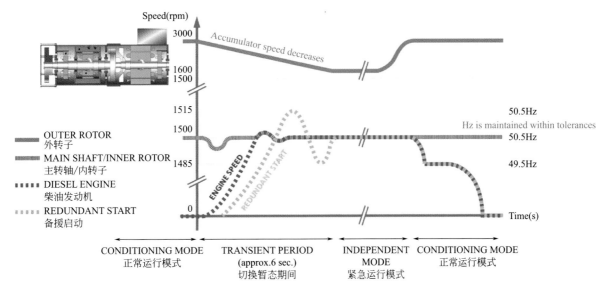

图 8.5-6　正常-应急-正常模式转换下飞轮及柴发转速变化示意图

面如图 8.5-7 所示。

（3）技术要点

1）极大地节省占地面积

占地面积小，无需专用的电池空间和传统的 UPS 室，机组放置于柴油机室，极大地节省了数据中心的有效生产空间，节省了大量的开关柜和电缆需求。

2）降低用户的整体拥有成本

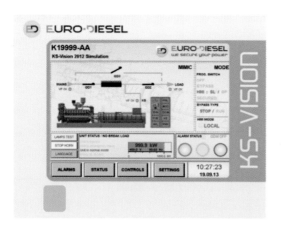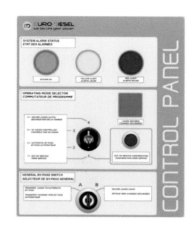

图 8.5-7　触摸屏操作界面

无需后备电池，维护量减少；无需装设专用空调，自带水冷系统，极大降低了维护成本，高效率低损耗降低了运营成本，为 IT 设备节省的空间增加了运营效益。运行寿命期间，产生废弃物少，且所采用的材料，均可再利用或进行资源回收。

3）对关键负载的供电可靠性更高

系统市电侧至负载侧之间的电力在线仅有三个主要设备，且自身为一套完整的系统，自带柴油发电机组，后备供应时间不受限制；飞轮动能回充时间小于 15min，受发动机保护，储能不受影响；若柴油发动机因传统起动装置故障，则会吸合离合器，利用储能器的动能启动发动机，确保启动成功，供电可靠性高。

4）超强的抗短路能力

在市电正常模式及柴油机应急模式下均能提供大于 10 倍标称电流的短路容量，协助快速清除下游短路事故，确保短路负载的及时脱离。市电侧短路事故如图 8.5-8 所示，负载侧短路事故如图 8.5-9 所示。

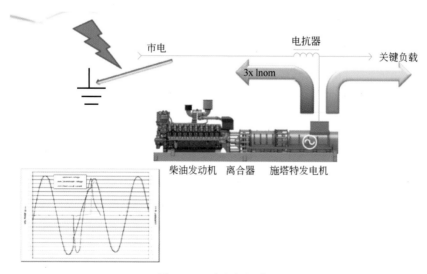

图 8.5-8　市电侧短路

5）系统无须附加额外的滤波器，自身不会对输入端产生谐波电流，同时可有效地降低谐波失真至可接受之范围，实现 99% 的输入输出谐波隔离吸收。电压谐波如图 8.5-10 所示，电流和零相电流谐波如图 8.5-11 所示。

6）有效改善市电侧功率因数

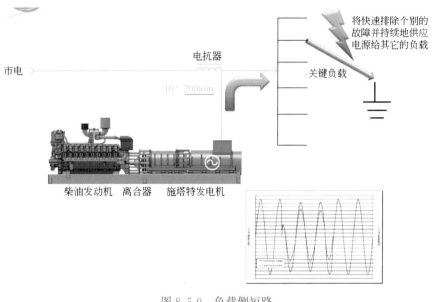

图 8.5-9　负载侧短路

Inductive Series Divider
电感串联分压

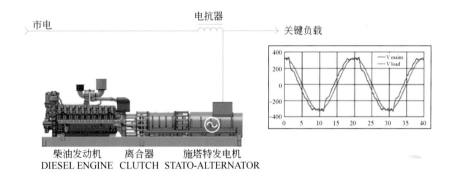

图 8.5-10　电压谐波

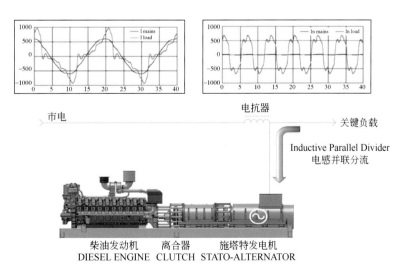

图 8.5-11　电流和零相电流谐波

带超前和滞后输出功率因数负载无降额动态，UPS具有超强的负载适应和带载能力，带0.8滞后-0.8超前功率因数的负载时能够提供足额的有功功率，如图8.5-12所示，可改善市电侧之功率因数达0.98。

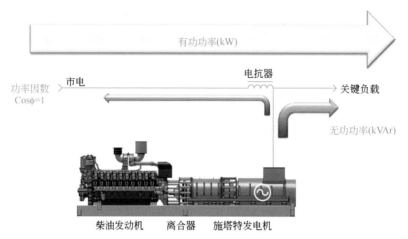

图8.5-12　一体式动态飞轮UPS提供足额有功功率

一体式动态飞轮UPS供电系统相较于传统静态UPS供电，其工作效率提高了5%，同等容量下每年可节约用电9.5%，运行寿命期间，产生废弃物少，每年可减少CO_2排放量约181 086kg，且所有采用的材料，均可再利用或进行资源回收，绿色节能环保，符合国家可持续发展战略。一体式动态飞轮UPS系统供电技术采用高效、绿色、节能、环保的供电方式，保证了供电可靠性。

8.6　智能照明控制技术

1. 技术简介

智能照明相较于传统照明而言，表现出更加人性化、智能化、节能化的特点。将传统的开关控制照明灯具的通断，转变成智能化的管理，保证了照明的质量。利用智能传感器感应室外亮度来自动调节灯光，以保持室内恒定照度，既能使室内有最佳照明环境，又能达到节能的效果。采用智能照明控制技术对建筑各功能区域进行控制，可实现自然光和人工光的有机结合，给用户的办公和生活带来极大便捷，达到了安全、节能、舒适、高效的目的。本技术在中国尊大厦项目得到成功运用，应用效果良好。本节将以中国尊项目为载体介绍智能照明控制技术的系统架构及控制策略等，以便为类似工程提供借鉴及参考。

2. 技术内容

（1）智能照明控制系统架构

智能照明控制系统架构包含现场控制部分、模块部分、监控部分等，其中现场控制部分包括可编程控制面板、彩色触摸屏、多功能探讨、时钟管理器等末端设备（图8.6-1）。

控制系统选用全分布式系统，设有8回路每回路20A，每回路带电流检测智能开关控制模块，模块自带系统电源和消防联动信号接口（图8.6-2）。

智能开关控制模块具有以下特点：

1）自带系统电源：每个控制模块自带电源给模块供电、给系统网络供电，有多少模块就有多少电源供应点，实现网络总线的"多点供电"，减少单个系统电源供电这一故障隐患，保证系统网络的不断电，大大提高了系统运行的可靠性。

2）自带消防联动接口：每个控制模块自带消防联动接口，火灾时能接受消防控制信号，通过消防

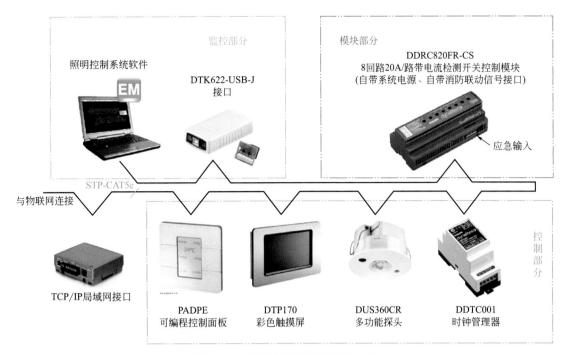

图 8.6-1 智能照明控制系统架构图

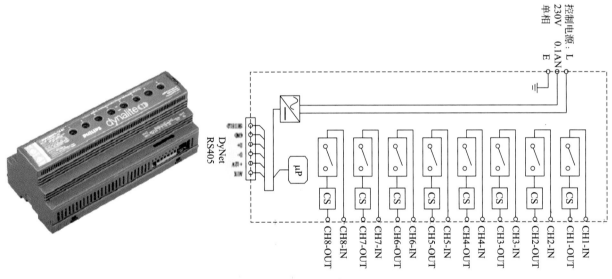

图 8.6-2 智能开关控制模块

信号输入应急照明控制模块执行应急照明强制打开，实现消防联动的就地末端切换，保证应急响应，保证消防安全。

3）独立工作 CPU 处理器：每个模块都带独立工作的 CPU，全分布式模块，减少故障波及率。

4）模块故障反馈、报警：每个回路有电流检测功能，可将每个回路的开灯或关灯的真实状态报到后端软件上，在图形界面上显示的开灯或关灯的真实状态；通过真实状态反馈和场景状态反馈的对比来判断模块是否有故障，在监控软件上显示、报警。

5）坏灯反馈、报警：每个回路有电流检测功能，可以通过任一回路的反馈电流值与正常电流值差异判断回路是否有坏灯，并在监控软件上显示有坏灯的回路，报警提醒管理人员更换。

6）回路开灯计时：可真实记录灯具的运行时间，上报到后端软件。

（2）智能照明控制网络架构

采用智能照明系统自有网络和物联网双网络控制，保证系统运行安全。

1）智能照明控制系统采用两层网络结构

管理层网络通过以太网络（Ethernet）平台，采用 TCP/IP 协议，通过配置 TCP/IP 局域网接口设备 Envision Gateway，将各个区段局域网络整合成第一层管理层网络，保证网络速度。

采用 RS485 协议。在每一段子干网中，所有设备通过"手牵手"连接构成一个区域网络，再通过组网 DDNI485 将各个子网络"手牵手"连接成一个局域网络，组成第二层网络结构（图 8.6-3）。

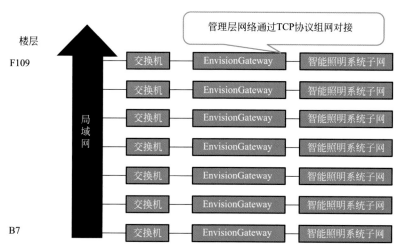

图 8.6-3　智能照明控制系统网络结构图

2）与物联网的对接

总控中心智能照明软件与物联网软件采用 MODBUSTCP 协议进行对接，实现物联网对智能照明系统的控制，保证智能照明系统与门禁、报警等其他系统的协同工作。

在各个区段分别与物联网关对接，实现本区域的就地对接控制，不受网络速度的影响，并且，通过物联网网关可以实现智能照明系统与物联网系统的底层协议对接（图 8.6-4）。

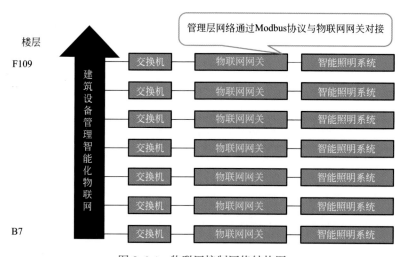

图 8.6-4　物联网控制网络结构图

（3）智能照明系统控制策略

1）探测器控制策略

在大堂及空中大堂安装亮度感应探头，实现亮度调节控制；在卫生间区域安装强电红外探测器和联网型弱电探测器协同工作，既能降低造价，又能保证效果。在卫生间内的洗手台和走廊区域安装联网型弱电探测器，当感应到人来时，打开除马桶间灯以外的全部灯光；在马桶间安装强电红外探测器，当有人进入时，打开该马桶间的灯。

2）智能天文时钟控制策略

在系统中加入智能天文时钟，实现照明场景的自动切换，同时，智能天文时钟与动静探头、亮度探测器进行逻辑运算、协同工作，探头什么时候启用、什么情况下启用都可以进行时间设定，实现节能自动化控制。

3）故障检测、报警的控制策略

将每个回路的开灯或关灯的真实状态报到后端软件上，在图形界面上显示的开灯或关灯的真实状态；通过真实状态反馈和场景状态反馈的对比来判断模块是否有故障，在监控软件上显示、报警。通过对比回路的反馈电流值与正常电流值判断是否存在灯具故障，并在监控软件上实时显示，报警提醒管理人员更换。记录灯具的运行时间，上报到后端软件。

（4）大厦各区域照明控制策略

1）办公区控制

场景功能描述：当办公人员走入办公区域时，用手靠近任意控制面板时，自动开启四周通道照明（六区域）并且面板背光亮起，显示首页内容，根据需求进入相应的区域控制界面（所有区域、一区域、二区域、三区域、四区域）区域划分如图 8.6-5 所示，开启相应的上午、下午、午休或全开场景，还可在回路控制界面中对所控区域内的回路进行单独开启或关闭。当办公人员离开办公区域时，只需按一下面板右下角按键即可关闭照明，关闭方式为各个区域延迟性关闭，避免用户出现突然关灯的恐慌感。

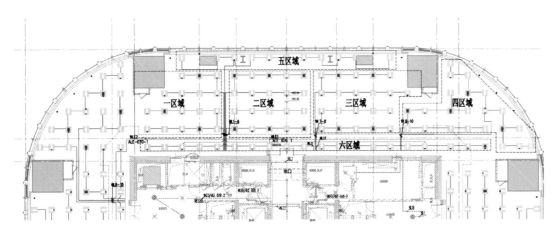

图 8.6-5　办公区控制区域划分图

面板在背光熄灭后，再次接近面板时，自动开启所有区域内侧走廊的照明。首页中主控、一区、二区、三区、四区页面跳转功能键，按下跳转到对应页面；主控页面中各控制键控制所在区域的整体控制；各分区页面中，按键对应各分区场景效果；各分区副页中，按键对应为各回路开关循环（图 8.6-6）。

2）公共区（十字区及后勤电梯厅）控制

十字区域的智能照明主要是电梯厅的照明，共有电梯厅天花筒灯、天花灯带、墙面灯带三条逻辑回路（图 8.6-7）。电梯厅的控制模式分为工作模式、节能模式、巡检模式、全关模式。

工作模式：三条回路一块亮，达到一个全亮的效果；

节能模式：只保留天花筒灯，保持一种既能达到照明的效果又能达到节约能源的状态；

巡检模式：只开启十字区应急灯具提供巡检照明。

3）地下停车场区域控制

地下停车场区域控制场景模式分为：高峰时期、低峰时期、节能（图 8.6-8）；

高峰时期：停车场内的灯具全部开启，保证高峰期的运行；

低峰时期：应急照明灯及普通照明灯隔灯开启，既不影响照明又节能；

节能：只开启应急照明灯。

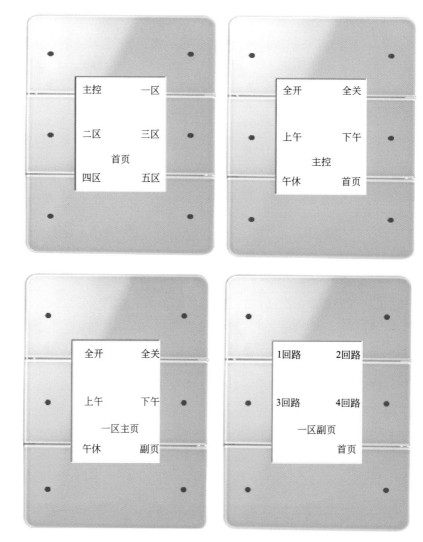

图 8.6-6　控制面板页面图

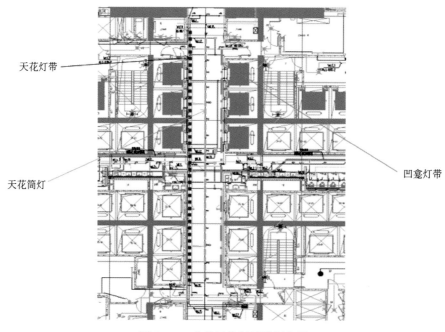

图 8.6-7　公共区控制区域划分图

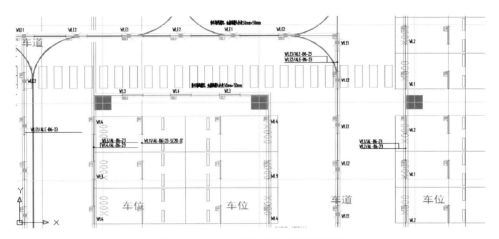

图 8.6-8　地下停车场区控制划分图

第**9**章

典型工程

9.1 广州新电视塔

项目地址：广东省广州市海珠区阅江西路 222 号

建设时间：2006 年 4 月至 2010 年 9 月

建设单位：广州新电视塔建设有限公司

设计单位：广州市设计院

奥雅纳工程顾问公司

项目简介：广州新电视塔高 610m，由一座高 454m 的主塔体和一个高 156m 的天线桅杆构成。电视塔塔体包括 37 层不同功能的封闭楼层及两层地下室，总建筑面积 11 万 m²，总占地面积 8.4hm²。塔体结构由外部的钢斜柱、斜撑、环梁和内部椭圆形钢筋混凝土直筒通过钢梁连通形成，充分展现建筑造型，为广州的一大标志性建筑，是集广播电视发射、观光旅游、餐饮、展览展示等功能于一体的建筑，其建筑规模宏大，机电系统众多，设备先进，功能齐全。

项目建造成果：本工程荣获 2011 年中国建设工程"鲁班奖"、国家级 2010 年度绿色建筑示范工程、2011 年度广东省优良样板工程（房屋建筑工程、专业工程），"610m 电视塔机电安装成套施工技术研究"荣获 2012 年度中国施工企业管理协会科学技术奖科技创新成果一等奖，"超高塔类建筑主被式阻尼抗振系统直线电机底座吊装施工工法"（工法编号 GJEJGF334-2010）荣获国家级工法。

9.2 深圳平安金融中心

项目地址：广东省深圳市福田区福田街道福安社区益田路 5033 号

建设时间：2013 年 6 月至 2016 年 12 月

建设单位：深圳平安金融中心建设发展有限公司

设计单位：CCDI 中建国际（深圳）设计顾问有限公司

项目简介：深圳平安金融中心位于深圳市福田商业中心区地段，占地 1.9 万 m²，总建筑面积约 46 万 m²，其地上塔楼 118 层、地下 5 层、裙楼 10 层，主体结构高度 592.5m、是以办公为主，集商贸、宾馆、观光、会议等功能于一体的综合性大厦。

项目建造成果：本工程荣获第十六届中国土木工程"詹天佑奖"。

9.3 北京中信大厦（中国尊）

项目地址：北京市朝阳区光华路 10 号

建设时间：2013 年 7 月至 2018 年 12 月

建设单位：中信和业投资有限公司

设计单位：北京市建筑设计研究院

项目简介：北京中信大厦位于北京市朝阳区 CBD 核心区，作为北京新地标，造型蕴含了古代尊形、城门等中国历史文化元素，形态挺拔秀美。该工程总建筑面积 43.7 万 m^2，地上 108 层，地下 7 层，总建筑高度 528m，与国贸建筑群、中央电视台和银泰中心等构成了新的北京天际线，是集甲级写字楼、会议、银行、观光以及多种配套服务功能于一体的超高层建筑。

项目建造成果：本工程荣获北京市建筑（竣工）长城杯金质奖、北京市优质安装工程奖，绿色建筑 LEED CS 金级认证。"北京中国尊大厦工程建造关键技术"获 2019 年中建集团科学技术一等奖，"北京中国尊大厦工程建造关键技术"获 2019 年中建集团科学技术一等奖，"中国尊项目全生命周期 BIM 综合应用"获江苏省安装行业 BIM 技术创新大赛一等奖，"中国尊项目机电安装 BIM 技术管理应用与实践"获 2017 年安装之星全国 BIM 应用大赛一等奖，共授权实用新型专利 10 项、发表论文 13 篇。

9.4　上海环球金融中心

项目地址：上海市浦东新区世纪大道 100 号

建设时间：2004 年 10 月至 2007 年 11 月

建设单位：上海环球金融中心有限公司

设计单位：上海现代建筑设计（集团）有限公司
　　　　　华东建筑设计研究院有限公司

项目简介：上海环球金融中心位于上海浦东陆家嘴金融贸易区 Z4-1 街区，北临世纪大道，西邻金茂大厦。该工程地块面积 3hm²，建筑占地面积 1.33hm²，总建筑面积 38.16 万 m²。其地上 101 层，地下 3 层，建筑主体高度达 492m，是以办公为主，集商贸、宾馆、观光、会议等功能于一体的综合性大厦。

项目建造成果：本工程荣获 2008 年度上海市优质工程"白玉兰"奖、"超高层建筑 10KV 高压垂吊式电缆敷设工法"（工法编号 YJGF038-2008）荣获国家级工法。

9.5　长沙国际金融中心

项目地址：湖南省长沙市芙蓉区解放西路 188 号

建设时间：2015 年 4 月至 2017 年 4 月

建设单位：九龙仓（长沙）置业有限公司

设计单位：湖南省建筑设计院有限公司

项目简介：长沙国际金融中心位于长沙市五一商圈黄兴路与解放路交汇处，是集大型购物娱乐中心、高端写字楼、酒店式公寓及国际白金五星级酒店于一体的超高层大型城市综合体。该项目占地 7.44 万 m²，总建造面积 102 万 m²，地下 5 层结构，主楼高 452m，地上 93 层，副楼高 315m，地上 65 层。长沙国际金融中心为湖南省第一高楼，是长沙市高端现代服务业的标志性建筑。

项目建造成果：本工程荣获 2019 年获 LEED 铂金级绿色建筑认证，2019-2020 年度湖南省优质工程。

9.6　苏州国际金融中心

项目地址：苏州工业园区苏州大道东 409 号

建设时间：2015 年 3 月至 2020 年 6 月

建设单位：苏州高龙房产发展有限公司

设计单位：华东建筑设计研究院有限公司

项目简介：苏州国际金融中心位于苏州工业园区湖东 CBD 商圈核心区域，西面正对金鸡湖，地块面积 2.1 万 m²，总建筑面积 39.6 万 m²，其地上 92 层，地下 4 层，建筑主体高度达 450m，是以甲级办公楼、精品特色酒店、豪华单层和高端复式酒店式公寓于一体的综合性大厦，为目前苏州第一高楼，刷新苏州天际线。

项目建造成果：本工程授权 2 项实用新型专利，"一种组合式桥架"（专利号 ZL201720760433.6），"万能套筒扳手"（专利号 ZL201620794932.2）。

9.7　南京金融城二期

项目地址：南京市建邺区江东中路 371 号

建设时间：2019 年 11 月至 2023 年 10 月

建设单位：南京金融城建设发展股份有限公司

设计单位：华东建筑设计研究总院

项目简介：南京金融城坐落于河西中央商务区核心地段，是南京区域金融中心规划建设的核心功能载体，集商务办公、高星级酒店、观光娱乐、服务型公寓和配套商业于一体的多功能城市商务综合体。二期占地面积 6.5 万 m²，总建筑面积约 42 万 m²，整个项目由两栋超高层、四栋多层建筑组成，建筑地下部分共五层，地上部分由 C1 塔楼（88 层），C3 塔楼（60 层）及 C2、C4～C6 多层商业组成，其中 C1 塔楼约 417m，建成后是将成为南京新的地标性建筑。

9.8　大连中心·裕景

项目地址：辽宁省大连市中山区大公街 23 号

建设时间：2007 年 5 月至 2009 年 10 月

建设单位：裕景兴业（大连）有限公司

设计单位：大连市建筑建筑设计研究院

项目简介：大连中心裕景位于大连城市最悠久、最繁华、最具大连商业品质代表性的 CBD 商圈——青泥洼商圈，总占地面积约 6.23 万 m²，总建筑面积约 80 万 m²，项目 3 三栋豪华公寓，2 两栋超高塔（5A 甲级写字楼及酒店）和 13 万 m² 购物中心（即柏威年大连购物中心）组成，集商务办公、居住、酒店、商业、休闲娱乐、公共设施配套六大体系于一体的国际化大型综合性建筑，其中大连裕景中心 1 号楼"超级塔 1 号"，总高 383m，为东北第一高楼。

项目建造成果：本工程荣获 2011 年大连市安全质量标准化示范工地，2012 年国家 AAA 级安全文明标准化工地，授权发明专利 1 项"自脱绳式吊钩装置"（专利号 ZL201410318587.0）。

9.9　青岛海天中心

项目地址：青岛市市南区香港西路 48 号

建设时间：2018 年 2 月至 2021 年 6 月

建设单位：青岛国信海天中心建设有限公司

设计单位：悉地国际设计顾问（深圳）有限公司

项目简介：青岛海天中心是海天大酒店改造项目一期工程，是在原海天大酒店原址上进行拆除重建。一期工程总占地面积约 3.57 万 m²，总建筑面积约 46.92 万 m²，由三座塔楼及底层四层的商业裙房组成，三座塔楼分别是 42 层的五星级酒店和企业会所（高 210m）、75 层的六星级酒店和写字楼（高 369m）、55 层的酒店式公寓（高 245m）；三座塔楼地下相连，地下建筑 4 层作为地下车库、货运区、机房、各功能的后勤办公等，建成后的"新海天"将为青岛黄金海岸线再添一座"新地标"。

项目建造成果：本工程荣获山东省建筑安全文明标准化示范工地，中国质量协会五星级管理现场，第四届建设工程 BIM 大赛一类成果，山东省首批建筑信息模型（BIM）技术应用试点示范项目。

9.10　天津现代城二期

项目地址：天津市和平区赤峰道与营口道交口

建设时间：2014 年 11 月至 2017 年 11 月

建设单位：天津现代城开发有限公司

设计单位：华东建筑设计研究院有限公司

项目简介：天津现代城二期坐落于"金三角"现代服务业高地的百年商圈滨江道商业区，总占地面积 6 万 m²，总建筑面积 65 万 m²，是一个以高水准商业、商务为主，配套高级公寓、休闲、娱乐为辅的街区式超大规模城市综合体。其中写字楼地下 5 层、地上 68 层，高 339m；酒店地下 5 层、地上 49 层，高 209m，建成后成为天津市区地标性建筑。

项目建造成果：本工程荣获 2015 年天津市文明工地。

9.11　天津环球金融中心

项目地址：天津市和平区大沽北路 2 号

建设时间：2007 年 4 月至 2011 年 3 月

建设单位：金融街津塔（天津）置业有限公司

设计单位：SOM 建筑设计事务所，华东建筑设计研究院有限公司

项目简介：天津环球金融中心坐落于天津城历史中心区域，总占地面积 5.3 万 m²，总建筑面积约 58 万 m²，集写字楼、六星级瑞吉酒店、国际水岸豪宅、酒店式公寓、国际顶级品牌商业于一体的全球标志性综合建筑集群。其中津塔写字楼是天津环球金融中心建筑群中的主塔和最高的摩天大楼，高度为

336.9m，地上 75 层、地下 4 层，是城市的地标性建筑。

项目建造成果：本工程荣获第十一届中国土木工程"詹天佑奖"，2013—2014 年度国家优质工程奖，2013 年度天津市建设工程"金奖海河杯"奖。

9.12　烟台世茂海湾 1 号

项目地址：山东省烟台市芝罘区解放路 156 号

建设时间：2012 年 4 月至 2017 年 7 月

建设单位：烟台世茂置业有限公司

设计单位：中冶京城工程技术有限公司

项目简介：烟台世茂海湾1号地处烟台市核心版图，位于烟台市最重要的市政工程项目——海滨广场及其配套工程地块内，总建筑面积约 35.3 万 m²，集超五星级酒店、全海景酒店式公寓、国际商务办公及精品商业于一体。项目由四幢超高层建筑构成，四幢超高层建筑以裙楼相联，四层裙楼设计为商业区，主塔楼总高度为 323m，是山东省最高地标性滨海建筑群。

项目建造成果：本工程荣获山东省安全文明工地。

9.13 东莞台商大厦

项目地址：广东省东莞市东莞大道 11 号

建设时间：2007 年 7 月至 2013 年 8 月

建设单位：东莞金茂建造开发有限公司

设计单位：深圳市电子院设计有限公司

项目简介：东莞台商大厦位于是东莞大道旁、东莞国际会展中心东南角，是由台商自发集资兴建的地标性建筑。该工程总建筑面积 28.33 万 m²，由一座 68 层的塔楼、12 层的副楼以及 5 层的裙楼组成，建筑主体高度达 289m，是集高层国际顶级写字楼、超五星级酒店和顶级豪宅、公寓于一体的多功能城市商务复合体。

项目建造成果：本工程在建造过程中大量使用建筑节能新技术、新材料，最大限度地节约资源，如节能、节地、节水、节材等，保护环境和减少污染，获得全球最具影响力的 LEED 认证金级证书，并荣获 2009 年广东省安全生产、文明施工样板工地。

9.14 兰州鸿运·金茂广场

项目地址：甘肃省兰州市庆阳路 2 号

建设时间：2014 年 3 月至 2020 年 12 月

建设单位：甘肃天鸿金运置业有限公司

设计单位：同济大学建筑设计研究院（集团）有限公司

项目简介：兰州鸿运金茂位于兰州市政治、经济、文化活动中心——东方红广场，该工程总占地面积 41.35 亩，总建筑面积 42.25 万 m^2，由高度为 285m、共 51 层的办公楼 A 塔和高度为 170m、共 31 层的办公楼 B 塔，以及 8 层大型商业裙楼与配套设施，地下 4 层商业、车库及设备用房，是集高端办公、商业贸易、体验式消费、娱乐休闲、轨道交通、超大停车、人流疏导等多功能于一体的大型城市综合体。项目建成后是目前兰州乃至全省最高的建筑，将成为兰州真正意义上的都市生活的聚焦点。

项目建造成果：本工程荣获 2016 年第四批全国建筑业绿色施工示范工程，2016 年甘肃省建设工程文明工地。

9.15 天津渤海银行业务综合楼

项目地址：天津市河东区海河东路 218 号

建设时间：2013 年 3 月至 2015 年 9 月

建设单位：渤海银行股份有限公司

设计单位：天津建筑设计院

　　项目简介：渤海银行业务综合楼位于天津南站商务区，系超高层综合办公楼，总占地面积 3.11 万 m²，总建筑面积约 18.7 万 m²，其中地下 3 层，地上 51 层，底部 4 层为裙房，屋面高度为 240m，最高点（延伸造型飘架）高度为 270m。

　　项目建造成果：本工程荣获 2016～2017 年度"鲁班奖"，2013 年天津市安全文明工地，2016 年天津市建设工程"金奖海河杯"。

9.16　宁夏亘元万豪大厦

项目地址：宁夏回族自治区银川市金凤区北京中路 166 号

建设时间：2011 年 7 月至 2019 年 12 月

建设单位：宁夏亘元房地产开发有限公司

设计单位：北京三磊建筑建筑设计有限公司

项目简介：宁夏亘元万豪大厦位于银川市文化行政核心区域，建筑面积约 17.38 万 m²，地上 50 层，地下 3 层，裙楼 4 层，建筑高度 222m，是宁夏首个集国际品牌五星级酒店、时尚购物中心、5A 智能化甲级写字楼为一体的大型城市综合体，也是国内首家一栋建筑内坐拥万豪国际集团双品牌（JW 万豪酒店 & 万怡酒店）的复合酒店，是西北重镇银川的全新地标建筑。

项目建造成果：本工程荣获 2013 年银川市安全质量标准化示范工地。

9.17　上海农银大厦

项目地址：上海市浦东新区银城路 9 号

建设时间：2013 年 5 月至 2014 年 5 月

建设单位：中国农业银行股份有限公司上海市分行

设计单位：中国建筑装饰集团有限公司

项目简介：农银大厦位于上海浦东陆家嘴金融区浦江双辉大厦西楼，是中国农业银行的办公大楼，该建筑为智能化甲级办公楼，总建筑面积 10.9 万 m²，建筑主体高度 218.6m，地下四层为停车库、设备用房，地上 49 层主要为办公。

项目建造成果：本工程荣获 2014 年度上海市优质工程"白玉兰奖"、2014 年度"东方杯"优质工程奖、2015 年上海市建设工程优秀项目管理成果三等奖。

9.18 西安迈科商业中心

图 18-1 西安迈科商业中心

项目地址：陕西省西安市高新区锦业路 12 号

建设时间：2015 年 3 月至 2018 年 3 月

建设单位：西安迈科商业中心有限公司

设计单位：中国建筑西北设计研究院有限公司

项目简介：西安迈科商业中心位于西安高新区创业新大陆板块，锦业路核心商务辐射圈内，为西北首座全钢结构连体建筑。该工程占地 30 亩，总建筑面积 22.6 万 m²，由一栋 216m 45 层的甲级写字楼、一栋 165m 34 层的国际五星级酒店及商业裙楼组成的商业综合体，地下共四层，其中地下二、三、四层为地下停车场，地下一层及裙房四层均为高档商业，建成后的西安高迈科商业中心成为一带一路发展战略引领下的西安地标性建筑。

项目建造成果：本工程荣获第四批全国建筑业绿色示范工程，2018～2019 年度第二批国家优质工程奖，2019～2020 年度第一批中国安装工程优质奖（中国安装之星），2015 年陕西省省级文明工地，2015 年国家 AAA 级安全文明标准化工地，2019 年度陕西省优质工程"长安杯"奖（省优质工程奖）。

参考文献

［1］胡玉银. 超高层建筑施工［M］. 北京：中国建筑工业出版社，2011.

［2］中华人民共和国建设部.《民用建筑设计通则》GB 50352-2005，中国建筑工业出版社.

［3］刘小山. 带偏心支撑的高层钢框架混凝土核心筒结构的抗震性能研究，湖南大学硕士论文，2008年，PP，14-22.

［4］陈灿. 高层钢框架混凝土核心筒混合结构体系施工期间变形及其控制研究，同济大学博士论文，2007，97-120.

［5］曹贵进. 异形超高层建筑关键施工工艺研究［D］. 浙江大学，2013.

［6］葛雪华. 高层型钢混凝土混合结构设计分析若干问题研究［D］，重庆大学，2009-05-01.

［7］吴琼. 发展超高层建筑是大势所趋［N］. 广东建设报，2008-4-8（10）.

［8］中国安装协会. 超高层建筑机电工程施工技术与管理［M］. 北京：中国建筑工业出版社，2016.

［9］侯慎杰. 郑州会展宾馆关键施工技术研究与应用［D］，西安建筑科技大学，2011PP，10-30.

［10］刘天川. 超高层建筑空调设计［M］. 北京：中国建筑工业出版社，2004.

［11］翁政军. 超高层商用建筑暖通空调设计管理［J］. 山西建筑，2017，40（2）：155-157.

［12］张勤. 高层建筑给水排水工程［M］. 重庆：重庆大学出版社，2016.

［13］梁志君. 南宁九洲国际大厦给水排水设计及绿色建筑技术应用［D］. 华南理工大学，2012.

［14］赵俊. 超高层建筑生活给水系统优化与运用研究［D］. 西华大学，2012.

［15］杨琦. 探求面向未来的建筑给水排水技术发展方向［J］. 给水排水，2016，52（10）：1-3.

［16］李炳华. 超高层建筑电气设计要点［J］. 建筑电气，2011（8）.

［17］马延福. 现代房屋建筑智能化趋势［J］. 智能建筑与智慧城市，2017（11）.

［18］田建强. 简析超高层建筑智能化系统发展方向［J］. 现代建筑电气，2013（S1）.

［19］范传祺. 基于超高层建筑设计的BIM技术应用研究［D］. 2019.

［20］丁烈云. 智能建造创新型工程科技人才培养的思考［J］. 高等工程教育研究，2019（5）：1-4.

［21］孙龙飞. 以数字化建造模式推动超高层施工组织变革的探索与实践［J］. 施工技术，2017（S1）：649-651.

［22］肖绪文，绿色建造发展现状及发展战略，施工技术，2018（6）：1-4.

［23］住房和城乡建设部等部门关于推动智能建造与建筑工业化协同发展的指导意见，建市〔2020〕60号.

［24］张益维. 徐道逑. 超高层建筑智能化系统技术研究［J］. 智能城市，2017，（1）：112.

［25］景琪. 超高层建筑机电安装新技术研究［J］. 科技经济导刊，2019，（9）：P. 55-55.

［26］陈志国. 超高层建筑机电安装新技术［J］. 工程技术（文摘版），2016，41（6）：00083-00083.